普通高等教育一流本科专业建设成果教材

U0368042

液压与气压传动

郑伟　倪菲　主编

化学工业出版社

·北京·

内容简介

《液压与气压传动》将流体力学基础知识、液压传动与气压传动三部分教学内容有机地结合，介绍了各种液压、气动元件及系统的理论基础和实际应用知识。本书主要内容包括：液压与气压传动基础知识，液压与气动的能源装置，执行元件、控制元件、辅助元件的工作原理、结构特点、应用要点，各种液压、气动基本回路的功用和组成，几种典型液压系统和气动系统，液压系统和气动系统的设计方法等。

本书可以作为本科机械类专业"液压与气压传动"课程的教材，也可以供高职高专机械类专业学生使用，同时还可以作为工程技术人员的参考书。

图书在版编目（CIP）数据

液压与气压传动/郑伟，倪菲主编. —北京：
化学工业出版社， 2024.2
ISBN 978-7-122-44546-9

Ⅰ.①液… Ⅱ.①郑… ②倪… Ⅲ.①液压
传动-高等学校-教材②气压传动-高等学校-教材
Ⅳ.①TH137②TH138

中国国家版本馆 CIP 数据核字 （2023）第 232762 号

责任编辑：李玉晖　　　　　　　文字编辑：孙月蓉
责任校对：田睿涵　　　　　　　装帧设计：韩　飞

出版发行：化学工业出版社
　　　　　（北京市东城区青年湖南街 13 号　邮政编码 100011）
印　　装：北京科印技术咨询服务有限公司数码印刷分部
787mm×1092mm　1/16　印张 15½　字数 371 千字
2024 年 5 月北京第 1 版第 1 次印刷

购书咨询：010-64518888　　　　　售后服务：010-64518899
网　　址：http://www.cip.com.cn
凡购买本书，如有缺损质量问题，本社销售中心负责调换。

定　　价：52.00 元　　　　　　　版权所有　违者必究

前　言

　　液压与气压传动技术是机电一体化人才所应具备的控制与伺服驱动技术的组成部分。"液压与气压传动"课程的任务是使学生掌握液压与气压传动的基础知识，掌握各种液压、气动元件的工作原理、特点、应用要点，熟悉各类液压与气动基本回路的功用和组成，了解国内外先进技术成果在机械设备中的应用。

　　本书在编写过程中，力求贯彻少而精和理论联系实际的原则，针对机械类专业的需要，着重考虑了以下几个关系：

　　（1）液压与气动。以液压为主，将伺服控制作为液压的有机组成部分，使之融为一体，气动部分则强调其特点。

　　（2）元件与系统。在讲透元件工作原理的基础上，着重介绍其在系统中的作用，使元件与系统有机结合。

　　（3）通用与专用。重在通用元件、回路的工作原理及应用，某些专用的元件及回路则在习题中有所补充。

　　（4）传统体系与发展观点。保留了元件-回路-系统的传统体系，同时顺应液压与气动技术的发展趋势，改变了一些传统提法，如低压、高压。

　　本书元件图形符号、回路及系统原理图采用最新国家标准 GB/T 786.1—2021 绘制。

　　本书是山东建筑大学材料成型及控制工程山东省一流本科专业建设成果教材，适用于普通工科院校机械类专业教学，也适用于各类高职高专机械类专业教学，还可供流体传动及控制等相关行业的工程技术人员参考。

　　本书由山东建筑大学的郑伟编写第 1～3 章，倪菲编写第 4～6 章，徐淑波编写第 7～8 章，黄丽丽编写第 9～10 章，王硕编写第 11 章，韩娟娟编写第 12～13 章。郑伟、倪菲为主编。

　　限于编者水平，本书难免存在不足，恳请广大读者批评指正。

编者

目 录

第 1 章

绪　论

　　液压与气压传动（气动）技术是实现工业自动化的有效手段，是机械设备技术中发展最快的技术之一。液压与气动技术是液压与气压传动及控制的简称，它们以流体（液压油液、压缩空气）为工作介质，进行能量和信号的传递，来控制各种机械设备，故它们又称为流体传动及控制。液压与气压传动、机械传动、电气传动、电子传动并称为四大传动形式。

1.1　液压与气压传动的工作原理及特征

　　液压与气压传动是以有压流体（液压油和压缩气体）作为传动介质来实现能量传递和控制的一种传动形式。将各种元件组成不同功能的基本控制回路，若干基本控制回路再经过有机组合，就构成一个完整的液压（气压）传动系统。液压传动与气压传动的基本原理、元件工作机理及回路构成等诸多方面极其相似，所不同的是作为液压传动的液压油几乎不可压缩，作为气压传动的空气具有较大的压缩性。下面以图 1-1 所示的液压千斤顶工作原理示意为例说明其工作原理。

　　如图 1-1 示，当向上抬起杠杆时，手动液压泵的小活塞向上运动，小液压缸 1 下腔容积增大形成局部真空，单向阀 2 关闭，油箱 4 的油液在大气压作用下经吸油管顶开单向阀 3 进入小液压缸下腔。当向下压杠杆时，小液压缸下腔容积减小。油液受挤压，压力升高，关闭单向阀 3 顶开单向阀 2，油液经排油管进入大液压缸 6 的下腔。推动大活塞上移顶起重物。如此不断上下扳动杠杆，则不断有油液进入大液压缸下腔，使重物逐渐举升。如杠杆停止动作，大液压缸下腔油液压力将使单向阀 2 关闭，大活塞连同重物一起被自锁不动，停止在举升位置。如打开截止阀 5，大

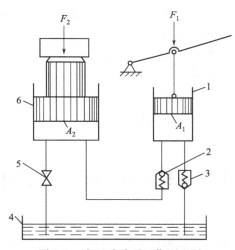

图 1-1　液压千斤顶工作原理图

1—小液压缸；2—排油单向阀；3—吸油单向阀；
4—油箱；5—截止阀；6—大液压缸

液压缸下腔通油箱，大活塞将在自重作用下向下移，迅速回复到原始位置。

由液压千斤顶的工作原理得知，小液压缸 1 与单向阀 2、3 一起完成吸油与排油，将杠杆的机械能转换为油液的压力能输出，称为（手动）液压泵。大液压缸 6 将油液的压力能转换为机械能输出，抬起重物，称为（举升）液压缸。在这里大、小液压缸组成了最简单的液压传动系统，实现了力和运动的传递。

（1）力的传递

设液压缸活塞面积为 A_2，作用在活塞上的负载力为 F_2。该力在液压缸中所产生的液体压力为 $p_2 = F_2/A_2$。根据帕斯卡原理，在密闭容器内，施加于静止液体上的压力将以等值同时传递到液体各点，液压泵的排油压力 p_1 应等于液压缸中的液体压力，即 $p_1 = p_2 = p$，液压泵的排油压力又称为系统压力。

为了克服负载力使液压缸的活塞运动，作用在液压泵活塞上的作用力 F_1 应为

$$F_1 = p_1 A_1 = p_2 A_2 = pA_1 \tag{1-1}$$

式中　A_1——液压泵活塞面积。

在 A_1、A_2 一定时，负载力 F_2 越大，系统中的压力 p 也越高，所需的作用力 F_1 也越大，即系统压力与外负载密切相关。这是液压与气压传动工作原理的第一个特征：液压与气压传动中下施加压力取决于外负载。

（2）运动的传递

如果不考虑液体的可压缩性、漏损和缸体、管路的变形，液压泵排出的液体体积必然等于进入液压缸的液体体积。设液压泵活塞位移为 s_1，液压缸活塞位移为 s_2，则有

$$s_1 A_1 = s_2 A_2 \tag{1-2}$$

上式两边同除以运动时间 t，得

$$q_1 = v_1 A_1 = v_2 A_2 = q_2 \tag{1-3}$$

式中　v_1，v_2——液压泵活塞和液压缸活塞的平均运动速度；

　　　q_1，q_2——液压泵输出的平均流量和液压缸输入的平均流量。

由上述可见，液压与气压传动是靠密闭工作容积变化相等的原则实现运动（速度和位移）传递的。调节进入液压缸的流量 q，即可调节活塞的运动速度 v，这是液压与气压传动工作原理的第二个特征：活塞的运动速度只取决于输入流量的大小，而与外负载无关。

从上面的讨论还可以看出，与外负载力相对应的流体参数是流体压力，与运动速度相对应的流体参数是流体流量。因此，压力和流量是液压与气压传动中两个最基本的参数。

1.2　液压与气压传动系统的组成

液压与气压传动都是先由各种元件组成不同功能的基本回路，再由若干个基本回路有机地组合成传动系统，以完成预定的功能。

图 1-2(a) 和图 1-3(a) 为典型的液压系统和气动系统的原理示意图。它们主要由以下四部分组成：

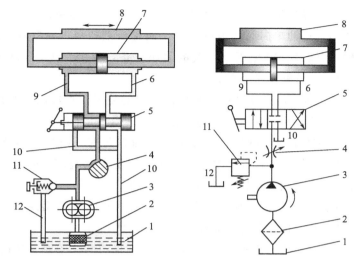

(a) 典型液压系统结构原理示意图　　　(b) 典型液压系统原理图形符号图

图 1-2　典型液压系统原理图

1—油箱；2—过滤器；3—液压泵；4—流量控制阀；5—转向阀；6,9,10,12—管道；

7—液压缸；8—工作台；11—逆流阀

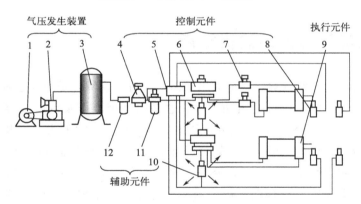

(a) 组成示意图

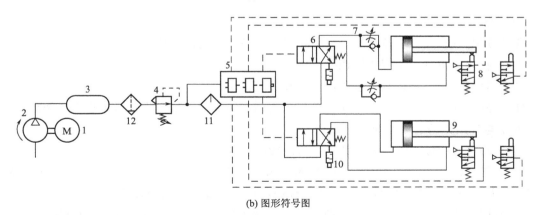

(b) 图形符号图

图 1-3　气压传动及控制系统原理图

1—电动机；2—空气压缩机；3—气罐；4—压力控制阀；5—逻辑元件组；6—换向阀；7—流量控制阀；

8—行程阀；9—气缸；10—消声器；11—油雾器；12—分水滤气器

① 能源装置：把机械能转换为流体压力能的装置。对液压系统，是液压泵，如图 1-1 中缸 1、吸油单向阀 3、排油单向阀 2 组成了一个阀配流液压泵。对气动系统，其主体部分是空气压缩机，再加上储存、净化压缩空气的附属设备，集中于工厂或车间的压缩空气站内，由气压站向各用气点分配压缩空气。

② 执行元件：把流体的压力能转换成机械能输出的装置。直接做直线运动的是液压缸、气缸，做回转运动的是液压马达、气动马达、摆动缸（图 1-1 中的缸 6）。

③ 控制元件：对系统中流体的压力、流量及流动方向进行控制和调节，以便使执行元件完成预定运动规律的元件。如图 1-2 中的液压泵、流量控制阀、转向阀，图 1-3 中的压力控制阀、流量控制阀、换向阀、逻辑元件组、行程阀等。

④ 辅助元件：保证系统正常工作所需的、上述三部分以外的元件。如图 1-2 中的过滤器、油箱、管件，图 1-3 中的消声器、油雾器、分水滤气器等。

为了简化液压、气动系统的表示方法，通常采用图形符号来绘制系统的原理图。各类元件的图形符号只表示其职能，不表示具体结构，由它们组成的系统原理图表达了系统的工作原理以及各元件在系统中的作用，如图 1-2(b)、图 1-3(b) 所示。液压与气动元件图形符号见 GB/T 786.1，要求熟记常用元件的图形符号。

1.3 液压与气压传动的优缺点

液压与气动技术之所以被广泛地应用到国民经济各领域，是因为它具有很多优点。液压传动最突出的优点是单位质量输出功率大，这是因为用液压泵可以很容易地得到很高压力（一般可达 31.5MPa）的液压油，输入液压缸后即可产生很大的力。因此，在同等输出功率情况下，液压传动具有体积小、重量轻、运动惯性小、动态性能好的特点；气压传动最突出的优点是采用压缩空气作工作介质，处理方便，无介质费用、介质变质和介质补充等问题，也不会因泄漏污染环境。它特别适用于易燃、易爆、多尘埃、强磁、辐射、振动等恶劣环境下。

液压与气压传动还具有以下优点：

① 液压与气动元件安装位置可自由选择，管道布局灵活方便。

② 可在很宽范围内实现无级调速。

③ 很容易实现自动控制、远距离控制和过载保护。

④ 液压与气动元件属机械工业基础件，它们的标准化、系列化、通用化程度较高。

液压与气压传动的主要缺点是：

① 传动过程中能量需经两次转换，传动效率较低。

② 由于工作介质的可压缩性和泄漏的影响，不能严格保证定比传动。空气的可压缩性使气动执行元件的速度稳定性差；液压元件中油液的泄漏还会污染环境。

③ 液压系统性能对环境温度比较敏感，因此不宜工作在很高和很低的温度下。气动系统工作时噪声大，用于高速排气时需要加消声器。

④ 液压与气动元件的制造精度较高，系统工作过程中出现故障不易诊断和实时排除。

1.4 液压与气压传动技术的发展概况

液压与气压传动相对于机械传动来说是一门新兴技术。虽然从 17 世纪中叶帕斯卡提出静压传递原理（帕斯卡原理）、18 世纪末英国制造出世界上第一台水压机算起至今已有几百年的历史，但液压与气压传动在工业上被广泛采用和迅猛发展却是 20 世纪以后的事情。

近代液压传动是由 19 世纪末期崛起并蓬勃发展的石油工业推动起来的，最早实践成功的液压传动装置是舰艇上的炮塔转位器，其后才在机床上应用。第二次世界大战期间，军事工业和装备迫切需要反应迅速、动作准确、输出功率大的液压传动及控制装置，促使液压技术迅速发展。战后，液压技术很快转入民用工业，在机床、工程机械、冶金机械、塑料机械、农林机械、汽车、船舶等领域得到了广泛的应用和发展。20 世纪 60 年代以后，随着核能、空间技术、电子技术等方面的发展，液压技术向更广阔的领域渗透，发展成为包括传动、控制和检测在内的一门完整的自动化技术。在机电装备领域，95% 的工程机械都采用了液压传动。

随着液压机械自动化程度不断提高，液压元件应用数量急剧增加，元件小型化、系统集成化成为必然的发展趋势。特别是近十年来，液压技术与传感技术、微电子技术密切结合，出现了许多诸如电液比例阀、数字阀、电液伺服液压缸等机（液）电一体化元器件，使液压技术在高压、高速、大功率、节能高效、低噪声、使用寿命长、高度集成化等方面取得了重大进展。以海水或淡水直接作为工作介质的水液压传动技术则是一种绿色传动技术，可以解决高温明火条件下的安全性问题以及由于泄漏引起的环境污染问题。

人们很早就懂得利用空气作工作介质传递动力做功，如利用自然风力推动风车，带动水车提水灌田，近代用于汽车的自动开关门、火车的自动抱闸、采矿用风钻等。因为空气作工作介质具有防火、防爆、防电磁干扰及抗振动、冲击、辐射等优点，近年来气动技术的应用领域已从汽车、采矿、钢铁、机械工业等重工业迅速扩展到化工、轻工、食品、军事工业等各行各业。和液压技术一样，当今气动技术也发展成包含传动、控制与检测在内的自动化技术，作为柔性制造系统（FMS）在包装设备、自动生产线和机器人等方面成为不可缺少的重要手段。由于工业自动化以及 FMS 的发展，要求气动技术以提高系统可靠性、降低总成本并与电子工业相适应为目标，进行系统控制技术和机、电、液、气综合技术的研究和开发。显然，气动元件的微型化、节能化、无油化是当前的发展趋势。气动系统与电子技术相结合产生的自适应元件，如各类比例阀和电气伺服阀，使其从开关控制进入反馈控制。计算机的广泛普及与应用为气动技术的发展提供了更加广阔的前景。

第 2 章

液压流体力学基础

液体是液压传动的工作介质，因此，了解液体的基本性质，掌握液体平衡和运动的主要力学规律，对于正确理解液压传动原理以及合理设计和使用液压系统都是十分重要的。

本章除了简要地介绍液压油液的性质、要求和选用等内容外，还着重阐述液体的静压力及其特性、静压力基本方程式和液体动力学的几个重要方程式。

2.1 液压油液

2.1.1 液压油液的性质

2.1.1.1 密度

单位体积液体的质量称为该液体的密度，即

$$\rho = \frac{m}{V} \tag{2-1}$$

式中 V——液体的体积；

m——体积为 V 的液体的质量；

ρ——液体的密度。

密度是液体的一个重要物理参数。随着温度或压力的变化，其密度也会发生变化，但变化量一般很小，可以忽略不计。一般液压油的密度为 900kg/m^3。

2.1.1.2 可压缩性

液体受压力作用而发生体积减小的性质称为液体的可压缩性。体积为 V 的液体，当压力变化 Δp 时，体积变化 ΔV，则液体在单位压力变化下的体积相对变化量为

$$k = -\frac{1}{\Delta p} \times \frac{\Delta V}{V} \tag{2-2}$$

式中，k 称为液体的压缩系数。由于压力增大时液体的体积减小，因此上式的右边须加

一负号，以使 k 为正值。

k 的倒数称为液体的体积弹性模量，以 K 表示

$$K = \frac{1}{k} = -\frac{\Delta p}{\Delta V}V \tag{2-3}$$

K 表示产生单位体积相对变化量所需要的压力增量，在实际应用中，常用 K 值说明液体抵抗压缩能力的大小。

液压油的体积弹性模量为 $K = (1.2 \sim 2) \times 10^3 \text{MPa}$，数值很大，故对于一般液压系统，可认为油液是不可压缩的。但是，若液压油中混入空气，其可压缩性将显著增加，并将严重影响液压系统的工作性能，故在液压系统中尽量减少油液中的空气含量。

2.1.1.3　黏性

(1) 黏性的意义

液体在外力作用下流动时，液体分子间内聚力会阻碍分子相对运动，即分子之间产生一种内摩擦力，这一特性称为液体的黏性。黏性是液体的重要物理特性，也是选择液压用油的依据。

液体流动时，液体和固体壁面间的附着力以及液体的黏性会使液体内各液层间的速度大小不等。如图 2-1 所示，设在两个平行平板之间充满液体，当上平板以速度 u_0 相对于静止的下平板向右移动时，在附着力的作用下，紧贴于上平板的液体层速度为 u_0，而中间各层液体的速度则从上到下近似呈线性递减的规律分布，这是因为在相邻两液体层间存在有内摩擦力的缘故，该力对上层液体起阻滞作用，而对下层液体则起拖曳作用。

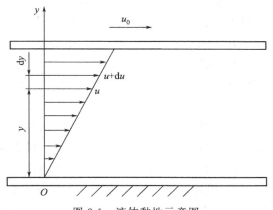

图 2-1　液体黏性示意图

实验测定结果表明，液体流动时相邻液层间的内摩擦力 F_f，与液层接触面积 A、液层间的速度梯度 du/dy 成正比，即

$$F_f = \mu A \frac{du}{dy} \tag{2-4}$$

式中　μ——比例系数，又称为黏度系数或动力黏度。

若以 τ 表示液层间在单位面积上的内摩擦力，则上式可写成

$$\tau = \frac{F_f}{A} = \mu \frac{du}{dy} \tag{2-5}$$

这就是牛顿液体内摩擦定律。

由上式可知，在静止液体中，因液层间速度梯度 $du/dy = 0$，故内摩擦力为零，因此液体在静止状态下是不呈现黏性的。

(2) 液体的黏度

液体黏性的大小用黏度来表示。常用的黏度有三种，即动力黏度、运动黏度和相对黏度。

① 动力黏度 μ。它是表征液体黏度的内摩擦系数，故由式（2-5）可知

$$\mu = \frac{\tau}{\dfrac{du}{dy}} \tag{2-6}$$

由此可知动力黏度的物理意义是：当速度梯度等于 1 时，接触液体液层间单位面积上的内摩擦力 τ，即为动力黏度，又称绝对黏度。

在我国法定计量单位制及 SI 制（国际单位制）中，动力黏度 μ 的单位是 Pa·s（帕秒）和 N·s/m^2（牛秒每平方米）。

在 CGS 制（厘米-克-秒制）中，μ 的单位为 dyn·s/cm^2（达因秒每平方厘米），又称为 P（泊），$1dyn = 10^{-5}N$。P 的百分之一称为 cP（厘泊）。其换算关系如下：

$$1Pa \cdot s = 10P = 10^3 cP$$

② 运动黏度 ν。动力黏度 μ 和该液体密度 ρ 之比值 ν 称为运动黏度。即

$$\nu = \frac{\mu}{\rho} \tag{2-7}$$

运动黏度 ν 没有明确的物理意义。因为在其单位中只有长度和时间的量纲，所以称为运动黏度。它是工程实际中经常用到的物理量。

在我国法定计量单位制及 SI 制中，运动黏度 ν 的单位是 m^2/s（平方米每秒）。

在 CCS 制中，ν 的单位是 cm^2/s（平方厘米每秒），通常称为 St（斯托克斯，斯）。$1St = 100cSt$（厘斯）。两种单位制的换算关系为

$$1m^2/s = 10^4 St = 10^6 cSt$$

就物理意义来说，ν 并不是一个黏度的量，但工程中常用它来标志液体的黏度。例如，液压油的牌号，就是这种油液在 40℃时的运动黏度 ν（mm^2/s）的平均值，如 L-AN 32 液压油就是指这种液压油在 40℃时的运动黏度 ν 的平均值为 32mm^2/s。

③ 相对黏度。相对黏度又称条件黏度。它是采用特定的黏度计在规定的条件下测出来的液体黏度。根据测量条件的不同，各国采用的相对黏度的单位也不同。如中国、德国及苏联等采用恩氏黏度，美国采用国际赛氏秒（SSU），英国采用雷氏黏度，等等。

恩氏黏度由恩氏黏度计测定，即将 $200cm^3$ 的被测液体装入底部有 $\phi 2.8mm$ 小孔的恩氏黏度计的容器中，在某一特定温度 t 时，测定液体在自重作用下流过小孔所需的时间 t_1，和同体积的蒸馏水在 20℃时流过同一小孔所需的时间 t 之比值，便是该液体在 t 的恩氏黏度。t 下的恩氏黏度用符号 E_t 表示（单位°E，条件度）

$$E_t = \frac{t_1}{t_2} \tag{2-8}$$

一般以 20℃、50℃、100℃作为测定恩氏黏度的标准温度，由此而得来的恩氏黏度分别用 E_{20}、E_{50} 和 E_{100} 表示。

恩氏黏度和运动黏度的换算关系式为

$$\nu = \left(7.31 E_t - \frac{6.31}{E_t}\right) \times 10^{-6} (m^2/s) \tag{2-9}$$

（3）调和油的黏度

选择合适黏度的液压油，对液压系统的工作性能有着十分重要的作用。有时现有的油液

黏度不能满足要求，可把两种不同黏度的油液混合起来使用，称为调和油。调和油的黏度与两种油所占的比例有关，一般可用下面的经验公式计算混合油液的恩氏黏度

$$E = \frac{aE_1 + bE_2 - c(E_1 - E_2)}{100}$$（2-10）

式中　E_1，E_2——混合前两种油液的恩氏黏度，取 $E_1 > E_2$；

　　　　E——混合后的调和油恩氏黏度；

　　　　a，b——参与调和的两种油液各占的比例；

　　　　c——实验系数，见表 2-1。

表 2-1　实验系数 c 的数值

$a/\%$	10	20	30	40	50	60	70	80	90
$b/\%$	90	80	70	60	50	40	30	20	10
c	6.7	13.1	17.9	22.1	25.5	27.9	28.2	25	17

（4）黏度和温度的关系

温度对油液黏度影响很大，当油液温度升高时，其黏度显著下降。油液黏度的变化直接影响液压系统的性能和泄漏量，因此希望黏度随温度的变化越小越好。不同的油液有不同的黏度温度变化关系，这种关系叫作油液的黏温特性。

对于黏度不超过 15°E 的液压油，当温度在 30～150℃ 范围内，可用下述近似公式计算温度为 t 时的运动黏度

$$\nu_t = \nu_{50} \left(\frac{50}{t}\right)^n$$（2-11）

式中　ν_t——温度为 t 时油液的运动黏度，$10^{-6} \, \text{m}^2/\text{s}$；

　　　　ν_{50}——温度为 50℃ 时油液的运动黏度，$10^{-6} \, \text{m}^2/\text{s}$；

　　　　n——与油液黏度有关的特征指数，见表 2-2。

表 2-2　特征指数 n 的数值

E_{50}	1.2	1.5	1.8	2.0	3.0	4.0	5.0	6.0	7.0	8.0	9.0	10.0	15.0
ν_{50}	2.5	6.5	9.5	12	21	30	38	45	52	60	68	76	113
n	1.39	1.59	1.72	1.79	1.99	2.13	2.24	2.32	2.42	2.49	2.52	2.56	2.75

油液温度为 t 时的黏度，除用上述公式求得外，还可以从图表中直接查出，图 2-2 为几种常用的国产液压油的黏温图。

（5）黏度与压力的关系

压力对油液的黏度也有一定的影响。压力愈高，分子间的距离愈小，因此黏度变大。不同的油液有不同的黏度压力变化关系。这种关系叫油液的黏压特性。

黏度随压力的变化关系为

$$\nu_p = \nu_0 e^{bp}$$（2-12）

式中　ν_p——压力为 p 时的运动黏度，$10^{-6} \, \text{m}^2/\text{s}$；

　　　　ν_0——一个标准大气压下的运动黏度，$10^{-6} \, \text{m}^2/\text{s}$；

　　　　b——黏度压力系数，对一般液压油 $b = 0.002 \sim 0.003$。

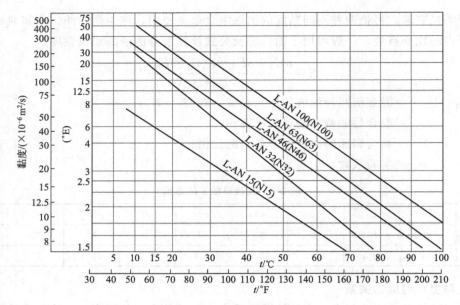

图 2-2　几种国产油液黏温图

在实际应用中，当液压系统中使用的矿物油压力在 $0 \sim 500 \times 10^6 \mathrm{Pa}$ 的范围内时，可按下式计算油的黏度

$$\nu_p = \nu_0(1 + 0.003p) \tag{2-13}$$

在液压系统中，若系统的压力不高，压力对黏度的影响较小，一般可忽略不计。当压力较高或压力变化较大时，则压力对黏度的影响必须考虑。

2.1.1.4　其他特性

液压油液还有其他一些物理化学性质，如抗燃性、抗氧化性、抗凝性、抗泡沫性、抗乳化性、防锈性、润滑性、导热性、稳定性以及相容性（主要指对密封材料、软管等不侵蚀、不溶胀的性质）等，这些性质对液压系统的工作性能有重要影响。对于不同品种的液压油液，这些性质的指标是不同的，具体应用时可查油类产品手册。

2.1.2　对液压油液的要求和选用

（1）要求

液压系统中的工作油液具有双重作用，一是作为传递能量的介质，二是作为润滑剂润滑运动零件的工作表面，因此油液的性能会直接影响液压传动的性能，如工作的可靠性、灵敏性，工况的稳定性，系统的效率及零件的寿命等。一般在选择油液时应满足下列几项要求：

① 黏温特性好。在使用温度范围内，油液黏度随温度的变化愈小愈好。

② 具有良好的润滑性。即油液润滑时产生的油膜强度高，以免产生干摩擦。

③ 成分要纯净，不应含有腐蚀性物质，以免侵蚀机件和密封元件。

④ 具有良好的化学稳定性。油液不易氧化、不易变质，以防产生黏质沉淀物影响系统工作，防止氧化后油液变为酸性，对金属表面起腐蚀作用。

⑤ 抗泡沫性好，抗乳化性好，对金属和密封件有良好的相容性。

⑥ 体胀系数低，比热容和传热系数高；流动点和凝固点低，闪点和燃点高。

⑦ 无毒性，价格便宜。

随着液压技术应用领域的不断扩大和对性能要求的不断提高，其工作介质的品种越来越多，一般将液压介质分为两类：一类是易燃的烃类液压油（矿物油型和合成烃型）；另一类是难燃（或抗燃）液压油液。难燃液压油液包括含水型及无水型两大类，含水型如高水基液（HFA）、油包水乳化液（HFB）、含聚合物水溶液（HFC）；无水型合成液（HFD）如磷酸酯无水合成液（HFDR）。除此之外，直接以水作介质的液压传动技术也正在蓬勃兴起，但目前使用最广泛的仍然是矿物油型液压油。

几种常用的国产液压油的主要质量指标见表 2-3。

表 2-3　几种国产液压油的主要质量指标

项目	质量指标									
品种	普通液压油					高级抗磨液压油			低温液压油	
牌号	32	46	68	32G	68G	L-AN 32	L-AN 46	L-AN 68	22	32
40℃时运动黏度/$(10^{-6}m^2 \cdot s^{-1})$	28.8~35.2	41.4~50.6	47.8~61.2	28.8~35.2	61.2~74.8	28.8~35.2	41.4~50.6	61.2~74.8	22	32
黏度指数	≥90					≥95			≥130	
闪点(开口)/℃	≥170					≥180		≥200	≥140	≥160
凝点/℃	≤-10					≤-15			≤-36	
机械杂质	无					无			无	
氧化稳定性(以KOH计,酸值达 2.0mg/g)/h	≥1000					≥1000			≥1000	

(2) 选用

选择液压用油首先要考虑的是黏度问题。在一定条件下，选用的油液黏度太高或太低，都会影响系统的正常工作。黏度高的油液流动时产生的阻力较大，克服阻力所消耗的功率较大，而此功率损耗又将转换成热量使油温上升。黏度太低，会使泄漏量加大，使系统的容积效率下降。

在选择液压用油时要根据具体情况或系统的要求来选用黏度合适的油液。选择时一般考虑以下几个方面：

① 液压系统的工作压力。工作压力较高的液压系统宜选用黏度较大的液压油，以减少系统泄漏；反之，可选用黏度较小的。

② 环境温度。环境温度较高时宜选用黏度较大的液压油。

③ 运动速度。液压系统执行元件运动速度较高时，为减小液流的功率损失，宜选用黏度较低的液压油。

④ 液压泵的类型。在液压系统的所有元件中，以液压泵对液压油的性能最为敏感，因为泵内零件的运动速度很高，承受的压力较大，润滑要求苛刻，温升高。因此，常根据液压泵的类型及要求来选择液压油的黏度。

各类液压泵适用的黏度范围如表 2-4 所示。

表 2-4　各类液压泵适用的黏度范围

液压泵类型		环境温度 5~40℃ $\nu/(\times 10^{-6}\,m^2/s)$	环境温度 40~80℃ $\nu/(\times 10^{-6}\,m^2/s)$
叶片泵	$p < 7 \times 10^6\,Pa$	30~50	40~75
	$p \geqslant 7 \times 10^6\,Pa$	50~70	55~90
齿轮泵		30~70	95~165
轴向柱塞泵		40~75	70~150
径向柱塞泵		30~80	65~240

2.2　液体静力学

液体静力学是研究液体处于静止状态下的力学规律以及这些规律的应用。这里所说的静止，是指液体内部质点之间没有相对运动，至于液体整体，完全可以像刚体一样做各种运动。

2.2.1　静压力及其特性

(1) 液体的静压力

静止液体在单位面积上所受的法向力称为静压力，如果在液体内某点处微小面积 ΔA 上作用有法向力 ΔF，则 $\Delta F/\Delta A$ 的极限就定义为该点处的静压力，并用 p 表示，即

$$p = \lim_{\Delta A \to 0} \frac{\Delta F}{\Delta A} \tag{2-14}$$

若在液体的面积 A 上，所受的为均匀分布的作用力 F 时，则静压力可表示为

$$p = \frac{F}{A} \tag{2-15}$$

液体静压力在物理学上称为压强，在工程实际应用中习惯上称为压力。

(2) 液体静压力的特性

① 液体静压力垂直于其承压面，其方向和该面的内法线方向一致。

② 静止液体内任一点所受到的静压力在各个方向上都相等。

2.2.2　静压力基本方程式及压力的表示方法

(1) 静压力基本方程式

在重力作用下的静止液体所受的力，除了液体重力，还有液面上作用的外加压力 p_0，其受力情况如图 2-3(a) 所示。如果计算离液面深度为 h 的某一点压力，可以从液体内取出一个底面通过该点的垂直小液柱作为研究体，如图 2-3(b) 所示，设液柱底面积为 ΔA，高为 h，液体密度为 ρ，体积为 $h\Delta A$，则液柱的重力为 $\rho g h \Delta A$，且作用于液柱的重心上。由于液柱处于受力平衡状态，因此在垂直方向上存在如下关系

$$p \Delta A = p_0 \Delta A + \rho g h \Delta A \tag{2-16}$$

等式两边同除以 ΔA，则得液体内任一点的压力 p 为

$$p = p_0 + \rho g h \qquad (2\text{-}17)$$

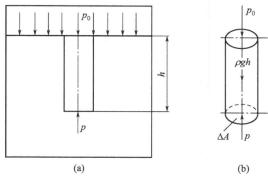

图 2-3　静止液体内压力分布规律

上式即为液体的静压力基本方程式，由此基本方程式可知静止液体的压力分布有如下特征：

① 静止液体内任一点的压力由两部分组成：一部分是液面上的外加压力 p_0，另一部分是该点以上液体自重所形成的压力，即 ρg 与该点离液面深度 h 的乘积。当液面上只受大气压力 p_a 作用时，液体内任一点处的压力为

$$p = p_a + \rho g h \qquad (2\text{-}18)$$

② 静止液体内的任一点压力随该点距离液面的深度的增加呈直线规律递增。

③ 离液面深度相同处各点的压力均相等，而压力相等的所有点组成的面称为等压面。在重力作用下静止液体中的等压面为水平面，而与大气接触的自由表面也是等压面。

④ 对静止液体，如记液面外加压力为 p_0，液面与基准水平面的距离为 h_0，液体内任一点的压力为 p，与基准水平面的距离为 h，则由静压力基本方程式可得

$$\frac{p_0}{\rho} + h_0 g = \frac{p}{\rho} + h g = 常量 \qquad (2\text{-}19)$$

其中，p/ρ 为静止液体中单位质量液体的压力能，hg 为单位质量液体的势能。公式的物理意义为静止液体中任一质点的总能量保持不变，即能量守恒。

⑤ 在常用的液压装置中，一般外加压力 p_0 远大于液体自重所形成的压力 $\rho g h$，因此分析计算时可忽略 $\rho g h$ 不计，即认为液压装置静止液体内部的压力是近似相等的。在以后的有关章节分析计算压力时，都采用这一结论。

（2）压力的表示方法及单位

根据度量基准的不同，液体压力分为绝对压力和相对压力两种。当压力以式（2-17）表示时，叫作绝对压力，以绝对真空为基准度量。而式中超过大气压力的那部分压力 $p - p_0 = \rho g h$ 叫作相对压力或表压力，其值以大气压力为基准进行度量。因大气中的物体受大气压力的作用是自相平衡的，所以用压力表测得的压力数值是相对压力。在液压技术中所提到的压力，如不特别指明，均为相对压力。

当绝对压力低于大气压力时，绝对压力不足于大气压力的那部分压力值，称为真空度。此时相对压力为负值，又称负压。绝对压力、相对压力和真空度的关系见图 2-4，由图可知，以大气压力为基准计算压力时，基准以上的正值是表压力，基准以下的负值就是真空度。

压力的单位除法定计量单位 Pa（帕，N/m^2）外，还有行业常见的单位 bar（巴）和以前常用的一些单位，如工程大气压 at、水柱高或汞柱高等。各种压力单位之间的换算关系如下：

$$1Pa(帕) = 1N/m^2$$

$$1bar(巴) = 1 \times 10^5 Pa = 1 \times 10^5 N/m^2$$

$$1at(工程大气压) = 1kgf/cm^2(千克力每平方厘米) = 9.8 \times 10^4 N/m^2$$

$$1mH_2O(米水柱) = 9.8 \times 10^3 N/m^2$$

$$1mmHg(毫米汞柱) = 1.33 \times 10^2 N/m^2$$

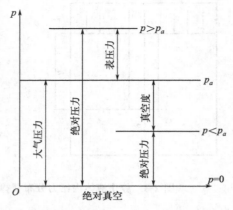

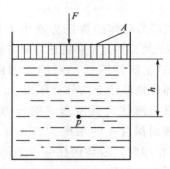

图 2-4　绝对压力、相对压力和真空度　　　　图 2-5　液体内压力计算

例 2-1　如图 2-5 所示，容器内充满油液。已知油的密度 $\rho=900\text{kg/m}^3$，活塞上的作用力 $F=1000\text{N}$，活塞面积 $A=1\times10^{-3}\text{m}^2$，忽略活塞的质量。问活塞下方深度 $h=0.5\text{m}$ 处的静压力等于多少？

解　根据式（2-17）$p=p_0+\rho gh$，活塞与油液接触面上的压力 $p_0=\dfrac{F}{A}=\dfrac{1000}{1\times10^{-3}}$ $\text{Pa}=10^6\text{Pa}$。

则深度为 h 处的液体压力为

$$p=p_0+\rho gh=(10^6+900\times9.8\times0.5)\text{Pa}$$
$$=1.0044\times10^6\text{Pa}\approx1\times10^6\text{Pa}$$

2.2.3　帕斯卡原理

密闭容器内的液体，当外加压力 p_0 发生变化时，只要液体仍保持原来的静止状态不变，则液体内任一点的压力将发生同样大小的变化。这就是说，在密闭容器内，施加于静止液体的压力可以等值地传递到液体各点。这就是帕斯卡原理，也称为静压传递原理。

图 2-6 所示是应用帕斯卡原理的实例。图中大小两个液压缸由连通管相连构成密闭容积。其中大缸活塞面积为 A_1，作用在活塞上的负载为 F_1，液体所形成的压力 $p=F_1/A_1$。

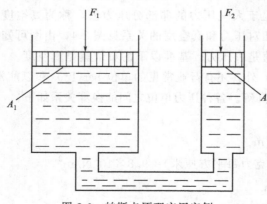

图 2-6　帕斯卡原理应用实例

由帕斯卡原理知：小活塞处的压力亦为 p，若小活塞面积为 A_2，则为防止大活塞下降，在小活塞上应施加的力有

$$F_2=pA_2=\frac{A_2}{A_1}F_1 \qquad (2\text{-}20)$$

由上式可知，由于 $A_2/A_1<1$，所以用一个很小的推力 F_2，就可以推动一个比较大的负载 F_1。液压千斤顶就是依据这一原理制成的。从负载与压力的关系还可以发现，当大活塞上的负载 $F_1=0$ 时，不考虑活塞自重和其他

阻力，则不论怎样推动小液压缸的活塞，也不能在液体中形成压力，这说明液体内的压力是由外负载决定的。这是液压传动中一个很重要的概念。

2.2.4　静压力对固体壁面的作用力

液体和固体壁面接触时，固体壁面将受到液体静压力的作用。

当固体壁面为一平面时，液体压力在该平面上的总作用力 F 等于液体压力 p 与该平面面积 A 的乘积，其作用方向与该平面垂直，即

$$F = pA \tag{2-21}$$

当固体壁面为一曲面时，液体压力在该曲面某 x 方向上的总作用力 F_x 等于液体压力 p 与曲面在该方向投影面积 A_x 的乘积，即

$$F_x = pA_x \tag{2-22}$$

式（2-22）适用于任何曲面，下面以液压缸缸筒的受力情况为例加以证明。

例 2-2　液压缸缸筒如图 2-7 所示，缸筒半径为 r，长度为 l，试求液压油液对缸筒右半壁内表面在 x 方向上的作用力 F_x。

解　在右半壁面上取一微小面积 $dA = lds = lrd\theta$，则压力油作用在 dA 上的力 $dF = pdA$ 的水平分力

$$dF_x = dF\cos\theta = pdA\cos\theta = plr\cos\theta d\theta$$

对上式积分，得右半壁面在 x 方向的作用力

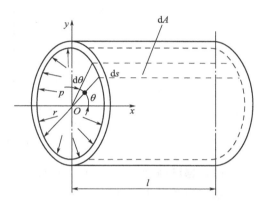

图 2-7　压力油液作用在缸筒内壁面上的力

$$F_x = \int_{-\frac{\pi}{2}}^{\frac{\pi}{2}} dF_x = \int_{-\frac{\pi}{2}}^{\frac{\pi}{2}} plr\cos\theta d\theta = 2plr = pA_x$$

式中　A_x——缸筒右半壁面在 x 方向的投影面积，$A_x = 2rl$。

同理可求得液压油液作用在左半壁面 x 反方向的作用力 F_x'。因 $F_x = -F_x'$，所以液压油液作用在缸筒内壁的合力为零。

2.3　液体动力学

液体动力学的主要内容是研究液体流动时流速和压力的变化规律。流动液体的流量连续性方程、伯努利方程、动量方程是描述流动液体力学规律的三个基本方程式。前二个方程式反映压力、流速与流量之间的关系，动量方程用来解决流动液体与固体壁面间的作用力问题。这些内容不仅构成了液体动力学的基础，而且还是液压技术中分析问题和设计计算的理论依据。

2.3.1　基本概念

(1) 理想液体和恒定流动

由于液体具有黏性，而且黏性只是在液体运动时才体现出来，因此在研究流动液体时必

须考虑黏性的影响。液体中的黏性问题非常复杂，为了分析和计算问题的方便，开始分析时可先假设液体没有黏性，然后再考虑黏性的影响，并通过实验验证等办法对已得出的结果进行补充或修正。对于液体的可压缩问题，也可采用同样方法来处理。

理想液体：在研究流动液体时，把假设的既无黏性又不可压缩的液体称为理想液体。而把事实上既有黏性又可压缩的液体称为实际液体。

恒定流动：当液体流动时，如果液体中任一点处的压力、速度和密度都不随时间而变化，则液体的这种流动称为恒定流动（亦称定常流动或非时变流动）；反之，若液体中任一点处的压力、速度和密度中有一个随时间而变化时，就称为非恒定流动（亦称非定常流动或时变流动）。如图 2-8 所示，图 2-8(a) 为恒定流动，图 2-8(b) 为非恒定流动。非恒定流动情况复杂，本节主要介绍恒定流动时的基本方程。

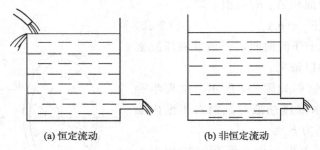

(a) 恒定流动　　　　　　　　(b) 非恒定流动

图 2-8　恒定流动和非恒定流动

（2）通流截面、流量和平均流速

液体在管道中流动时，其垂直于流动方向的截面为通流截面（即过流截面）。

单位时间内流过某一通流截面的液体体积称为流量。流量以 q 表示，单位为 m^3/s 或 L/min。

由于流动液体黏性的作用，在通流截面上各点的流速 u 一般是不相等的。在计算流过整个通流截面 A 的流量时，可在通流截面 A 上取一微小截面 dA [图 2-9(a)]，并认为在该断面各点的速度 u 相等，则流过该微小断面的流量为

$$dq = u\,dA \tag{2-23}$$

流过整个通流截面 A 的流量为

$$q = \int_A u\,dA \tag{2-24}$$

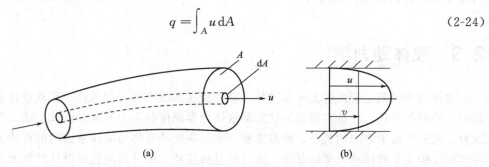

(a)　　　　　　　　　　(b)

图 2-9　流量和平均流速

对于实际液体的流动，速度 u 的分布规律很复杂 [见图 2-9(b)]，故按式（2-24）计算流量是困难的。因此，提出一个平均流速的概念，即假设通流截面上各点的流速均匀分布，液体以此平均流速 v 流过通流截面的流量等于以实际流速流过的流量，即

$$q = \int_A u\,dA = vA \tag{2-25}$$

由此得出通流截面上的平均流速为

$$v = q/A \tag{2-26}$$

在实际的工程计算中，平均流速才具有应用价值。液压缸工作时，活塞的运动速度就等于缸内液体的平均流速，当液压缸有效面积一定时，活塞运动速度由输入液压缸的流量决定。

2.3.2　流量连续性方程

流量连续性方程是质量守恒定律在流体力学中的一种表达形式。

图 2-10 所示为一不等截面管，液体在管内做恒定流动，任取 1、2 两个通流截面，设其面积分别为 A_1 和 A_2，两个截面中液体的平均流速和密度分别为 v_1、ρ_1 和 v_2、ρ_2，根据质量守恒定律，在单位时间内流过两个截面的液体质量相等，即

$$\rho_1 v_1 A_1 = \rho_2 v_2 A_2 \tag{2-27}$$

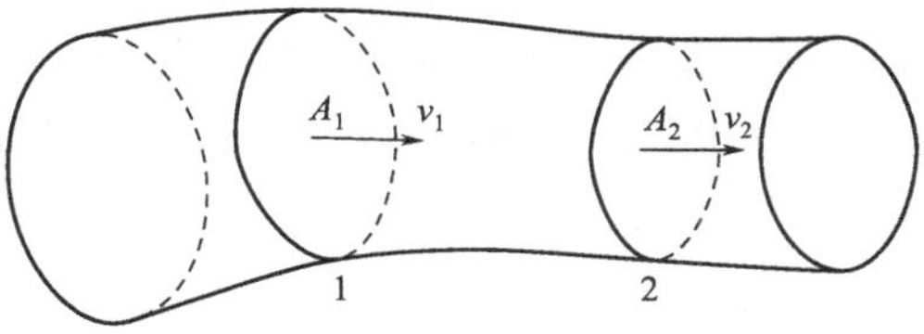

不考虑液体的压缩性，有 $\rho_1 = \rho_2$，则得

图 2-10　液流连续性方程推导用图

$$v_1 A_1 = v_2 A_2 \tag{2-28}$$

或写为

$$q = vA = 常量$$

这就是液流的流量连续性方程，它说明恒定流动时流过各截面的不可压缩流体的流量是不变的，因而流速和通流截面的面积成反比。

2.3.3　伯努利方程

伯努利方程是能量守恒定律在流体力学中的一种表达形式。

(1) 理想液体的伯努利方程

理想液体因无黏性，又不可压缩，因此在管内做稳定流动时没有能量损失。根据能量守恒定律，同一管道每一截面的总能量都是相等的。

如前所述，对静止液体，单位质量液体的总能量为单位质量液体的压力能 p/ρ 和势能 hg 之和；而对于流动液体，除以上两项外，还有单位质量液体的动能 $v^2/2$。

在图 2-11 中任取两个截面 A_1 和 A_2，它们距基准水平面的距离分别为 z_1 和 z_2，断面平均流速分别为 v_1 和 v_2，压力分别为 p_1 和 p_2。根据能量守恒定律有

$$\frac{p_1}{\rho} + z_1 g + \frac{v_1^2}{2} = \frac{p_2}{\rho} + z_2 g + \frac{v_2^2}{2} \tag{2-29}$$

因两个截面是任意取的，因此上式可改写为

$$\frac{p}{\rho} + zg + \frac{v^2}{2} = 常量 \tag{2-30}$$

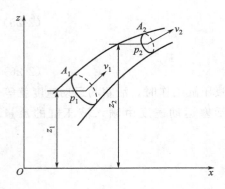

图 2-11　伯努利方程推导用图

以上两式即为理想液体的伯努利方程，其物理意义为：在管内做稳定流动的理想流体具有压力能、势能和动能三种形式的能量，在任一截面上这三种能量可以互相转换，但其总和不变，即能量守恒。

（2）实际液体的伯努利方程

实际液体在管道内流动时：由于液体存在黏性，会产生内摩擦力，消耗能量；由于管道形状和尺寸的变化，液流会产生扰动，消耗能量。因此，实际液体流动时存在能量损失，设单位质量液体在两截面之间流动的能量损失为 $h_w g$。

另外，因实际流速 u 在管道通流截面上的分布不是均匀的，为方便计算，一般用平均流速替代实际流速计算动能。显然，这将产生计算误差。为修正这一误差，便引进了动能修正系数 α，它等于单位时间内某截面处的实际动能与按平均流速计算的动能之比，其表达式为

$$\alpha = \frac{\dfrac{1}{2}\int_A u^2 \rho u \, \mathrm{d}A}{\dfrac{1}{2}\rho A v v^2} = \frac{\int_A u^3 \mathrm{d}A}{v^3 A} \tag{2-31}$$

动能修正系数 α 在紊流时取 $\alpha=1.1$，在层流时取 $\alpha=2$。实际计算时常取 $\alpha=1$。

在引进了能量损失 $h_w g$ 和动能修正系数 α 后，实际液体的伯努利方程表示为

$$z_1 g + \frac{p_1}{\rho} + \frac{\alpha_1 v_1^2}{2} = z_2 g + \frac{p_2}{\rho} + \frac{\alpha_2 v_2^2}{2} + h_w g \tag{2-32}$$

在利用上式进行计算时必须注意的是：

① 截面 1、2 应顺流向选取，且选在流动平稳的通流截面上。

② z 和 p 应为通流截面的同一点上的两个参数，为方便起见，一般将这两个参数定在通流截面的轴心处。

例 2-3　应用伯努利方程分析液压泵正常吸油的条件。液压泵装置如图 2-12 所示，设液压泵吸油口处的绝对压力为 p_2，油箱液面压力 p_1 为大气压力 p_a，泵吸油口至油箱液面高度为 h。

解　取油箱液面为基准面，并定为 1—1 截面，泵的吸油口处为 2—2 截面，对两截面列伯努利方程（动能修正系数取 $\alpha_1 = \alpha_2 = 1$）有

$$\frac{p_1}{\rho} + \frac{v_1^2}{2} = \frac{p_2}{\rho} + \frac{v_2^2}{2} + hg + h_w g \tag{2-33}$$

式中，p_1 等于大气压力；v_1 为油箱液面流速，可视为零；v_2 为吸油管速；$h_w g$ 为吸油管路的能量损失。代入已知条件，上式可简化为

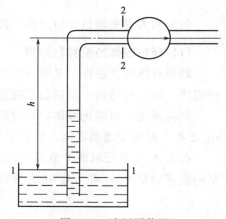

图 2-12　液压泵装置

$$\frac{p_a}{\rho} = \frac{p_2}{\rho} + hg + \frac{v_2^2}{2} + h_w g \tag{2-34}$$

即液压泵吸油口的真空度为

$$p_a - p_2 = \rho g h + \frac{1}{2}\rho v_2^2 + \rho g h_w = \rho g h + \frac{1}{2}\rho v_2^2 + \Delta p \tag{2-35}$$

由此可知：液压泵吸油口的真空度由三部分组成，包括产生一定流速 v_2 所需的压力、把油液提升到高度 h 所需的压力和吸油管的压力损失。

为保证液压泵正常工作，液压泵吸油口的真空度不能太大。若真空度太大，在绝对压力 p_2 低于油液的空气分离压（空气能够溶于油液的最低压力）p_g 时，溶于油液中的空气会分离析出形成气泡，产生气穴现象，出现振动和噪声。为此，必须限制液压泵吸油口的真空度小于 $0.3 \times 10^5 \text{Pa}$，具体措施除增大吸油管直径、缩短吸油管长度、减少局部阻力以降低 $\frac{1}{2}\rho v_2^2$ 和 Δp 两项外，一般对液压泵的吸油高度 h 进行限制，通常取 $h \leqslant 0.5\text{m}$。若将液压泵安装在油箱液面以下，则 h 为负值，对降低液压泵吸油口的真空度更为有利。

2.3.4　动量方程

动量方程是动量定理在流体力学中的具体应用。动量方程可以用来计算流动液体作用于限制其流动的固体壁面上的总作用力。根据刚体力学动量定理：作用在物体上全部外力的矢量和应等于物体在力作用方向上的动量的变化率，即

$$\sum F = \frac{\Delta(mu)}{\Delta t} \tag{2-36}$$

为推导液体作稳定流动时的动量方程，在图 2-13 所示的管流中，任意取出被通流截面 1、2 所限制的液体体积，称之为控制体积，截面 1、2 为控制表面。截面 1、2 上的通流面积分别为 A_1、A_2，流速分别为 u_1、u_2。设该段液体在 t 时刻的动量为 $(mu)_{1\text{-}2}$。经 Δt 时间后，该段液体移动到 1'-2' 位置，在新位置上液体的动量为 $(mu)_{1'\text{-}2'}$。在 Δt 时间内动量的变化为

$$\Delta(mu) = (mu)_{1'\text{-}2'} - (mu)_{1\text{-}2}$$
$$(mu)_{1\text{-}2} = (mu)_{1\text{-}1'} + (mu)_{1'\text{-}2}$$
$$(mu)_{1'\text{-}2'} = (mu)_{1'\text{-}2} + (mu)_{2\text{-}2'} \tag{2-37}$$

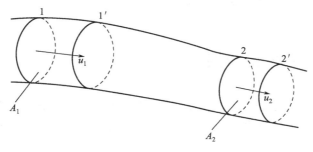

图 2-13　动量方程推导用图

如果液体做稳定流动，则 1'-2 之间液体的各点流速经 Δt 后没有变化，1'-2 之间液体的动量也没有变化，故

$$\Delta(mu) = (mu)_{1'\text{-}2'} - (mu)_{1\text{-}2}$$

$$= (mu)_{2\text{-}2'} (mu)_{1\text{-}1'}$$
$$= \rho q \Delta t u_2 - \rho q \Delta t u_1 \qquad (2\text{-}38)$$

于是

$$\sum F = \frac{\Delta(mu)}{\Delta t} = \rho q (u_2 - u_1) \qquad (2\text{-}39)$$

式（2-39）为液体做稳定流动时的动量方程，方程表明：作用在液体控制体积上的外力总和 $\sum F$ 等于单位时间内流出控制表面与流入控制表面的液体的动量之差。该式为矢量表达式，在应用时可根据具体要求，向指定方向投影，求得该方向的分量。显然，根据作用力与反作用力相等原理，液体也以同样大小的力作用在使其流速发生变化的物体上。由此，可按动量方程求得流动液体作用在固体壁面上的作用力，此作用力又称为稳态液动力，简称液动力。

例 2-4　图 2-14 为一滑阀示意图。当液流通过滑阀时，试求液流对阀芯的轴向作用力。

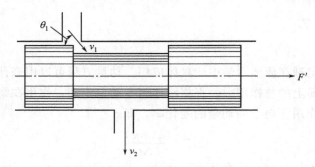

图 2-14　滑阀上的液动力

解　取阀进出口之间的液体为控制体积。设液流做恒定流动，则作用在此控制体积内液体上的力按式（2-39）应为

$$F = \rho q (v_2 \cos\theta_2 - v_1 \cos\theta_1)$$

式中，θ_1、θ_2 为液流流经滑阀时进、出口流束与滑阀轴线之间的夹角，称为液流速度方向角。显然，无论是流入还是流出，v_2 与滑阀轴线之间的夹角 $\theta_2 = 90°$，而 v_1 与滑阀轴线之间的夹角 θ_1 约等于 69°。由此可得 $F = -\rho q v_1 \cos\theta_1$，方向向左，而液体对阀芯的轴向作用力为 $F' = -F = \rho q v_1 \cos\theta_1$，方向向右，即这时液流有一个力图使阀口关闭的液动力。

2.4　液体流动时的压力损失

实际液体具有黏性，流动时会有阻力产生。为了克服阻力，流动液体需要损耗一部分能量，这种能量损失就是实际液体伯努利方程中的 h_w 项，见式（2-32）。将该项折算成压力损失，可表示为 $\Delta p = \rho g h_w$。

在液压系统中，压力损失使液压能转变为热能，将导致系统的温度升高。因此，在设计液压系统时，要尽量减少压力损失，而这种压力损失与液体的流动状态有关，因此，本节介绍液体流经圆管、接头和阻尼孔时的流动状态，进而分析液体流动时所产生的能量损失，即压力损失。压力损失可分为两类：沿程压力损失和局部压力损失。

2.4.1　液体的流动状态

19 世纪末，雷诺首先通过实验观察了水在圆管内的流动情况，并发现液体在管道中流动时有两种流动状态：层流和紊流（湍流）。这个实验称为雷诺实验。实验结果表明，在层流时，液体质点互不干扰，液体的流动呈线性或层状，且平行于管道轴线；而在紊流时，液体质点的运动杂乱无章，在沿管道流动时，除平行于管道轴线的运动外，还存在着剧烈的横向运动，液体质点在流动中互相干扰。

层流和紊流是两种不同的流态。层流时，液体的流速低，液体质点受黏性约束，不能随意运动，黏性力起主导作用，液体的能量主要消耗在液体之间的摩擦损失上；紊流时，液体的流速较高，黏性力的制约作用减弱，惯性力起主导作用，液体的能量主要消耗在动能损失上。

通过雷诺实验还可以证明，液体在圆形管道中的流动状态不仅与管内的平均流速 v 有关，还与管道的直径 d、液体的运动黏度 ν 有关。实际上，液体流动状态是由上述三个参数所确定的称为雷诺数 Re 的无量纲数来判定，即

$$Re = \frac{vd}{\nu} \tag{2-40}$$

对于非圆形截面管道，雷诺数 Re 可用下式表示，即

$$Re = \frac{vd_H}{\nu} \tag{2-41}$$

水力直径 d_H 可用下式计算

$$d_H = \frac{4A}{\chi} \tag{2-42}$$

式中　A——过流断面面积；

χ——湿周，即圆管横截面上液流和管壁接触的周长。

由式（2-42）可知，面积相等但形状不同的过流断面，其水力直径是不同的。由计算可知，圆形的最大，同心环状的最小。水力直径的大小对通流能力有很大的影响。水力直径大，液流和管壁接触的周长短，管壁对液流的阻力小，通流能力大。这时，即使过流断面面积小，也不容易阻塞。

雷诺数是液体在管道中流动状态的判别数。对于不同情况下的液体流动状态，如果液体流动时的雷诺数 Re 相同，它的流动状态也就相同。液流由层流转变为紊流时的雷诺数和由紊流转变为层流时的雷诺数是不相同的，后者的数值要小，所以一般都用后者作为判断液流状态的依据，称为临界雷诺数，记作 Re_{cr}。当液流的实际雷诺数 Re 小于临界雷诺数 Re_{cr} 时，液流为层流；反之，为紊流。常见液流管道的临界雷诺数由实验确定，如表 2-5 所示。

表 2-5　常见液流管道的临界雷诺数

管道	Re_{cr}	管道	Re_{cr}
光滑金属圆管	2320	带环槽的同心环状缝隙	700
橡胶软管	1600~2000	带环槽的偏心环状缝隙	400
光滑的同心环状缝隙	1100	圆柱形滑阀阀口	260
光滑的偏心环状缝隙	1000	锥阀阀口	20~100

雷诺数的物理意义：雷诺数是液流的惯性作用对黏性作用的比。当雷诺数较大时，说明惯性力起主导作用，这时液体处于紊流状态；当雷诺数较小时，说明黏性力起主导作用，这时液体处于层流状态。

2.4.2 沿程压力损失

液体在等径直管中流动时，因摩擦和质点的相互扰动而产生的压力损失被称为沿程压力损失。液体的流动状态不同，所产生的沿程压力损失也有所不同。

(1) 层流时的沿程压力损失

层流是液压传动中最常见的现象，这时液体质点做有规则的流动。在设计和使用液压传动系统时，都希望管道中的液流保持这种流动状态。这里，先讨论其流动状况，然后再推导圆管层流沿程压力损失计算公式。

图 2-15 所示为液体在等径水平直管中做层流流动的情况。

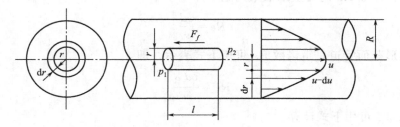

图 2-15 圆管层流运动分析

在液流中取一段与管轴重合的微小圆柱体作为研究对象，设它的半径为 r，长度为 l，作用在两端面的压力分别为 p_1 和 p_2，作用在侧面的内摩擦力为 F_f。液流在做匀速运动时处于受力平衡状态，故有

$$(p_1 - p_2)\pi r^2 = F_f \tag{2-43}$$

式中 F_f 是液体内摩擦力，根据前面可知，$F_f = -2\pi_r l\mu \mathrm{d}u/\mathrm{d}r$（其中的负号表示流速 u 随半径 r 的增大而减小），若令 $\Delta p = p_1 - p_2$，并将 F_f 代入上式，整理可得

$$\mathrm{d}u = -\frac{\Delta p}{2\mu l} r \mathrm{d}r \tag{2-44}$$

对上式进行积分，并代入相应的边界条件，即当 $r = R$ 时，$u = 0$，得

$$u = \frac{\Delta p}{4\mu l}(R^2 - r^2) \tag{2-45}$$

可见，管内液体质点的流速在半径方向上按抛物线规律分布。最小流速在管壁 $r = R$ 处，其值为 $u_{min} = 0$；最大流速在管轴 $r = 0$ 处，其值为

$$u_{max} = \frac{\Delta p}{4\mu l} R^2 = \frac{\Delta p}{16\mu l} d^2 \tag{2-46}$$

对于微小环形过流断面面积 $\mathrm{d}A = 2\pi r \mathrm{d}r$，所通过的流量为

$$\mathrm{d}q = u \mathrm{d}A = 2\pi u r \mathrm{d}r = 2\pi \frac{\Delta p}{4\mu l}(R^2 - r^2) r \mathrm{d}r \tag{2-47}$$

于是积分后得

$$q = \int_0^R 2\pi \frac{\Delta p}{4\mu l}(R^2 - r^2) r\, dr = \frac{\pi R^4}{8\mu l}\Delta p = \frac{\pi d^4}{128\mu l}\Delta p \tag{2-48}$$

根据平均流速的定义，在管道内液体的平均流速是

$$v = \frac{q}{A} = \frac{1}{\frac{\pi}{4}d^2} \times \frac{\pi d^4}{128\mu l}\Delta p = \frac{d^2}{32\mu l}\Delta p \tag{2-49}$$

将上式与 u_{max} 值比较可知，平均流速 v 为最大流速 u_{max} 的 $1/2$。

将式（2-49）整理后，得沿程压力损失 Δp_λ 为

$$\Delta p_\lambda = \frac{32\mu l v}{d^2} \tag{2-50}$$

从上式可以看出，当直管中的液流为层流时，其沿程压力损失与液体动力黏度、管长、流速成正比，而与管径的平方成反比。适当变换上式沿程压力损失计算公式，可改写成如下形式

$$\Delta p_\lambda = \frac{64\nu}{dv} \times \frac{l}{d} \times \frac{\rho v^2}{2} = \frac{64}{Re} \times \frac{l}{d} \times \frac{\rho v^2}{2} = \lambda \frac{l\rho v^2}{2d} \tag{2-51}$$

式中 λ 为沿程阻力系数。对于圆管层流，理论值 $\lambda = 64/Re$。考虑到实际圆管截面可能有变形，以及靠近管壁处的液层可能被冷却等因素，在实际计算时，可对金属管取 $\lambda = 75/Re$，橡胶管取 $\lambda = 80/Re$。

（2）紊流时的沿程压力损失

紊流时计算沿程压力损失的公式在形式上同于层流，即

$$\Delta p_\lambda = \lambda \frac{l\rho v^2}{2d} \tag{2-52}$$

但式中的阻力系数 λ 除与雷诺数有关外，还与管壁的粗糙度有关，即 $\lambda = f(Re, \varepsilon/d)$，这里的 ε 为管壁的绝对粗糙度，它与管径 d 的比值 ε/d 称为相对粗糙度。

对于光滑管，$\lambda = 0.3164 Re^{-0.25}$；对于粗糙管，$\lambda$ 的值可以根据不同的 Re 和 ε/d 从图 2-16 所显示的关系曲线中得到。

管壁绝对粗糙度 Δ 与管道材料有关，一般计算可参考下列数值：钢管 $\varepsilon = 0.04\text{mm}$，铜管 $\varepsilon = 0.0015 \sim 0.01\text{mm}$，铝管 $\varepsilon = 0.0015 \sim 0.06\text{mm}$，橡胶软管 $\varepsilon = 0.03\text{mm}$，铸铁管 $\varepsilon = 0.25\text{mm}$。

（3）局部压力损失

液体流经管道的弯头、接头、突变截面以及阀口、滤网等局部装置时，液流方向和流速发生变化，在这些地方形成旋涡、气穴，并发生强烈的撞击现象，由此而造成的压力损失称为局部压力损失。当液体流过上述各种局部装置时，流动状况极为复杂，影响因素较多，局部压力损失值不易从理论上进行分析计算。因此，局部压力损失的阻力系数，一般要依靠实验来确定。理论局部压力损失 Δp_ξ 的计算公式有如下形式

$$\Delta p_\xi = \xi \frac{\rho v^2}{2} \tag{2-53}$$

式中　ξ——局部阻力系数。

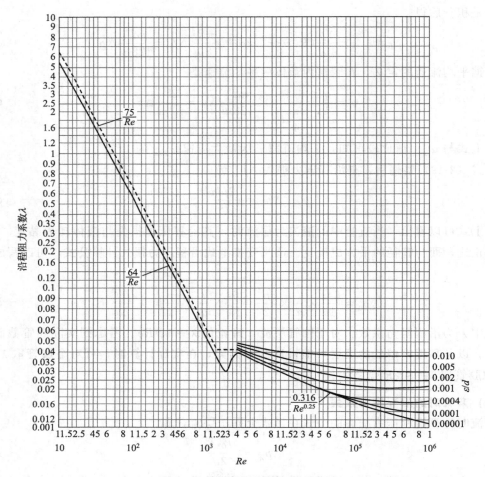

图 2-16 沿程阻力系数 λ 曲线图

各种局部装置结构的值可查有关手册。

液体流过各种阀类的局部压力损失亦服从式（2-53），但因阀内的通道结构复杂，按此公式计算比较困难，故阀类元件局部压力损失 Δp_{v} 的实际计算常用公式（经验公式）为

$$\Delta p_{\mathrm{v}} = \Delta p_{\mathrm{n}} \left(\frac{q}{q_{\mathrm{n}}} \right)^2 \tag{2-54}$$

式中 Δp_{n}——阀在额定流量 q_{n} 下的压力损失（可以从阀的产品样本或设计手册中查出）；

　　　　q——通过阀的实际流量；

　　　　q_{n}——阀的额定流量。

（4）管路系统总压力损失

整个管路系统的总压力损失应为所有沿程压力损失和所有理论局部压力损失之和，即

$$\sum \Delta p = \sum \Delta p_{\lambda} + \sum \Delta p_{\xi} \tag{2-55}$$

其沿程压力损失 Δp_{λ} 和理论局部压力损失 Δp_{ξ} 的计算见式（2-52）和式（2-53）。在液压传动系统中，绝大多数压力损失转变为热能，造成系统温度增高，泄漏增大，影响系统的工作性能。从计算压力损失的公式可以看出，减小流速，缩短管道长度，减少管道截面突变，提高管道内壁的加工质量等，都可使压力损失减小。其中流速的影响最大，故液体在管

路中的流速不应过高。但流速太低，也会使管路和阀类元件的尺寸加大，并使成本增高，因此要综合考虑确定液体在管道中的流速。

2.5　孔口流动和缝隙流动

在液压传动技术中经常遇到流经孔口和缝隙的问题，如液体流经阻尼孔、阀口、液压元件相对运动的表面缝隙等。掌握孔口流动和缝隙流动的特性，对解决液压传动中的具体问题具有重要意义。

2.5.1　液体流经孔口的流动特征

(1) 薄壁孔口

当小孔的长径比 $l/d \leqslant 0.5$ 时，称薄壁孔口（也称薄壁小孔）。一般都将薄壁孔口做成刃口形，如图 2-17 所示。

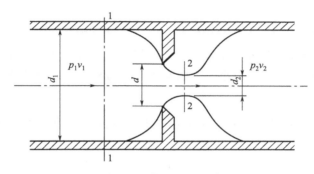

图 2-17　薄壁孔口流动

液体流经薄壁孔口时，由于惯性作用，要发生收缩，在上游大约 $d/2$ 处开始收缩，下游大约 $d/2$ 处完成收缩。现取孔前通道截面 1—1 和收缩截面 2—2 列的伯努利方程。

$$\frac{p_1}{\rho g} + \frac{a_1 v_1^2}{2g} = \frac{p_2}{\rho g} + \frac{a_2 v_2^2}{2g} + h_{\mathrm{w}} \tag{2-56}$$

$d \gg d_2$，所以 $v_1 \ll v_2$，可忽略上式左边的动能项；收缩断面的流态为紊流，取 $a=1$；

1—1 到 2—2 界面距离很短，忽略沿程压力损失，h_{w} 只包括局部压力损失，即 $h_{\mathrm{w}} = \xi \dfrac{v_2^2}{2g}$。

将各参数代入上式并整理得

$$v_2 = \frac{1}{\sqrt{1+\xi}} \sqrt{\frac{2}{\rho}(p_1 - p_2)} = C_{\mathrm{v}} \sqrt{\frac{2}{\rho} \Delta p} \tag{2-57}$$

式中　Δp——小孔前后压差，$\Delta p = p_1 - p_2$；

　　　C_{v}——小孔速度系数，$C_{\mathrm{v}} = \dfrac{1}{\sqrt{1+\xi}}$。

则通过小孔的流量为

$$q = A_2 v_2 = C_v C_c A \sqrt{\frac{2}{\rho} \Delta p} = C_q A \sqrt{\frac{2}{\rho} \Delta p} \tag{2-58}$$

式中　C_q——小孔流量系数，$C_q = C_v C_c$；

　　　C_c——断面收缩系数，$C_c = A_2/A$；

　　　A_2——液流收缩后的面积；

　　　A——小孔截面积，$A = \dfrac{\pi}{4} d^2$。

流量系数 C_q 由实验确定。

① 当 $D/d \geqslant 7$ 时，液流完全收缩，C_q 按下式计算：

$$C_q = 0.964 Re^{-0.05} \quad (Re = 800 \sim 5000)$$

$$C_q = 0.60 \sim 0.61 \quad (Re > 10^5)$$

② 当 $D/d < 7$ 时，液流不完全收缩。此时管壁离小孔较近，管壁对小孔起导向作用，C_q 可增大 $0.7 \sim 0.8$。此时 C_q 的具体数值可按表 2-6 查取。

表 2-6　不完全收缩时流量系数 C_q 值

A_0/A	0.1	0.2	0.3	0.4	0.5	0.6	0.7
C_q	0.602	0.615	0.634	0.661	0.696	0.742	0.804

由薄壁小孔流量公式（2-56）可知，其流量与液体黏度无关，流量对油温变化不敏感，且小孔的壁很薄，沿程压力损失很小，因此常用来作为液压系统中的节流调节器使用。

（2）细长孔

当长径比 $l/d > 4$ 时称为细长孔，流经细长孔的液流一般为层流，所以细长孔的流量公式仍按式（2-48）计算，即

$$q = \frac{\pi d^4}{128 \mu l} \Delta p \tag{2-59}$$

由上式可知：液体流经细长孔的流量与孔前后的压差成正比，与液体动力黏度成反比。当油温变化时，液体的动力黏度变化会使流经细长孔的流量发生变化；此外细长孔较易堵塞。这些特点与薄壁小孔明显不同。在液压传动中，细长孔通常用作建立一定压差的阻尼孔。

（3）短管型孔

当长径比 $0.5 < l/d \leqslant 4$ 时称为短管型孔。短管型孔的流量压力特性介于细长孔和薄壁孔口之间。流量仍按薄壁孔口的流量公式（2-58）进行计算，但流量系数 C_q 有所不同。C_q 与短管形状及安装形式有关，C_q 的具体数值可查取相关图表。一般当 $Re > 1 \times 10^5$ 时，可取 $C_q = 0.8 \sim 0.82$。短管型孔加工比薄壁小孔加工容易，因此常用作固定调节器使用。

2.5.2　液体在缝隙中流动的特征

（1）平行平板缝隙流

图 2-18 所示的两平行平板之间充满着液体，设平行平板的间隙为 h，长为 l，宽为 b，两端压差为 $\Delta p = p_1 - p_2$。上平板相对下平板以速度 u_0 向右运动。对平行平板缝隙流而言，

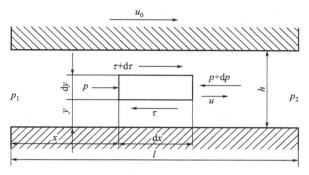

图 2-18　平行平板缝隙间的流动

存在如下三种流动的情况。

① 当 $\Delta p \neq 0$ 且两平板均固定不动时，液体在压差 Δp 的作用下将产生流动。称这种流动为压差流。

② 当 $\Delta p = 0$ 且上平行平板以一定速度 u_0 平行运动时，由于黏性作用，液体在平板的拖曳作用下流动，称这种流动为剪切流。

③ 当 $\Delta p \neq 0$ 且上平行平板以一定速度 u_0 平行运动时，液体将在压差 Δp 和平板拖曳的联合作用下流动。这种流动即为一般情况，称为压差流与剪切流的联合流动。

现考虑一般情况，即 $\Delta p \neq 0$、$u_0 \neq 0$ 时的联合流动。

在两平行平板之间取出一微元体 $\mathrm{d}x\mathrm{d}y$（宽度方向取单位长），作用于微元体左、右两端的压力分别为 p 和 $p + \mathrm{d}p$。上、下两面的切应力（内摩擦力）分别 $\tau + \mathrm{d}\tau$ 和 τ，则微元体的受力平衡方程为

$$p\,\mathrm{d}y + (\tau + \mathrm{d}z)\mathrm{d}x = (p + \mathrm{d}p)\mathrm{d}y + \tau\,\mathrm{d}x$$

根据牛顿内摩擦力定律，式中 $\tau = \mu\,\mathrm{d}u/\mathrm{d}y$，代入上式并整理得

$$\frac{\mathrm{d}^2 u}{\mathrm{d}y^2} = \frac{1}{\mu} \times \frac{\mathrm{d}p}{\mathrm{d}x} \tag{2-60}$$

对式（2-60）进行两次积分，并注意如下两点：

① 利用边界条件（当 $y = 0$ 时，$u = 0$；$y = h$ 时，$u = u_0$）可确定积分常数。

② 层流时，p 是 r 的线性函数。

从而得平行平板缝隙流的流速分布如下

$$u = \frac{y(h - y)}{2\mu l}\Delta p + \frac{u_0}{h}y \tag{2-61}$$

平行平板缝隙流的流量 q 为

$$q = \int_0^h ub\,\mathrm{d}y = \int_0^h \left[\frac{y(h - y)}{2\mu l}\Delta p - \frac{u_0}{h}y \right] b\,\mathrm{d}y$$

$$= \frac{bh^3 \Delta p}{12\mu l} + \frac{u_0}{2}bh \tag{2-62}$$

式（2-62）由两项组成：第一项 $q_1 = \dfrac{bh^3 \Delta p}{12\mu l}$，即为前述的压差流；第二项 $q_2 = \dfrac{u_0}{2}bh$，即为前述的剪切流。当上平板反向流动时，q_2 取负值。

在液压元件中有许多相对运动的表面间隙，式（2-62）表明：其泄漏量与间隙的三次方成正比，可见间隙对泄漏量的影响是很大的。因此，应尽量使间隙减小到合理的范围，但间隙过小会增加摩擦功率消耗，间隙的合理值应使泄漏所引起的功率消耗与摩擦所引起的功率消耗之和达到最小。

（2）同心环形缝隙流

液压元件中的配合面间隙多为圆环形间隙。图 2-19 所示为同心环形缝隙流，当间隙与公称半径的比值 $h/r \ll 1$ 时，可以引用平行平板间隙流量公式（2-62），将式中板的宽度 b 用圆环展开成平面间隙后的宽度 πd 代入，即

$$q = \frac{\pi d h^3}{12 \mu l} \Delta p + \frac{\pi d h}{2} u_0 \tag{2-63}$$

当圆柱体移动方向与压差相反时，式（2-63）第二项取负值。

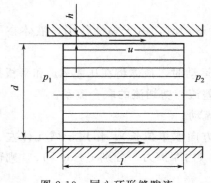

图 2-19　同心环形缝隙流

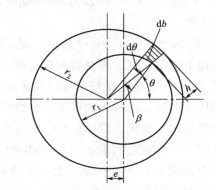

图 2-20　偏心环形缝隙流

（3）偏心环形缝隙流

工程上严格同心环的缝隙是极小的，受力不均匀或加工偏差都引起偏心。如图 2-20 所示，设内、外半径分别为 r_1 和 r_2，内、外圆柱同心时的间隙为 h_0，偏心时的偏心距为 e。偏心缝隙量随 θ 角的大小而变化。假设在任意角度处的缝隙为 h。取图中阴影部分为微元体，因缝隙量很小，可以将微元体看成平行平板间隙的流动。将 $\mathrm{d}b = r\mathrm{d}\theta$ 代入式（2-62）得

$$\mathrm{d}q = \frac{r\mathrm{d}\theta h^3}{12 \mu l} \Delta p + h \frac{r\mathrm{d}\theta}{2} u_0 \tag{2-64}$$

式中缝隙量 h 可由图 2-20 几何关系得出

$$h = r_2 - (r_1 \cos\beta + e \cos\theta) \tag{2-65}$$

因 β 角很小，所以

$$h = r_2 - r_1 - e\cos\theta$$
$$= h_0 - h_0 \frac{e}{h_0} \cos\theta$$
$$= h_0 (1 - \varepsilon\cos\theta)$$

式中　ε——相对偏心率，$\varepsilon = \dfrac{e}{h_0}$。

将 $h = h_0(1 - \varepsilon\cos\theta)$ 代入式（2-64）并积分，可得偏心环缝隙流的流量公式

$$q = \frac{\pi d h_0^3 \Delta p}{12 \mu l}(1 + 1.5\varepsilon^2) + \frac{\pi d h_0 u_0}{2} \tag{2-66}$$

式（2-66）第一项为压差流，第二项为剪切流，同样当圆柱体移动方向与压差流反向时，剪切流取负值。当 $e=0$ 时，它就是同心环流量公式，当 $\varepsilon=1$，即 $e=h_0$ 完全偏心时，在不考虑剪切流的情况下，其泄漏量为同心环时的 2.5 倍，因此应尽量减小偏心。

（4）圆环平面缝隙流

图 2-21 所示为液体在圆环平面缝隙的流动。图中下平面与圆环均固定不动，液体在圆环中心向外辐射流去。设圆环的内、外半径为 r_1 和 r_2，圆环与平面缝隙量为 h，因圆环与平面间隙量很小，忽略液体重力，这样压力仅是 r 的函数，假设 r 处的压力为 p，在圆环外半径 r_2 处，压力等于 0。

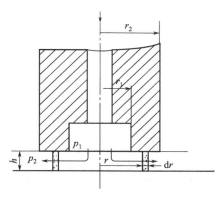

图 2-21　液体在圆环平面缝隙的流动

在距中心为 r 处取一液层，液层厚度为 $\mathrm{d}r$，液层的宽度是其展开长度 $2\pi r$。由于 $\mathrm{d}r$ 液层很小，故在 $\mathrm{d}r$ 液体的微层中的压力变化率 $\mathrm{d}p/\mathrm{d}r$ 可看成是恒定的。根据式（2-62），并令 $u_0=0$，得

$$q = \frac{b h^3 \Delta p}{12 \mu l} = -\frac{2\pi r h^3}{12\mu} \times \frac{\mathrm{d}p}{\mathrm{d}r}, \quad 即 \frac{\mathrm{d}p}{\mathrm{d}r} = -\frac{6\mu q}{\pi r h^3} \tag{2-67}$$

上式中加负号的原因是 $\Delta p/l = -d$，即压力沿半径方向是下降的。

积分式（2-67）并注意边界条件 $r=r_2$ 时，$p=0$，从而得

$$p = \frac{6\mu q}{\pi h^3}\ln\frac{r_2}{r} \tag{2-68}$$

当 $r=r_1$，压力为 $p=p_1$，代入式（2-68），可得圆环平面缝隙流的流量

$$q = \frac{\pi h^3 p_1}{6\mu\ln\dfrac{r_2}{r_1}} \tag{2-69}$$

圆环平面缝隙流在液压传动中，也是一种重要的缝隙流，如轴向柱塞泵中的滑履静压支承就属于此类。

2.6　液压冲击和气穴现象

在液压传动中，液压冲击和气穴现象都会给液压系统的正常工作带来不利影响，因此需要了解这些现象产生的原因，并采取相应的措施以减小其危害。

2.6.1　液压冲击

在液压系统中，因某些原因液体压力在一瞬间会突然升高，产生很高的压力峰值，这种现象称为液压冲击。液压冲击的压力峰值往往比正常工作压力高好几倍，瞬间压力冲击不仅

会引起振动和噪声，而且会损坏密封装置、管道和液压元件，有时还会使某些液压元件（如压力继电器、顺序阀等）产生误动作，造成设备事故。

(1) 液压冲击的类型

液压系统中的液压冲击按其产生的原因分为：

① 因液流通道迅速关闭或液流迅速换向使液流速度的大小或方向发生突然变化时，液流的惯性导致的液压冲击；

② 运动的工作部件突然制动或换向时，因工作部件的惯性引起的液压冲击。

下面对两种常见的液压冲击现象进行分析。

① 管道阀门突然关闭时产生的液压冲击。如图 2-22 所示，具有一定容积的容器（蓄能器或液压缸）中的液体沿长度为 l、直径为 d 的管道经出口处的阀门以速度 v_0 流出，若将阀门突然关闭，则在靠近阀门处 B 点的液体将立即停止运动，液体的动能转换为压力能，B 点的压力升高 Δp，接着后面的液体分层依次停止运动，动能依次转换为压力能，形成压力波，并以速度 c 由 B 向 A 传播，到 A 点后，又反向向 B 点传播。于是，压力冲击

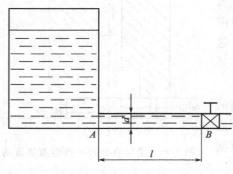

图 2-22　管道中的液压冲击

波以速度 c 在管道的 A、B 两点间往复传播，在系统内形成压力振荡。实际上由于管道变形和液体黏性损失需要消耗能量，因此振荡过程逐渐衰减，最后趋于稳定。

下面来计算阀门迅速关闭时的最大压力升高值 Δp。设管路断面积为 A，管长为 l，压力冲击波从 B 传递到 A 的时间为 t_1，液体密度为 ρ，管道中液流速度为 v_0，阀门关闭后的流速为零，则由动量方程得

$$\Delta p A = \rho A l \frac{v_0}{t_1} \qquad (2\text{-}70)$$

$$\Delta p = \rho \frac{l}{t_1} v_0 = \rho c v_0 \qquad (2\text{-}71)$$

式中，$c = l/t_1$ 为压力冲击波在管中的传播速度。c 不仅与液体的体积弹性模量 K 有关，而且和管道材料的弹性模量 E、管道的内径 d 及管道壁厚 δ 有关，c 值可按下式计算

$$c = \frac{\sqrt{\dfrac{K}{\rho}}}{\sqrt{1 + \dfrac{Kd}{E\delta}}} \qquad (2\text{-}72)$$

在液压传动中，冲击波在管道油液中的传播速度 c 一般为 $900 \sim 1400\text{m/s}$。

如果阀门不是完全关闭，而是使液流速度从 v 降到 v_1，则式（2-71）可改写成

$$\Delta p = \rho c (v_0 - v_1) = \rho c \Delta v \qquad (2\text{-}73)$$

设压力冲击波在管中往复一次的时间为 T，当阀门关闭时间 $t < T (T = 2l/c)$ 时，称为完全冲击（亦称直接液压冲击）。式（2-70）和式（2-71）适用于完全冲击。

当阀门关闭时间 $t > T (T = 2l/c)$ 时，称为不完全冲击（亦称间接液压冲击）。此时压力峰值比完全冲击时低，压力升高值可近似按下式计算

$$\Delta p = \rho c v_0 \frac{T}{t} \tag{2-74}$$

不论是哪一种冲击，只要求出液压冲击时的最大压力升高值 Δp，便可求出冲击时管道中的最大压力

$$p_{max} = p + \Delta p \tag{2-75}$$

上式中，p 为正常工作压力。

在估算由于阀门突然关闭引起的液压冲击时，通常总是把阀门的关闭假设为瞬间完成的，即认为是完全冲击，这样做的结果是偏于安全。

② 运动部件制动时产生的液压冲击。设总质量为 Σm 的运动部件在制动时的减速时间为 Δt，速度的减小值为 Δv，液压缸有效工作面积为 A，则根据动量定理可求得系统中的冲击压力的近似值 Δp

$$\Delta p = \frac{\Sigma m \Delta v}{A \Delta t} \tag{2-76}$$

上式中因忽略了阻尼和泄漏等因素，计算结果比实际值要大，但偏于安全，因而具有实用价值。

（2）减小液压冲击的措施

分析前面各式中 Δp 的影响因素，可以归纳出减小液压冲击的主要措施有：

① 延长阀门关闭和运动部件制动换向的时间，可采用换向时间可调的换向阀。

② 限制管道流速及运动部件的速度，一般在液压系统中将管道流速控制在 4.5m/s 以内，而运动部件的质量 m 愈大，越应控制其运动速度不要太大。

③ 适当增大管径，不仅可以降低流速，而且可以减小压力冲击波传播速度 c。

④ 尽量缩短管道长度，可以减小压力冲击波的传递时间，使完全冲击改变为不完全冲击。

⑤ 可以用橡胶软管或在冲击源处设置蓄能器，以吸收冲击的能量；也可以在容易出现液压冲击的地方，安装限制压力升高的安全阀。

2.6.2　气穴现象

（1）气穴现象的机理及危害

气穴现象又称为空穴现象。在液压系统中，如果某点处的压力低于液压油液所在温度下的空气分离压时，原先溶解在液体中的空气就会分离出来，使液体中迅速出现大量气泡，这种现象叫作气穴现象。当压力进一步减小而低于液体的饱和蒸气压时，液体将迅速汽化，产生大量蒸气气泡，使气穴现象更加严重。

气穴现象多发生在阀门和液压泵的吸油口。在阀口处，一般由于通流截面较小而流速很高，根据伯努利方程，该处的压力会很低，以致产生气穴。在液压泵的吸油过程中，吸油口的绝对压力会低于大气压力，如果液压泵的安装高度太大，再加上吸油口处过滤器和管道阻力、油液黏度等因素的影响，泵入口处的真空度会很大，亦会产生气穴。

当液压系统出现气穴现象时，大量的气泡使液流的流动特性变坏，造成流量和压力的不稳定，当带有气泡的液流进入高压区时，周围的高压会使气泡迅速破灭，使局部产生非常高

的温度和冲击压力，引起振动和噪声。当附着在金属表面上的气泡破灭时，局部产生的高温和高压会使金属表面疲劳，时间一长会造成金属表面的侵蚀、剥落，甚至出现海绵状的小洞穴。这种由于气穴造成的对金属表面的腐蚀作用称为气蚀。气蚀会缩短元件的使用寿命，严重时会造成故障。

（2）减少气穴现象的措施

为减少气穴现象和气蚀的危害，一般采取如下措施：

① 减小阀孔或其他元件通道前后的压降，一般使压力比 $p_1/p_2 < 3.5$。

② 尽量降低液压泵的吸油高度，采用内径较大的吸油管并少用弯头，吸油管端的过滤器容量要大，以减小管道阻力，必要时对大流量泵采用辅助泵供油。

③ 各元件的连接处要密封可靠，防止空气进入。

④ 对容易产生气蚀的元件，如泵的配油盘等，要采用耐腐蚀能力强的金属材料，增强元件的机械强度。

第 3 章

液压泵

3.1 液压泵概述

液压泵作为液压系统的动力元件，将原动机（电动机、柴油机等）输入的机械能（转矩 T 和角速度 ω）转换为压力能（压力 p 和流量 q）输出，为执行元件提供压力油。液压泵的性能好坏直接影响液压系统的工作性能和可靠性，在液压传动中占有极其重要的地位。

3.1.1 液压泵的基本工作原理

图 3-1 所示的单柱塞泵由偏心轮 1、柱塞 2、弹簧 3、缸体 4 和单向阀 5、6 等组成，柱塞与缸体孔之间形成密闭容积。当原动机带动偏心轮顺时针方向旋转时，柱塞在弹簧力的作用下向下运动，柱塞与缸体孔组成的密闭容积增大，形成真空，油箱中的油液在大气压下的作用下经单向阀 5 进入缸体内（此时单向阀 6 关闭）。这一过程称为吸油，在偏心轮的几何中心转到最下点 O_1'，容积增大到极限时终止。吸油过程终了，偏心轮继续旋转，柱塞随偏心轮向上运动，柱塞与缸体孔组成的密闭容积减小，油液受挤压经单向阀 6 排出（单向阀 5 关闭），这一过程称为排油，到偏心轮的几何中心转到最上点 O_1''。容积减小至极限时终止。偏心轮连续旋转，柱塞上下往复运动，泵在半个周期内吸油，半个周期内压油。

如果记柱塞直径为 d，偏心轮偏心距为 e，则柱塞向上最大行程 $s = 2e$，排出的油液体积 $V = \dfrac{\pi d^2}{4} s = \dfrac{\pi d^2}{2} e$。对单柱塞泵，$V$ 即为泵每一转所排出的油液体积，我们将其称为泵的排量，它只与几何尺寸（d 和 e）有关。

根据上述分析，液压泵的工作原理可以归纳如下：

① 液压泵必须具有一个由运动件（柱塞）和非运动件（缸体）所构成的密闭容积，该容积的大小随运动件的运动发生周期性变化。容积增大时形成真空，油箱的油液在大气压作用下进入密封容积（吸油）；容积减小时油液受挤压克服管路阻力排出（排油）。它的吸油和排油均依赖密闭容积的容积变化，因此称为容积式泵。

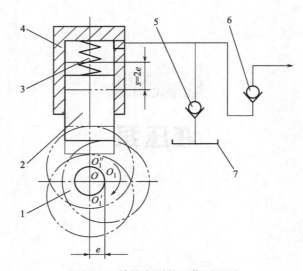

图 3-1 单柱塞泵的工作原理图

1—偏心轮；2—柱塞；3—弹簧；4—缸体；5,6—单向阀；7—油箱

② 液压泵的密闭容积增大到极限时，先要与吸油腔隔开，然后才转为排油；同理，密闭容积减小到极限时，先要与排油腔隔开，然后才转为吸油。图 3-1 所示的泵是通过单向阀 5 和 6 实现这一要求的，这种形式称为阀式配流。此外，还有配流盘式配流和配流轴式配流等形式。

③ 液压泵每转一转吸入或排出的油液体积取决于密闭容积的变化量。图 3-1 所示泵的变化量与柱塞的直径和行程有关。因单个柱塞泵半个周期吸油、半个周期排油，供油不连续，因此不能直接用于工业生产。通常将柱塞数选为三个以上，且径向均布，见后文 3.2 节内容。

④ 液压泵吸油的实质是油箱的油液在大气压力的作用下进入具有一定真空度的吸油腔。为防止气蚀，真空度应小于 0.05MPa，因此对吸油管路的液流速度及油液提升高度有一定的限制。泵的吸油腔容积能自动增大的泵称为自吸泵。图 3-1 所示的泵，若柱塞上部无弹簧，则无自吸能力。

⑤ 液压泵的排油压力取决于排油管路油液流动所受到的总阻力，即液流的管路损失、元件的压力损失及需要克服的外负载阻力。总阻力越大，排油压力越高。若排油管路直接接回油箱，则总阻力为零，泵排出压力为零，泵的这一工况称为卸载。

⑥ 组成液压泵密闭容积的零件，有的是固定件，有的是运动件，它们之间存在相对运动，因此必然存在间隙（图 3-1 为柱塞与缸体孔之间的环形缝隙）。当密闭容积为排油时，压力油将经此间隙向外泄漏，使实际排出的油液体积减小，其减少的油液体积称为泵的容积损失。

⑦ 为了保证液压泵的正常工作，泵内完成吸、压油的密闭容积在吸油与压油之间相互转换时，将瞬间存在一个既不与吸油腔相通，又不与压油腔相通的闭死的容积。若此闭死容积在转移的过程中大小发生变化，则容积减小时，因液体受挤压而使压力提高；容积增大时又会因无液体补充而使压力降低。必须注意的是，如果闭死容积的减小是发生在该容积离开压油腔之后，则其压力将高于压油腔的压力，这样会导致周期性的压力冲击，同时高压液体

会通过运动副之间的间隙挤出,导致油液发热;如果闭死容积的增大是发生在该容积刚离开吸油腔之后,则会使闭死容积的真空度增大,甚至引起气蚀和噪声。这种因存在闭死容积大小发生变化而导致的压力冲击、气蚀、噪声等危害液压泵的性能和寿命的现象,称为液压泵的困油现象,在设计与制造液压泵时应竭力消除与避免。

3.1.2　液压泵的主要性能参数

(1) 液压泵的压力
① 吸入压力。泵进口处的压力,自吸泵的吸入压力低于大气压力。
② 工作压力 p。液压泵工作时的出口压力,其大小取决于负载。
③ 额定压力 p_s。在正常工作条件下,按试验标准连续运转的最高压力。

(2) 液压泵的排量、流量和容积效率
① 排量 V。液压泵每转一转理论上应排出的油液体积,称为泵的排量,又称理论排量或几何排量,记为 V,常用单位为 cm^3/r。排量的大小仅与泵的几何尺寸有关。
② 流量。液压泵的流量又分为平均理论流量、实际流量、瞬时理论流量、额定流量等。
a. 平均理论流量 q_1。液压泵在单位时间内理论上排出的油液体积,它正比于泵的排量 V 和转速 n,即 $q_1 = nV$。常用的单位为 m^3/s 和 L/min。
b. 实际流量 q。液压泵在单位时间内实际排出的油液体积。在泵的出口压力不等于零时,因存在泄漏流量 Δq,因此实际流量 q 小于理论流量 q_t,即 $q = q_t - \Delta q$。在此,需要指出:当泵的出口压力等于零或进出口压力差等于零时,泵的泄漏 $\Delta q = 0$,即 $q = q_t$。工业生产中将此时的实际流量等同于理论流量。
c. 瞬时理论流量 q_{sh}。液压泵任一瞬时理论输出的流量。一般液压泵的瞬时理论流量是波动的,即 $q_{sh} \neq q_t$。
d. 额定流量 q_s。液压泵在额定压力、额定转速下允许连续运行的流量。
③ 容积效率 η_V。液压泵的实际流量 q 与理论流量 q_t 的比值称为液压泵的容积效率,可表示为 $\eta_V = q/q_t = (q_t - \Delta q)/q_t$

(3) 液压泵的功率和效率
① 输入功率 P_r。驱动液压泵轴的机械功率为泵的输入功率,若记输入转矩为 T、角速度为 ω,则 $P_r = T\omega$。
② 输出功率 P。液压泵输出的液压功率,即实际流量 q 和工作压力 p 的乘积,$P = pq$。
③ 总效率 η 和机械效率 η_m。液压泵的输出功率 P 与输入功率 P_r 之比为总效率,即

$$\eta = \frac{P}{P_r} = \frac{pq}{T\omega} = \eta_V \eta_m \qquad (3\text{-}1)$$

上式 η_m 为液压泵的机械效率,一台性能良好的液压泵应要求其总效率最高,而不仅仅是容积效率最高。

(4) 液压泵的转速
① 额定转速 n_s。在额定压力下,能连续长时间正常运转的最高转速,称为液压泵的额定转速。

② 最高转速 n_{max}。在额定压力下，超过额定转速允许短时间运行的最高转速。

③ 最低转速 n_{min}。正常运转所允许的液压泵的最低转速。

④ 转速范围。在最低转速与最高转速之间为液压泵工作的转速范围。

3.1.3　液压泵的特性曲线

液压泵的性能常用图 3-2 所示的性能曲线表示，曲线的横坐标为液压泵的工作压力 p，纵坐标为液压泵的容积效率 η_V（或实际流量 q）、机械效率 η_m、总效率 η 和输入功率 P_r。它是液压泵在特定的介质、转速和油温下通过试验做出的。

由图示性能曲线可看出：液压泵的容积效率 η_V（或实际流量 q）随泵的工作压力升高而降低，压力为零时容积效率 $\eta_V = 100\%$，实际流量等于理论流量。液压泵的总效率 η 随泵的工作压力升高而升高，接近液压泵的额定压力时总效率 η 最高。

对某些工作转速在一定范围的液压泵或排量可变的液压泵，为了揭示液压泵整个工作范围的全性能特性，一般用图 3-3 所示的通用特性曲线表示。曲线的横坐标为泵的工作压力 p，纵坐标为泵的流量 q、转速 n，图 3-3 中绘制有泵的等效率曲线 η_i，等输入功率曲线 P_{ri}。

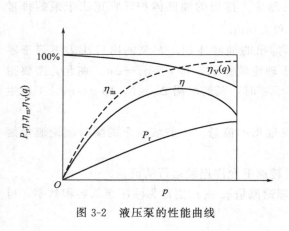

图 3-2　液压泵的性能曲线

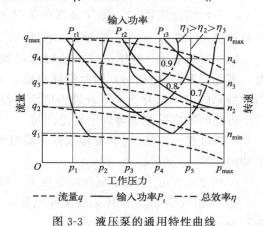

图 3-3　液压泵的通用特性曲线

3.1.4　液压泵的分类和选用

液压泵按主要运动构件的形状和运动方式分为齿轮泵、叶片泵、柱塞泵、螺杆泵。其中：齿轮泵又分为外啮合齿轮泵和内啮合齿轮泵；叶片泵分为双作用叶片泵、单作用叶片泵和凸轮转子叶片泵；柱塞泵分为径向柱塞泵和轴向柱塞泵；螺杆泵分为单螺杆泵、双螺杆泵和三螺杆泵。

液压泵按排量能否改变分为定量泵和变量泵，其中变量泵可以是单作用叶片泵、径向柱塞泵、轴向柱塞泵。

液压泵按进、出油口的方向是否可变分为单向泵和双向泵，其中单向定量泵和单向变量泵只能沿一个方向旋转；双向定量泵可以改变泵的转向，变换进、出油口，双向变量泵不仅可以改变泵的转向，而且还可以操纵变量机构来变换进、出油口。显然，双向泵具有对称的结构，而单向泵是针对某一转向设计的，为非对称结构。

选用液压泵的原则和依据主要有：

① 是否要求变量。要求变量选用变量泵，其中单作用叶片泵的工作压力较低，仅适用于机床系统。

② 工作压力。目前各类液压泵的额定压力都有所提高，但相对而言，柱塞泵的额定压力最高。

③ 工作环境。齿轮泵的抗污染能力最好，因此特别适于工作环境较差的场合。

④ 噪声指标。属于低噪声的液压泵有内啮合齿轮泵、双作用叶片泵和螺杆泵，后两种泵的瞬时理论流量均匀。

⑤ 效率。按结构形式分，轴向柱塞泵的总效率最高；而同一种结构的液压泵，排量大的总效率高；同一排量的液压泵，在额定工况（额定压力、额定转速、最大排量）时总效率最高，若工作压力低于额定压力或转速低于额定转速、排量小于最大排量，泵的总效率将下降，甚至下降很多。因此，液压泵应在额定工况或接近额定工况的条件下工作。

3.1.5 液压泵的图形符号

液压泵的图形符号如图 3-4 所示。

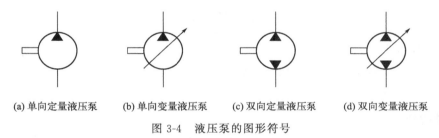

(a) 单向定量液压泵　　(b) 单向变量液压泵　　(c) 双向定量液压泵　　(d) 双向变量液压泵

图 3-4　液压泵的图形符号

3.2 柱塞泵

图 3-1 所示的单柱塞泵因其柱塞沿径向放置被称为径向柱塞泵，又因其吸、压油是通过两个单向阀的开启或关闭实现的，被称为阀式配流径向柱塞泵。为使柱塞泵能够连续地吸油和压油，柱塞数必须大于或等于 3。除径向柱塞泵外，还有柱塞沿轴向布置的轴向柱塞泵。而实现吸油和压油的方式，除阀式配流外，还有配流轴配流和配流盘配流两种。下面介绍几种典型的柱塞泵的结构和工作原理。

3.2.1 配流轴式径向柱塞泵

(1) 工作原理

如图 3-5 所示，7 个柱塞径向均匀放置在缸体 3 的柱塞孔内，因定子 8 与缸体之间存在一定偏心，因此当传动轴 1 带动缸体逆时针方向旋转时：位于上半圆的柱塞受定子内圆的约束而向里缩，柱塞底部的密闭容积减小，油液受挤压经配流轴 4 的压油窗口排出；位于下半圆的柱塞因压环 5 的强制作用而外伸，柱塞底部的密闭容积增大，形成局部真空，油箱的油液在大气压力的作用下经配流轴的吸油窗口吸入。配流轴上的吸、压油窗口由中间隔墙分开。

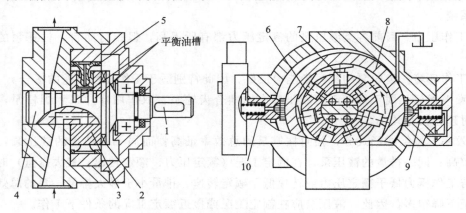

图 3-5　配流轴式径向柱塞泵

1—传动轴；2—离合器；3—缸体（转子）；4—配流轴；5—压环；6—滑履；

7—柱塞；8—定子；9,10—控制活塞

显然，单个柱塞在压油区的行程等于定子与转子的偏心距的 2 倍，因此，泵的排量

$$V = \frac{\pi d^2}{2} ez \tag{3-2}$$

式中　d——柱塞直径；

　　　e——定子与缸体（转子）之间的偏心距；

　　　z——柱塞数。

（2）结构特点

配流轴上吸、压油窗口的两端与吸压油窗口对应的方向开有平衡油槽，用于平衡配流轴上的液压径向力，保证配流轴与缸体之间的径向间隙均匀。这不仅减少了滑动表面的磨损，又减小了间隙泄漏，提高了容积效率。

柱塞头部增加了滑履 6，滑履与定子内圆的接触为面接触，而且接触面实现了静压平衡，接触面的比压很小。

可以实现多泵同轴串联，液压装置结构紧凑。

改变定子相对于缸体的偏心距 e 可以改变排量。其变量方式灵活，可以具有多种变量形式。

（3）负载敏感变量径向柱塞泵

如图 3-6 所示，液压泵的出口压力油 p_1 经控制元件 V_2（可以是电液比例换向阀，可以是手动换向阀）后进入执行元件工作，V_2 的出口压力 p_2 由执行元件的负载决定。因压力油 p_1 和 p_2 被分别引到三通阀 V_1 的阀芯两端，在 V_1 的阀芯处于受力平衡时，V_2 前后压力差（$p_1 - p_2$）= F_1/A，式中 A 为 V_1 阀芯端面有效作用面积，F_1 为阀芯右端弹簧力。若视 F_1 不变，则（$p_1 - p_2$）为定值（0.2～0.3MPa），即对应于 V_2 一定的开口面积，泵输出一定的流量，定子具有一定的偏心，定子两侧变量活塞受力平衡。

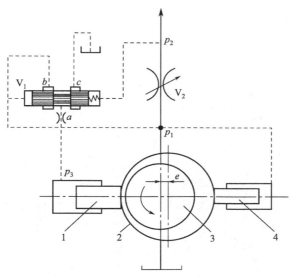

图 3-6　负载敏感变量径向柱塞泵原理

1—左变量活塞；2—定子；3—转子；4—右变量活塞

调节控制元件 V_2，如减小其开口面积，则在泵输出流量 q 未变时，V_2 前后压力差 $\Delta p = p_1 - p_2$ 将增大，三通滑阀 V_1 的阀芯受力平衡破坏，阀芯右移，开启阀口 a 和 c，左变量活塞缸的压力油与油箱沟通，压力 p_3 下降，定子受力平衡破坏，定子向左移动，偏心 e 减小，泵输出的流量 q 减小，控制元件 V_2 前后压力差减小，当压力差恢复到原来值时，三通滑阀 V_1 阀芯受力重新平衡，阀芯回到中位，阀口 a 和 c 被切断，左变量活塞缸封闭，定子稳定在新的位置，泵输出与控制元件 V_2 开口面积相适应的流量，满足执行元件的流量需求。若增大控制元件 V_2 的开口面积，类似上面分析，定子偏心将增大，泵输出的流量增加。

这种变量形式的液压泵不仅输出的流量适应执行元件的流量需求，而且泵的出口压力 p_1 随负载压力 p_2 变化，因此称为负载敏感变量泵，或功率（压力和流量）自适应变量泵。

由于结构上的一些改进，图 3-6 所示径向柱塞泵的额定压力可达 35MPa，加之变量方式灵活，且可以实现双向变量，因此应用日益广泛。

3.2.2　斜盘式轴向柱塞泵

（1）工作原理

如图 3-7（a）所示，柱塞 7 沿轴向均布在缸体 6 的柱塞孔内，安装在传动轴 9 中空部分的弹簧 8 一方面通过压盘 3 将柱塞头部的滑履 5 压向与轴成一倾角 α 的斜盘 2，一方面将缸体压向配流盘 10，柱塞底部容积为密闭容积。当原动机通过传动轴带动缸体旋转时，因斜盘的约束反力的作用，位于最远点（上止点）的柱塞在缸体柱塞孔内向里运动，柱塞底部的密闭容积减小，油液经配流盘的压油窗口排出；位于最近点（下止点）的柱塞因弹簧力的作用向外伸，柱塞底部容积增大，油箱的油液经配流盘的吸油窗口吸入。原动机连续不断旋转，泵连续不断地吸油和压油。

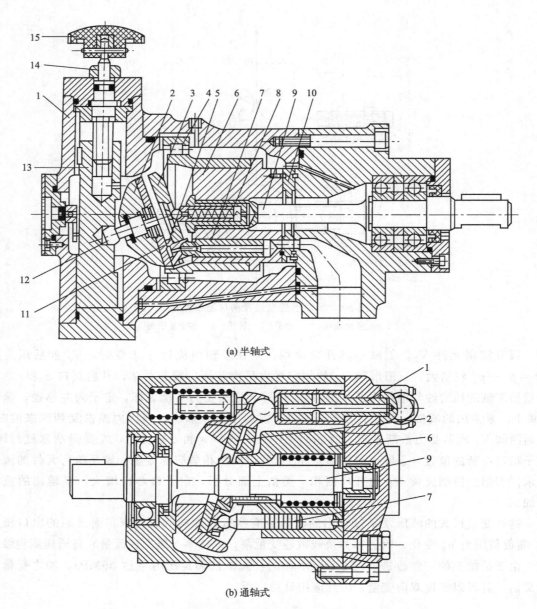

(a) 半轴式

(b) 通轴式

图 3-7　斜盘式轴向柱塞泵结构图

1—变量机构；2—斜盘；3—压盘；4—缸体外大轴承；5—滑履；6—缸体；7—柱塞；8—弹簧；9—传动轴；
10—配流盘；11—斜盘耐磨板；12—轴销；13—变量活塞；14—丝杆；15—旋转手轮

如果记柱塞直径为 d，缸体柱塞孔分布圆直径为 D，柱塞数为 z，斜盘倾角为 α，则斜盘式轴向柱塞泵的排量

$$V=\frac{\pi d^2}{4}Dz\tan\alpha \tag{3-3}$$

显然，改变斜盘的倾角 α 可以改变泵的排量。斜盘式轴向柱塞泵的变量方式可以有多种形式，图 3-7(a) 为手动变量泵。当旋转手轮 15 带动丝杆 14 旋转时，因导向平键的作用，变量活塞 13 将上下移动并通过轴销 12 使斜盘绕其回转中心摆动，改变倾角大小。图示位置斜盘倾角 $\alpha=\alpha_{\max}$，轴销距水平轴线的位移 $s=s_{\max}$。若记轴销距斜盘回转中心的力臂为 L，

则可得 $\tan\alpha_{max}=s_{max}/L$。又由于轴销随同变量活塞一起位移，因此轴销的位移即变量活塞的位移 s，于是有 $\tan\alpha=s/L$，代入式（3-2），则有

$$V=\frac{\pi d^2}{4}Dz\frac{s}{l}\tag{3-4}$$

泵的排量与变量活塞的位移成正比。为限制柱塞所受的液压侧向力不致过大，斜盘的最大倾角 α_{max} 一般小于 $18°\sim20°$。

（2）结构特点

在构成吸压油腔密闭容积的三对运动摩擦副中，柱塞与缸体柱塞孔之间的圆柱环形间隙加工精度易于保证，缸体与配流盘、滑履与斜盘之间的平面缝隙采用静压平衡，间隙磨损后可以补偿，因此轴向柱塞泵的容积效率较高，额定压力可达 32MPa。

为防止柱塞底部的密闭容积在吸、缸体底部窗口压油腔转换时因压力突变而引起的压力冲击，一般在配流盘吸、压油窗口的前端开设减振槽（孔），或将配流盘顺缸体旋转方向偏转一定 γ 角度放置，如图 3-8 所示。开减振槽（孔）的配流盘可使柱塞底部的密闭容积在离开吸油腔（压油腔）时先通过减振槽（孔）与压油腔（吸油腔）缓慢连通，压力逐渐上升（下降），然后再连通压油腔（吸油腔）；配流盘偏转一定角度放置可利用一定的封闭角度使离开吸油腔（压油腔）的柱塞底部的密闭容积实现预压缩（预膨胀），待压力升高（降低）接近或达到压油腔（吸油腔）压力时再与压油腔（吸油腔）连通。在采取上述措施之后可有效减缓压力突变，减小振动、降低噪声，但因为它们都是针对泵的某一旋转方向而采取的非对称措施，因此泵轴旋转方向不能任意改变。如要求泵反向旋转或双向旋转，则需要更换配流盘或与生产厂家联系。

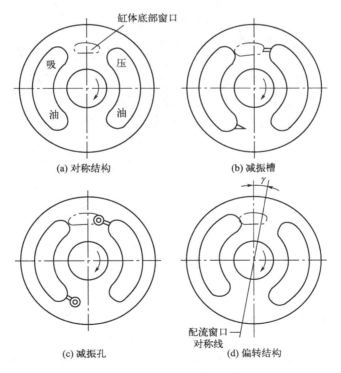

图 3-8　配流盘的结构

泵内压油腔的高压油经三对运动摩擦副的间隙泄漏到缸体与泵体之间的空间后，再经泵体上方的泄漏油口直接引回油箱，这不仅可保证泵体内的油液为零压，而且可随时将热油带走，保证泵体内的油液不致过热。

图 3-7（a）所示斜盘式轴向柱塞泵的传动轴仅前端由轴承直接支承，另一端则通过缸体外大轴承支承，其变量斜盘装在传动轴的尾部，因此又称其为半轴式或后斜盘式。图 3-7（b）为通轴式或前斜盘式的轴向柱塞泵，其传动轴两端均由轴承直接支承，变量斜盘装在传动轴的前端。

斜盘式轴向柱塞泵以及前面介绍的径向柱塞泵和后面介绍的斜轴式轴向柱塞泵的瞬时理论流量随缸体的转动而周期性变化，其变化频率与泵的转速和柱塞数有关，由于理论推导柱塞数为奇数时的脉动小于偶数时的脉动，因此柱塞泵的柱塞取为奇数，一般为 5、7 或 9。

3.2.3　斜轴式轴向柱塞泵

（1）工作原理

如图 3-9 所示，斜轴式无铰轴向柱塞泵的缸体轴线与传动轴轴线不在一条直线上，它们之间存在一个摆角 β。柱塞 3 与传动轴 1 之间通过连杆 2 连接，当传动轴旋转时并非通过万向铰，而是通过连杆带动缸体 4 旋转（故称无铰泵），同时强制带动柱塞在缸体孔内做往复运动，实现吸油和压油，其排量公式与斜盘式轴向柱塞泵完全相同，用缸体的摆角 β 代替公式中的斜盘倾角 α 即可。

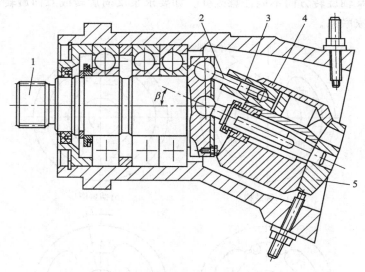

图 3-9　斜轴式无铰轴向柱塞泵
1—传动轴；2—连杆；3—柱塞；4—缸体；5—配流盘

（2）恒功率变量轴向柱塞泵

与斜盘式轴向柱塞泵相同，斜轴式轴向柱塞泵可通过改变缸体的摆角 β 改变排量，其变量方式大致相同。这里介绍的恒功率变量原理具有普遍意义。

如图 3-10 所示，变量活塞 9 的上腔油室常通泵的压油腔，同时经固定阻尼孔进入控制活塞 3 的油腔。变量弹簧 5 和 6 为双弹簧，其中内弹簧 5 的安装高度与弹簧座之间相距 s_p，

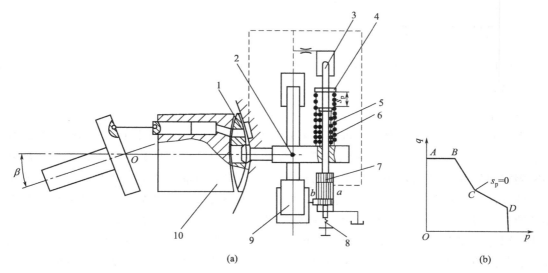

图 3-10　恒功率变量机构原理图 (a) 及恒功率变量特性曲线 (b)

1—配流盘；2—拨销；3—控制活塞；4—弹簧座；5,6,8—弹簧；7—伺服阀；9—变量活塞；10—缸体

弹簧 8 位于伺服阀 7 的下端。当作用在控制活塞 3 的液压力大于弹簧 6 和 8 的弹簧预压缩力之和时，控制活塞推动伺服阀阀芯向下移，沟通油口 a 与 b，压力油进入变量活塞下腔。因变量活塞下腔作用面积大于上腔作用面积，导致变量活塞向上运动，一方面通过拨销 2 带动配流盘 1 和缸体 10 一起绕 O 点摆动，减小缸体摆角 β；另一方面由拨销反馈压缩弹簧 6 并使控制活塞和伺服阀芯上移复位，关闭油口 a 和 b。此时，作用在控制活塞上的液压力与弹簧力平衡，变量活塞稳定在一定位置，缸体具有一定的摆角，泵输出一定的流量。若泵的出口压力继续升高，控制活塞上所受液压力将进一步增大，重复上述过程，使泵输出的流量随压力增大而减小。当变量活塞上移的行程等于 s_p 时，内弹簧 5 参与工作，即作用在控制活塞上的液压力与弹簧 5、6、8 的合力相平衡，变量活塞上移行程等于 s，为变量特性曲线上的拐点，如图 3-10(b) 恒功率变量特性曲线所示。图中直线 BC 的斜率由外弹簧刚度决定，直线 CD 的斜率由内外弹簧的合成刚度决定，弹簧 8 的预压缩量则用来使曲线 BCD 水平方向平移。

由曲线可以看到，泵的出口压力 p 与输出流量 q 的乘积近似为常数，因此称这种变量方式为恒功率变量。

斜轴式无铰轴向柱塞泵由于柱塞通过连杆拨动缸体，缸体与传动轴为无铰连接，因此柱塞不承受液压侧向力，此柱塞受力状态较斜盘式轴向柱塞泵好，它不仅可以通过增大摆角（$\beta_{max}=25°$）增大泵的流量，而且耐冲击性能好，寿命长，特别适用于工作环境比较恶劣的场合如冶金、矿山机械液压系统。

3.3　叶片泵

叶片泵分为单作用叶片泵和双作用叶片泵两种，前者为变量泵，后者为定量泵。

3.3.1 双作用叶片泵

双作用叶片泵因转子旋转一周，叶片在转子叶片槽内滑动两次，完成两次吸油和两次压油而得名。

(1) 工作原理

图 3-11 为双作用叶片泵的结构图，主要零件包括传动轴 9、转子 13、定子 5，左、右配流盘 2、6，叶片 4 和前、后泵体 7、3 等。由定子的内环、转子的外圆和左、右配流盘组成的密闭容积如图 3-12 所示被叶片分割为四部分。当传动轴带动转子旋转时，位于转子叶片槽内的叶片在离心力的作用下向外甩出，紧贴定子内表面随转子旋转。定子的内环由两段大半径圆弧（圆心角为 β_1）、两段小半径圆弧（圆心角为 β_2）和四段过渡曲线（范围角为 β）组成。因为存在半径差，因此随着转子顺时针方向旋转（图 3-12），由叶片 1 和 3、叶片 5 和 7 所分割的两部分密闭容积减小；由叶片 7 和 1、叶片 3 和 5 所分割的两部分密闭容积增大。容积减小时受挤压的油液经配流盘上的压油窗口 12 和 14 排出，容积增大时形成真空，油箱的油液在大气压作用下经配流盘的吸油窗口 13 和 11 吸油，传动轴每转一周排出的油液体积，即双作用叶片泵的排量

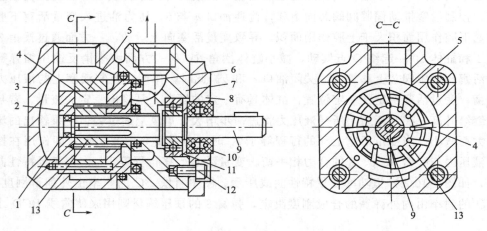

图 3-11　双作用叶片泵结构图

1,11—轴承；2,6—左右配流盘；3,7—前、后泵体；4—叶片；5—定子；8—端盖；

9—传动轴；10—防尘圈；12—螺钉；13—转子

$$V = 2\pi B(R^2 - r^2) - \frac{2zBS(R-r)}{\cos\theta} \tag{3-5}$$

式中　R，r——定子圆弧段的大、小半径；

　　　　B——转子的宽度；

　　　　S——叶片的厚度；

　　　　z——叶片数；

　　　　θ——叶片槽相对于径向的倾斜角。

式 (3-5) 右边第二项为叶片槽根部全部通压力油对排量的影响。当双作用叶片泵的叶片槽根部全部通压力油后，每个叶片在定子的吸油腔过渡曲线段滑动时，因叶片外伸，压油

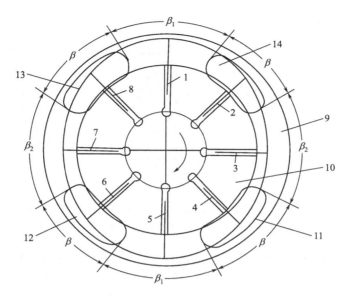

图 3-12　双作用叶片泵的工作原理

1,2,3,4,5,6,7,8—叶子；9—定子；10—转子；11,13—配流盘吸油窗口；

12,14—配流盘压油窗口

腔需向其叶片根部补充一定油液 $(R-r)SB/\cos\theta$，而转子旋转一周，每个叶片两次位于吸油腔，因此使泵的排量总减少量为 $2zBS(R-r)/\cos\theta$。若叶片槽根部分别通油，则此项为零。

（2）结构特点

因配流盘的两个吸油窗口和两个压油窗口对称布置，因此作用在转子和定子上的液压径向力平衡，轴承承受的径向力小，寿命长。

为保证叶片在转子叶片槽内自由滑动并始终紧贴定子内环，双作用叶片泵一般采用叶片槽根部全部通压油腔的办法。采取这种措施后，位于吸油区的叶片便存在一个不平衡的液压力 $F=pBS$（p 为油压，B 为转子的宽度，S 为叶片的厚度），转子高速旋转时，叶片顶部在该力的作用下刮研定子的吸油腔部，造成磨损，影响泵的寿命和额定压力的提高。要提高双作用叶片泵的额定压力，则必须采取措施，保证作用在叶片上的不平衡液压力不随额定压力的提高而增大，具体的措施有：

① 减小通往吸油区叶片根部的油液压力。这种措施的前提是叶片槽根部分别通油，即压油区的叶片槽根部通压油腔，吸油区的叶片槽根部与压油腔之间串联一减压阀或阻尼槽，使压力腔的压力油经减压后再与叶片槽根部相通。这样在泵的出口压力提高后，作用在吸油区叶片上的液压力并不随着增大，只保持需要值。

② 减小吸油区叶片根部的有效作用面积。图 3-13 所示为几种高压叶片泵的叶片结构图，其中：图 3-13（a）为阶梯叶片，图 3-13（b）为子母叶片，图 3-13（c）为柱销式叶片。它们的叶片槽根部均被分为两个油室 x 和 y，其中油室 y 常通压油腔，油室 x 经油道始终与叶片背面的油腔相通。于是，位于压油区的叶片两端压力平衡，位于吸油区的叶片根部承受高压的面积减少。阶梯叶片的有效作用面积 $A=BS'$，$S'=(0.3\sim0.5)S$；子母叶片的有效

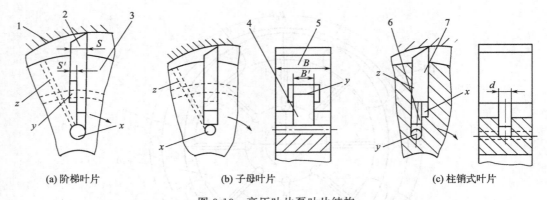

(a) 阶梯叶片　　　　　　　　(b) 子母叶片　　　　　　　　(c) 柱销式叶片

图 3-13　高压叶片泵叶片结构

1—定子；2—阶梯叶片；3—转子；4—子叶片；5—母叶片；6—柱销；7—叶片

作用面积 $A=B'S$，$B'=(0.3\sim0.5)B$；柱销式叶片的有效作用面积 $A=\pi d^2/4$，d 为柱销直径，约为 5mm。由于有效作用面积减小，这三种泵的额定压力最高已达 28MPa。

如果记叶片在过渡曲线段任一瞬时的相对滑移速度为 v_1，位于吸油区过渡曲线段叶片数为 m，则双作用叶片泵在叶片槽根部全部通压力油后，位于吸油区所有叶片的叶片槽根部瞬时需补充的流量 $\Delta q_{sh}=\sum\limits_{i=1}^{m}SBv_i/\cos\theta$，由此可得双作用叶片泵的瞬时理论流量

$$q_{sh}=B\omega(R^2-r^2)-\frac{2BS}{\cos\theta}\sum_{i=1}^{m}v_i \tag{3-6}$$

显然，要使双作用叶片泵的瞬时理论流量均匀，需要使 $\sum\limits_{i=1}^{m}v_i=$ 常数，这可以通过合理选择定子的过渡曲线形状及叶片数予以实现。经理论推导，若过渡曲线采用对称的等加（减）速运动抛物线，叶片数应取 $z=2(2n+1)$，$n=1$ 时，$z=6$；若过渡曲线采用非对称的等加（减）速运动抛物线，叶片数应取 $z=4(3n+1)$，$n=1$ 时，$z=16$。由于双作用叶片泵瞬时理论流量均匀，因此噪声低，特别适用于要求低噪声的液压设备。

如图 3-12 所示，为保证双作用叶片泵正常工作，由叶片 1（3）和 7（5）所围成的吸油腔在容积增至最大时，叶片 1（3）与 8（4）之间的容积应先脱离吸油腔，形成闭死容积后转移到压油腔；同理由叶片 1（5）和 3（7）所围成的压油腔在容积减至最小时，叶片 2（6）和 3（7）之间的容积应先脱离压油腔，形成闭死容积后转移到吸油腔。由于此转移过程正好处于定子的大小半径圆弧段，因此设计制造双作用叶片泵时，取大小半径圆弧段的范围角 β_1、β_2 大于等于两叶片间的夹角 $\alpha=2\pi/z$，以保证闭死容积转移时容积大小不发生变化，即双作用叶片泵不存在困油现象。

由于双作用叶片泵的工作压力较高，为避免两叶片间的闭死容积在吸、压油腔之间转移时，因压力突变而引起压力冲击，导致叶片产生撞击噪声，一般在配流盘的吸、压油窗口的前端开有三角形减振槽，如图 3-14 所示，三角尖槽与配流窗口尾端之间的封油角 $\alpha_1\leqslant\alpha$。对配流窗口前端开有减振槽的双作用叶片泵则不容许反转。

目前大多数双作用叶片泵的转子叶片槽沿转子的旋转方向向前倾斜 $\theta=13°$，采取这一措施的初衷是为了减小叶片与定子曲线法线之间的夹角，从而减少定子过渡曲线内表面和叶片

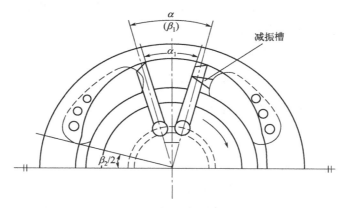

图 3-14　配流盘的封油角与减振槽

头部接触反力的垂直分力，以减少叶片与叶片槽侧壁的摩擦力，保证叶片的自由滑动。但后来的实践表明，采用 $\theta=0°$ 或 $\theta=13°$，均对泵的性能没什么影响。因此为简化加工工艺，有的转子叶片槽采用了径向布置，而多数双作用叶片泵仍沿用传统工艺保留了 $\theta=13°$。

在叶片数确定后，定子过渡曲线段的范围角（吸、压油窗口范围角）$\beta=\dfrac{\pi}{2}-\dfrac{2\pi}{z}$，有的叶片泵为了扩大吸、压油窗口的过流面积，采取定子上开通孔（见图 3-14）和转子两端倒坡度角的措施。

3.3.2　单作用叶片泵

单作用叶片泵转子每转一周，吸、压油各一次，故称为单作用。

（1）工作原理

单作用叶片泵的工作原理如图 3-15 所示。与双作用叶片泵相同，密闭容积由定子 1 的内环、转子 4 的外圆和左、右配流盘（图中未画出）组成。所不同的是单作用叶片泵的定子内环为圆，只是其几何中心 O' 与转子的旋转中心 O 之间存在一个偏心距 e；配流盘上只有一个吸油窗口和一个压油窗口，由定子、转子、配流盘组成的密闭容积被叶片分割为独立的两部分。另外，单作用叶片泵的叶片槽根部采用的通油方式为分别通油，即位于吸油区的叶片根部通吸油腔，位于压油区的叶片根部通压油腔。采用分别通油后，作用在叶片两端的液压力相等，叶片的外伸完全依靠离心力。

当传动轴带动转子如图 3-15 所示方向旋转时，叶片因离心力的作用紧贴定子内圆。于是，由叶片 3 和叶片 6 所分割的密闭容积因叶片 3 的矢径大于叶片 6 的矢径而增大，形成局部真空，油箱的油液经

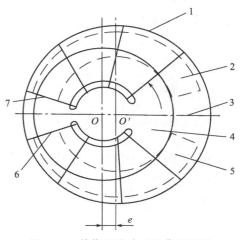

图 3-15　单作用叶片泵工作原理图
1—定子；2—压油窗口；3,6,7—叶片；
4—转子；5—吸油窗口

配流盘的吸油窗口吸入；由叶片 7 和叶片 3 所分割的密闭容积因叶片 7 的矢径小于叶片 3 的矢径而减小，油液受挤压由配流盘的压油窗口排出。转子每旋转一周，叶片往复滑动一次，泵完成一次吸油和一次压油，其排量

$$V = 4BzRe\sin\frac{\pi}{z} \tag{3-7}$$

式中　B——转子的轴向宽度（叶片宽度）；

　　　　z——叶片数；

　　　　R——定子内圆半径；

　　　　e——定子与转子之间的偏心距。

与双作用叶片泵的排量公式（3-5）比较，可知：

① 单作用叶片泵可以通过改变定子的偏心距 e 调节泵的排量和流量。

② 单作用叶片泵因叶片槽根部分别通油，位于吸油区的叶片外伸时不需要压油腔补油，因此叶片厚度对泵的排量无影响。

③ 因单作用叶片的定子内环为偏心圆，因此转子转动时，叶片的矢径为转角 y 的函数，即组成密闭容积的叶片矢径差是变化的，瞬时理论流量是脉动的。为此，单作用叶片泵的叶片数取奇数，以减小流量脉动率。

（2）限压式变量叶片泵的变量原理

图 3-16 为限压式变量叶片泵的结构图，图 3-17（a）为其简化原理图。如图 3-17（a）所示，在定子的左侧作用有一弹簧 2（刚度为 K，预压缩量为 x_0）；右侧有一控制活塞 1（作用面积为 A），控制活塞油室常通泵的出口压力为 p。作用在控制活塞上的液压力 $F = pA$ 与弹簧力 $F_t = Kx_0$ 相比较。当 $F < F_t$ 时，定子处于右极限位置，偏心距最大，即 $e = e_{max}$，泵输出最大流量。若泵的出口压力 p 因工作负载增大而升高，导致 $F > F_t$ 时，定子将向偏心减小的方向移动，位移为 x。定子的位移，一方面使泵的排量（流量）减小，另一方面使左侧的弹簧进一步受压缩，弹簧力增大为 $F_t = K(x_0 + x)$。当液压力与弹簧力相等时，定子平衡在某一个偏心距（$e = e_{max} - x$）下工作，泵输出一定的流量。泵的出口压力越高，定子的偏心距越小，泵输出的流量越小。其压力流量特性曲线如图 3-17（b）所示。

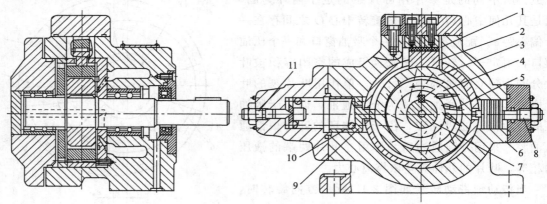

图 3-16　限压式变量叶片泵的结构

1—滚针；2—滑块；3—定子；4—转子；5—叶片；6—控制活塞；7—传动轴；

8—最大流量调节螺钉；9—弹簧座；10—弹簧；11—压力调节螺钉

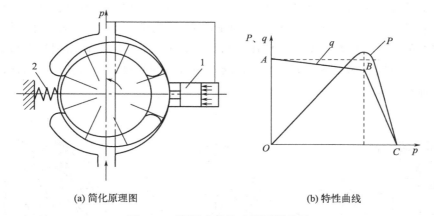

(a) 简化原理图　　　　　　　　　(b) 特性曲线

图 3-17　限压式变量叶片泵原理图

1—控制活塞；2—弹簧

在图 3-17(b) 所示的特性曲线中：B 点为拐点，对应的压力 $p_B = Kx_0/A$；C 点处为极限压力 $p_c = K(x_0 + e_{max})/A$。在 AB 段，作用在控制活塞上的液压力小于弹簧的预压缩力，定子偏心 $e = e_{max}$，泵输出最大流量（因为随着压力增高，泵的泄漏量增加，泵的实际输出流量减小，因此线段 AB 略为向下倾斜）。拐点 B 之后，泵输出流量随出口压力的升高而自动减小，如曲线 BC 所示，曲线 BC 的斜率与弹簧的刚度有关。到 C 点，泵的输出流量为零。

调节图 3-16 中的压力调节螺钉可以改变弹簧的预压缩量 x_0，即改变特性曲线中拐点 B 的压力 p_B 的大小，曲线 BC 沿水平方向平移。调节定子右边的最大流量调节螺钉，可以改变定子的最大偏心距 e_{max}，即改变泵的最大流量，曲线 AB 上下移动。由于泵的出口压力升至 C 点的极限压力 p_c 时，泵的流量等于零，压力不会再增加，因此泵的最高压力限定为 p_c，将其命名为限压式变量泵。

综上所述，限压式变量泵以及负载敏感变量泵、恒功率变量泵都是通过系统压力（压力差）的反馈作用来自动调节泵的排量（流量）的，因此又总称为压力补偿变量泵。

3.4　齿轮泵

齿轮泵是利用齿轮啮合原理工作的，根据啮合形式不同分为外啮合齿轮泵和内啮合齿轮泵两种。因螺杆的螺旋面可视为齿轮曲线做螺旋运动所形成的表面，螺杆的啮合相当于无数个无限薄的齿轮曲线的啮合，因此将螺杆泵放在 3.4 节一起介绍。

3.4.1　外啮合齿轮泵

（1）工作原理

外啮合齿轮泵（图 3-18）由一对几何参数完全相同的齿轮 6、长轴 12、短轴 15、泵体 7、前盖板 8、后盖板 4 等主要零件组成。图 3-19 为外啮合齿轮泵工作原理图，两啮合的轮齿将泵体、前后盖板和齿轮包围的密闭容积分成两部分，当原动机通过长轴（传动轴）带动主动齿轮、从动齿轮如图示方向旋转时，因啮合点 C 的啮合半径 R_c 小于齿顶圆半径 R_e，轮齿进入啮合的一侧密闭容积减小，经压油口排油，退出啮合的一侧密闭容积增大，经吸油口吸油。吸油腔所吸入的油液随着齿轮的旋转被齿穴空间转移到压油腔，齿轮连续旋转，泵连续不断吸油和压油。

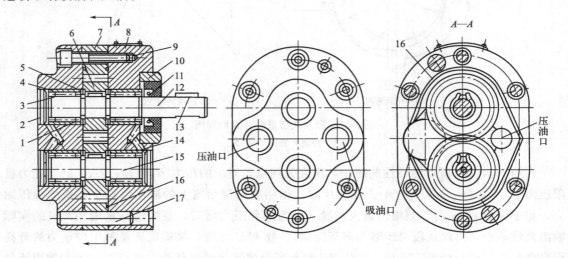

图 3-18　外啮合齿轮泵结构图

1—弹簧挡圈；2—压盖；3—滚针轴承；4—后盖板；5,13—键；6—齿轮；7—泵体；8—前盖板；9—螺钉；

10—密封座；11—密封环；12—长轴；14—泄油通道；15—短轴；16—卸荷沟；17—圆柱销

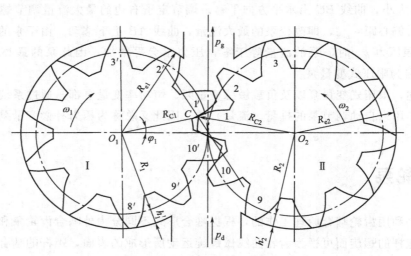

图 3-19　外啮合齿轮泵工作原理图

如上所述，齿轮泵密闭容积的变化是因为啮合点半径 R_C 小于齿顶圆半径 R_e 所致，而齿轮在啮合转动时，啮合点的半径 R_C 是随齿轮转角而周期变化的（变化周期为 $2\pi/z$）。若瞬时最大流量为 q_{max}，最小流量为 q_{min}，平均流量为 q_p，则表示泵的瞬时理论流量脉动系数

$$\delta_q = \frac{q_{max} - q_{min}}{q_p} \tag{3-8}$$

δ_q 值随齿数增多而减小。

齿轮泵的排量可根据轮齿齿谷的面积 $A = \pi m^2$ 得到

$$V = 2\pi z m^2 B \tag{3-9}$$

式中　z——齿数；

　　　m——齿轮模数；

　　　B——齿宽。

由公式可以看到，齿轮泵的排量 V 与齿轮模数 m 的平方成正比，与齿数 z 的一次方成正比。因此，在齿轮节圆直径 $D_j = mz$ 一定时，增大模数 m 或减少齿数 z 可以增大泵的排量，因为这一原因，齿轮泵的齿数一般较少。为避免因齿数少而产生根切，需对齿轮进行修正。修正后的齿轮实际中心距（或节圆直径）$A = D_j = (z+1)m$，齿顶圆直径 $D_e = (z+3)m$。

（2）结构特点

① 降低齿轮泵的噪声。齿轮泵产生噪声的一个主要根源来自流量脉动，为减少齿轮泵的瞬时理论流量脉动，可同轴安装两套齿轮，每套齿轮之间错开半个齿距，两套齿轮之间用一平板相互隔开，组成共同吸油和压油的两个分离的齿轮泵，由于两个泵的脉动错开了半个周期，各自的脉动量相互抑制，因此，总的脉动量大大减小。

② 泄漏与间隙补偿措施。在形成齿轮泵密闭容积的零件中，齿轮为运动件，泵体和前后盖板为固定件。运动件与固定件之间存在两处间隙：齿轮端面与前后盖板之间的端面间隙，齿顶圆与泵体内圆之间的径向间隙。此外，还存在轮齿啮合处的啮合间隙。因为存在间隙，而且泵的吸、压油腔之间存在压力差，因此必然存在缝隙流动，即泄漏。泄漏量的大小与间隙的三次方成正比，与压力差的一次方成正比。上述三处间隙中，端面间隙泄漏最大，对未采取间隙补偿的齿轮泵，端面间隙泄漏量约占总泄漏量的 $80\% \sim 85\%$，径向间隙泄漏量约占 $10\% \sim 15\%$，其余为啮合间隙处的泄漏。如何提高齿轮泵的额定压力，并保证其具有较高的容积效率一直是齿轮泵生产和研究中的一个重要课题。

如图 3-18 所示的齿轮泵，由前、后盖板与齿轮端面形成的端面间隙一方面因加工工艺和装配工艺的限制，间隙值不可能很小，另一方面磨损后间隙会越来越大，因此只适用于低压。针对这一问题，高压齿轮泵在齿轮与前、后盖板之间增加了一个补偿零件，如浮动轴套或浮动侧板，由它们与齿轮端面配合以构成尽可能小的间隙，该补偿件在磨损后可以随时补偿间隙。图 3-20 所示为浮动轴套端面间隙补偿原理。在支承齿轮轴的右轴套的外端面引入压力油，形成一个液压压紧力 F_1，该力将轴套压向齿轮端面，同时齿轮端面与轴套内端面之间的压力流场对轴套形成一个反推力 F_f。设计时取压紧力 F_1 略大于反推力 F_f，压紧力合力的作用线尽可能接近或重合于反推力的合力作用线。这样由间隙油膜承受压紧力与反推力的差值，实现间隙的自动补偿，使轴套与齿轮端面的间隙保持最佳值，泵的泄漏小，容积效率高。

③ 液压径向力及平衡措施。如前所述，位于吸油区的齿谷在装满油液后随着齿轮的旋转被带到压油区，在转移的过程中齿谷内的油液由吸油区的低压逐步增压为压油区的高压，如图 3-20、图 3-21 所示。近似计算可得到齿轮轴上液压径向力和轮齿啮合力的合力

$$F = KpBD_e \tag{3-10}$$

式中　K——系数，对主动齿轮，$K = 0.75$，对从动齿轮，$K = 0.85$；

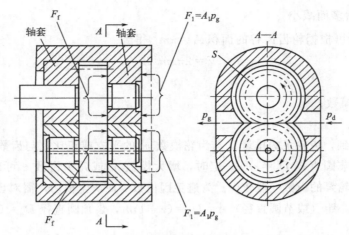

图 3-20　浮动轴套端面间隙补偿原理

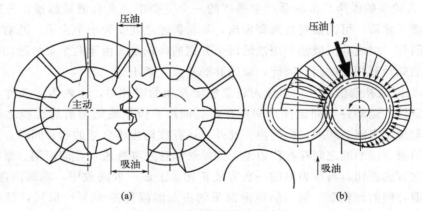

(a)　　　　　　　　(b)

图 3-21　径向压力分布及合力

p——压油腔的压力；

B——齿轮宽度；

D_e——齿顶圆直径。

作用在齿轮轴上的液压径向力，不仅直接影响轴承的寿命，而且使齿轮轴变形，导致齿顶刮削泵体内圆。这一危害会随着齿轮泵压力的提高而加剧，因此必须采取相应的措施以平衡液压径向力。

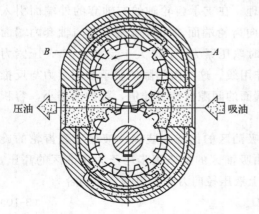

图 3-22　径向力平衡措施

图 3-22 为径向力平衡措施之一，它通过在盖板上开设平衡槽 A、B，使它们分别与低、高压腔相通，产生一个与吸油腔和压油腔对应的液压径向力，起平衡作用。还有的齿轮泵采用扩大压油腔（吸油腔）的办法，即只保留靠近吸油腔（压油腔）的 1～2 个齿，使其起密封作用，而大部分圆周的压力等于压油腔（吸油腔）的压力，于是对称区域的径向力得到平衡，减少了作用在轴承上的径向力。

需要说明的是，上述两种平衡径向力的方案

均会导致齿轮泵径向间隙密封长度缩短，径向间隙泄漏增加。因此，对高压齿轮泵，平衡液压径向力必须与提高容积效率同时兼顾。

④ 困油现象与卸荷措施。由齿轮泵工作原理可知，在吸油腔吸满液体的齿穴离开吸油腔后，随齿轮的旋转而转移到压油腔，虽然在此转移的过程中，齿穴内的液体容积大小不会发生变化。但是为了保证齿轮传动的平稳性，齿轮泵的齿轮重合度 ε 必须大于 1（一般 $\varepsilon =$ $1.05 \sim 1.10$），即在前一对轮齿尚未脱开啮合之前，后一对轮齿已经进入啮合。在两对轮齿同时啮合时，它们之间将形成一个与吸、压油腔均不相通的闭死容积，如图 3-23 所示。此闭死容积随着齿轮的旋转，先由大变小，后由小变大。因闭死容积形成之前与压油腔相通，因此容积由大变小时油液受挤压经缝隙溢出，不仅使压力增高，齿轮轴承受周期性的压力冲击，而且导致油液发热。在容积由小变大时，又因无油液补充产生真空，引起气蚀和噪声。这种因闭死容积大小发生变化导致压力冲击和气蚀的困油现象，将严重影响泵的使用寿命，因此必须予以消除。常用的方法是在泵的前、后盖板或浮动轴套（浮动侧板）上开卸荷槽，如图 3-24 所示，两卸荷槽之间的距离

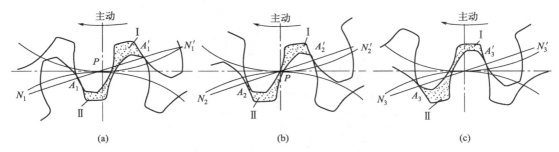

图 3-23　齿轮泵的困油现象

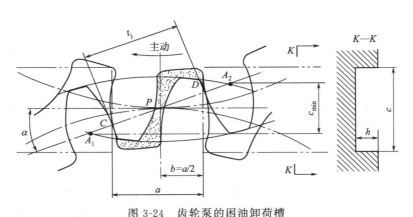

图 3-24　齿轮泵的困油卸荷槽

$$a = \pi m \cos^2 \alpha = t_0 \cos \alpha \tag{3-11}$$

式中　α——齿轮压力角；

　　　m——齿轮模数；

　　　t_0——标准齿轮的基节。

在开设卸荷槽后，可限制闭死容积为最小，即容积由大变小时与压油腔相通，容积由小变大时与吸油腔相通。

外啮合齿轮泵在采取了一系列的高压化措施后，额定压力已达 32MPa。由于它具有转

速高、自吸能力好、抗污染能力强等一系列优点，因此得到了广泛的应用。

3.4.2 内啮合齿轮泵

图 3-25 所示为内啮合齿轮泵的工作原理，一对相互啮合的小齿轮和内齿轮与侧板所围成的密闭容积被齿轮啮合线和月牙板分隔成两部分。当传动轴带动小齿轮按图示方向旋转时，内齿轮同向旋转，图中上半部轮齿脱开啮合，所在的密闭容积增大，为吸油腔；下半部轮齿进入啮合，所在的密闭容积减小，为压油腔。

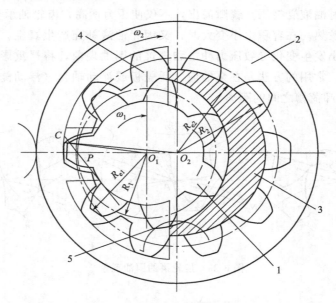

图 3-25　内啮合齿轮泵工作原理
1—小齿轮（主动齿轮）；2—内齿轮（从动齿轮）；3—月牙板；4—吸油腔；5—压油腔

内啮合齿轮泵的最大优点是：无困油现象，流量脉动较外啮合齿轮泵小，噪声低。当采用轴向和径向间隙补偿措施后，泵的额定压力可达 30MPa，容积效率和总效率均较高。

3.4.3 螺杆泵

图 3-26 所示为一种三螺杆泵的结构图，在壳体 2 内放置有三根平行的双头螺杆，中间为主动螺杆（凸螺杆），两侧为从动螺杆（凹螺杆）。互相啮合的三根螺杆与壳体之间形成多个密闭容积，每个密闭的容积为一级，其长度约等于螺杆的螺距。当传动轴（图中与凸螺杆为一整体）顺时针方向旋转（从轴伸出端看）时，左端螺杆密封空间逐渐形成，容积增大为吸油腔；右端螺杆密封空间逐渐消失，容积减小为压油腔。在吸油腔与压油腔之间至少有一个完整的密闭工作腔，螺杆的级数越多，泵的额定压力越高（每一级工作压差 2～2.5MPa）。

螺杆泵最大优点是输出流量均匀、噪声低，特别适用于对压力和流量稳定要求较高的精密机械。此外，螺杆泵的自吸性能好，容许采用高转速，流量大，因此常用在大型液压系统

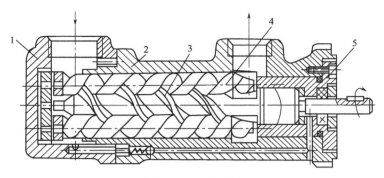

图 3-26 三螺杆泵

1—后盖；2—壳体；3—主动螺杆（凸螺杆）；4—从动螺杆（凹螺杆）；5—前盖

作补油泵。因螺杆泵内的油液由吸油腔到压油腔为无搅动提升，因此又常被用来输送黏度较大的液体，如原油。

螺杆泵除三螺杆外，尚有单螺杆和双螺杆的结构，它们多用在石油化工领域。

内啮合齿轮泵和螺杆泵因加工工艺复杂，加工精度要求高，需要专门的加工设备，因此，应用受到一定限制。

第 4 章

液压执行元件

4.1　液压马达

4.1.1　液压马达概述

液压马达（简称马达）是将液体的压力能转换为旋转机械能的装置。从工作原理上讲，液压传动中的泵和马达都是靠工作腔密封容积的变化而工作的，所以说泵可以作马达用，反之也一样，即泵与马达有可逆性。

实际上由于二者工作状况不一样，为了更好发挥各自工作性能，泵和马达在结构上存在某些差别，两者不能通用。

4.1.1.1　液压马达特性参数

（1）工作压力与额定压力

马达输入油液的实际压力称为马达的工作压力，其大小取决于马达的负载。马达进口压力与出口压力的差值称为马达的压差。

按试验标准规定，能使马达连续正常运转的最高压力称为马达的额定压力。

（2）流量与容积效率

马达入口处流量为马达的实际流量 q_M。由于马达存在间隙，产生泄漏 Δq，为达到要求转速，则输入马达的实际流量 q_M 必须为

$$q_M = q_{Mt} + \Delta q \tag{4-1}$$

式中　q_{Mt}——马达没有泄漏时，达到要求转速所需进口流量，称为理论流量。

马达的理论流量 q_{Mt} 与实际流量 q_M 之比为马达的容积效率 η_{MV}

$$\eta_{MV} = \frac{q_{Mt}}{q_M} = \frac{q_M - \Delta q}{q_M} = 1 - \frac{\Delta q}{q_M} \tag{4-2}$$

（3）马达的排量与转速

马达排量 V 是容积效率等于 1，即没有泄漏的情况下，使马达输出轴旋转一周所需要油

液的体积。马达排量 V 不可变的称为定量马达，马达排量 V 可变的称为变量马达。

马达的转速 n 为

$$n = \frac{q_{Mt}}{V} = \frac{q_M \eta_{MV}}{V} \tag{4-3}$$

（4）转矩、机械效率和启动机械效率

马达输出转矩称为实际输出转矩 T_M。马达中各零件间相对运动和流体与零件相对运动产生的能量损失，使马达的实际输出转矩 T_M 小于理论转矩 T_{Mt}，即

$$T_M = T_{Mt} - \Delta T \tag{4-4}$$

式中　ΔT——由各种摩擦而产生的损失转矩；

　　　T_{Mt}——没有各种摩擦的理论转矩。

马达的实际输出转矩 T_M 与理论转矩之比称为马达的机械效率 η_{Mm}，即

$$\eta_{Mm} = \frac{T_M}{T_{Mt}} \tag{4-5}$$

按能量守恒可得马达理论转矩 T_{Mt}，即

$$T_{Mt} = \frac{\Delta p V}{2\pi} \tag{4-6}$$

式中　Δp——马达进出口的压差。

另外，马达在从静止状态到开始启动，马达所输出的转矩为启动转矩 T_{M0}。由于静止状态下摩擦因数大，所以在相同工作压差下，启动转矩 T_{M0} 要小于运转时的实际输出转矩 T_M，因此对马达还要考虑启动性能，这个性能指标用启动机械效率 η_{Mm0} 来表示，即马达启动转矩 T_{M0} 与它在同一压差下的理论转矩 T_{Mt} 之比，其表达式为

$$\eta_{Mm0} = \frac{T_{M0}}{T_{Mt}} \tag{4-7}$$

（5）功率与总效率

马达输入功率 P_{Mi} 为

$$P_{Mi} = \Delta p q_M \tag{4-8}$$

马达输出功率 P_{M0} 为

$$P_{M0} = 2\pi n T_M \tag{4-9}$$

马达的总效率 η_M 等于马达的输出功率 P_{M0} 与输入功率 P_{Mi} 之比，即

$$\eta_M = \frac{P_{M0}}{P_{Mi}} = \eta_{Mm} \eta_{MV} \tag{4-10}$$

4.1.1.2　液压马达分类

按照工作特性马达可分为两大类：额定转速在 500r/min 以上为高速液压马达；额定转速在 500r/min 以下为低速液压马达。高速液压马达有齿轮液压马达、螺杆液压马达、叶片液压马达、轴向柱塞马达等。低速液压马达有单作用连杆型径向柱塞马达和多作用内曲线径向柱塞马达等。

与液压泵类似，液压马达按排量能否改变可分为定量马达和变量马达，轴向柱塞马达可

以作变量马达用。液压马达一般双向旋转，也可以用于
单向旋转。

4.1.1.3 液压马达图形符号

液压马达的图形符号如图 4-1 所示。

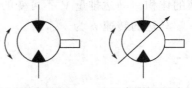

(a) 定量液压马达　　(b) 变量液压马达

图 4-1　液压马达图形符号

4.1.2　高速液压马达

（1）齿轮液压马达

外啮合齿轮液压马达工作原理如图 4-2 所示，C 为 Ⅰ、Ⅱ 两齿轮的啮合点，h 为齿轮的全齿高。啮合点 C 到两齿轮 Ⅰ、Ⅱ 的齿根距离分别为 a 和 b，齿宽为 B。当高压油（压力 p）进入马达的高压腔时，处于高压腔所有轮齿均受到高压油的作用，其中相互啮合的两个轮齿的齿面只有一部分齿面受高压油的作用。由于 a 和 b 均小于全齿高 h，所以在两个齿轮 Ⅰ、Ⅱ 上就产生作用力 $pB(h-a)$ 和 $pB(h-b)$。这两个力对齿轮产生输出转矩，随着齿轮按图示方向旋转，油液被带到低压腔排出。齿轮液压马达的排量公式同齿轮泵，见式（3-9）。

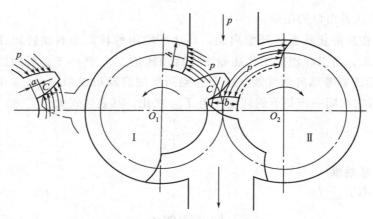

图 4-2　外啮合齿轮液压马达工作原理

齿轮液压马达在结构上为了适应正反转要求，具有进出油口相等、具有对称性、有单独外泄油口将轴承部分的泄漏油引出壳体外的特点；为了减少启动摩擦力矩，采用了滚动轴承；为了减少转矩脉动，齿轮液压马达的齿数比泵的齿数要多。

齿轮液压马达由于密封性差，容积效率较低，输入油压力不能过高，不能产生较大转矩，并且瞬间转速和转矩随着啮合点的位置变化而变化，因此仅适用于高速小转矩的场合。一般用于工程机械、农业机械以及对转矩均匀性要求不高的机械设备上。

（2）叶片液压马达

常用叶片液压马达为双作用式，现以双作用式来说明其工作原理。

叶片液压马达工作原理如图 4-3 所示。当高压油（压力为 p）从进油口进入工作区段的叶片 1 和 4 之间的容积时，叶片 5 两侧均受压力 p 作用不产生转矩，而叶片 1 和 4 一侧受高压油压力 p 的作用，另一侧受低压油压力 p_t 的作用。由于叶片 1 伸出面积大于叶片 4 伸出

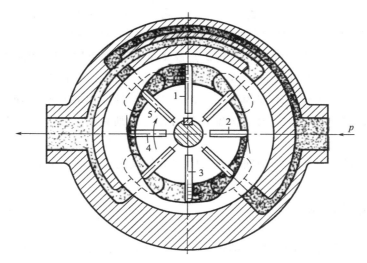

图 4-3　叶片液压马达工作原理
1,2,3,4—叶片

的面积，所以产生使转子顺时针方向转动的转矩。同理，叶片 3 和 2 之间也产生顺时针方向转矩。由图看出，当改变进油方向时，即高压油进入叶片 3 和 4 之间的容积或叶片 1 和 2 之间的容积时，叶片带动转子逆时针转动。

叶片液压马达的排量公式与双作用叶片泵排量公式（3-5）同，但公式中 $\theta = 0$。

为了适应马达正反转要求，叶片液压马达的叶片为径向放置，为了使叶片底部始终通入高压油，在高、低油腔通入叶片底部的通路上装有梭阀。为了保证叶片液压马达在压力油通入后，高、低压腔不致串通，能正常启动，在叶片底部设置了预紧弹簧——燕式弹簧。

叶片液压马达体积小，转动惯量小，反应灵敏，能适应较高频率的换向。但泄漏较大，低速时不够稳定。它适用于转矩小、转速高、力学性能要求不严格的场合。

（3）轴向柱塞马达

轴向柱塞泵除阀式配流型不能作马达用外，配流盘配流的轴向柱塞泵只需将配流盘改成对称结构，即可作液压马达用，因此轴向柱塞泵和轴向柱塞马达二者是可逆的。轴向柱塞马达的工作原理如图 4-4 所示，配流盘 4 和斜盘 1 固定不动，马达轴 5 与缸体 2 相连，一起旋转。当压力油经配流盘 4 的窗口进入缸体 2 的柱塞孔时，柱塞 3 在压力油作用下外伸，紧贴

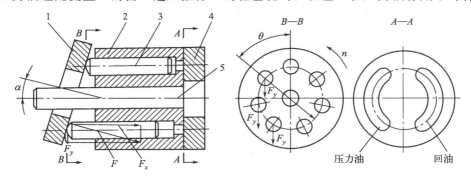

图 4-4　轴向柱塞马达工作原理
1—斜盘；2—缸体；3—柱塞；4—配流盘；5—马达轴

斜盘 1，斜盘 1 对柱塞 3 产生一个法向反力 F，此力可分解为轴向分力 F_x 和垂直分力 F_y。F_x 与柱塞上液压力相平衡，而 F_y 则使柱塞对缸体中心产生一个转矩，带动马达轴逆时针方向旋转。轴向柱塞马达产生的瞬时总转矩是脉动的。若改变马达压力油输入方向，则马达轴 5 按顺时针方向旋转，实现换向；改变斜盘倾角 α，可改变其排量。这样，可以在马达的进、出油口压力差和输入流量不变的情况下，改变马达的输出转矩和转速，斜盘倾角越大，产生的转矩越大，转速越低。若改变斜盘倾角的方向，则在马达进、出油口不变的情况下，可以改变马达的旋转方向。

轴向柱塞马达的排量公式与轴向柱塞泵的排量公式完全相同，见式（3-3）。

4.1.3 低速液压马达

低速液压马达通常是径向柱塞式结构，为了获得低速和大转矩，采用高压和大排量，它的体积和转动惯量很大，不能用于反应灵敏和频繁换向的场合。

低速液压马达按其每转作用次数，可分单作用式和多作用式。若马达每旋转一周，柱塞做一次往复运动，称为单作用式；若马达转一周，柱塞做多次往复运动，称为多作用式。

（1）单作用连杆型径向柱塞马达

单作用连杆型径向柱塞马达如图 4-5 所示，工作原理见图 4-6。马达的外形呈五角星状（或七角星状），壳体内有五个沿径向均匀分布的柱塞缸，柱塞与连杆铰接，连杆的另一端与曲轴的偏心轮外圆接触。在图 4-6（a）位置，高压油进入柱塞缸 1、2 的顶部，柱塞受高压油

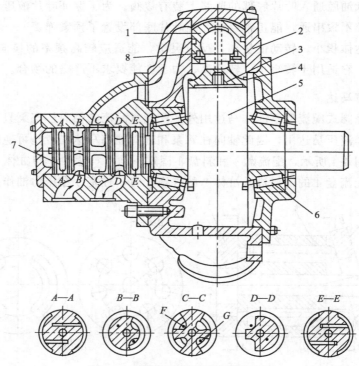

图 4-5 单作用连杆型径向柱塞马达

1—柱塞；2—壳体；3—连杆；4—挡圈；5—曲轴；6—圆柱滚子轴承；7—配流轴；8—卡环

作用；柱塞缸 3 处于与高压进油口和低压回油口均不相通的过渡位置；柱塞缸 4、5 与回油口相通。于是，高压油作用在柱塞 1 和 2 的作用力 F 通过连杆作用于偏心轮中心 O_1，对曲轴旋转中心 O 形成转矩 T，曲轴逆时针方向旋转。曲轴旋转时带动配流轴同步旋转，因此，配流状态发生变化。如配流轴转到图 4-6（b）所示位置：柱塞 1、2、3 同时通高压油，对曲轴旋转中心形成转矩，柱塞 4 和 5 仍通回油口。如配流轴转到图 4-6（c）所示位置，柱塞 1 退出高压区，处于过渡状态，柱塞 2 和 3 通高压油，柱塞 4 和 5 通回油口。如此类推，在配流轴随同曲轴旋转时，各柱塞缸将依次与高压进油口和低压回油口相通，保证曲轴连续旋转。若进、回油口互换，则液压马达反转，过程同上。

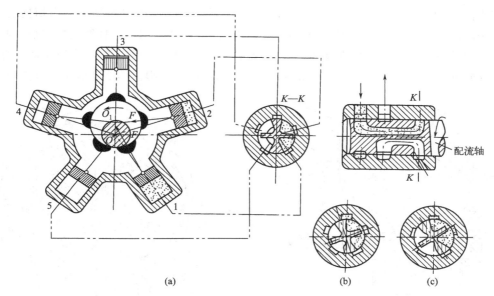

图 4-6　单作用连杆型径向柱塞马达工作原理（1～5 为柱塞缸）

上面讨论的是壳体固定、曲轴旋转的情况，若将曲轴固定，进回油口直接接到固定的配流轴上，可使壳体旋转。这种壳体旋转马达可作驱动车轮、卷筒之用。

单作用连杆型径向柱塞马达的排量 V 为

$$V = \frac{\pi d^2 e z}{2} \tag{4-11}$$

式中　d——柱塞直径；

　　　e——曲轴偏心距；

　　　z——柱塞数。

单作用连杆型径向柱塞马达的优点是结构简单，工作可靠。缺点是体积和重量较大，转矩脉动，低速稳定性较差。近几年来因其主要摩擦副大多采用静压支承或静压平衡结构，其低速稳定性有很大的改善，最低转速可达 3r/min。

（2）多作用内曲线径向柱塞马达

多作用内曲线径向柱塞马达的典型结构如图 4-7 所示。壳体 1 的内环由 x 个（图 4-7 中 $x=6$）形状相同、均布的导轨面组成。每个导轨面可分成对称的 a、b 两个区段。缸体 2 和输出轴 3 通过螺栓连成一体。柱塞 4、滚轮组 5 组成柱塞组件。缸体 2 有 z 个（图 4-7 中

$z=8$）径向分布的柱塞孔，柱塞4装在孔中。柱塞顶部做成球面顶在滚轮组的横梁上。横梁可在缸体径向槽内沿直径方向滑动。连接在横梁端部的滚轮在柱塞腔中压力油作用下顶在导轨曲面上。配流轴6圆周上均匀分布 $2x$ 个配油窗口（图4-7中为12个窗口），这些窗口交替分成二组，通过配流轴6的两个轴向孔分别和进回油口 A、B 相通。其中每一组 x 个配油窗口应分别对准 x 个同向曲面的 a 段或 b 段。若导轨曲面 a 段对应高压油区，则 b 段对应低压油区。如图4-7所示，柱塞 Ⅰ、Ⅴ 在压力油作用之下；柱塞 Ⅲ、Ⅶ 处于回油状态；柱塞 Ⅱ、Ⅵ、Ⅳ、Ⅷ 处于过渡状态（即高、低压油均不通）。柱塞 Ⅰ、Ⅴ 在压力油作用下，推动柱塞向外运动，使滚轮紧紧地压在导轨曲面上。滚轮受到一法向反力 N，它可以分解为径向分力 F_r 和切向分力 F_τ。其中径向分力 F_r 与柱塞端液压作用力相平衡，而切向分力 F_τ 通过柱塞对缸体2产生转矩，带动输出轴3转动，同时，处于回油区柱塞受压缩后，将低压油从回油窗口排出。由于导轨曲线段 x 和柱塞数 z 不相等，所以总有一部分柱塞在任一瞬间处于导轨面的 a 段（相应的总有一部分柱塞处于 b 段），使得缸体2和输出轴3连续转动。

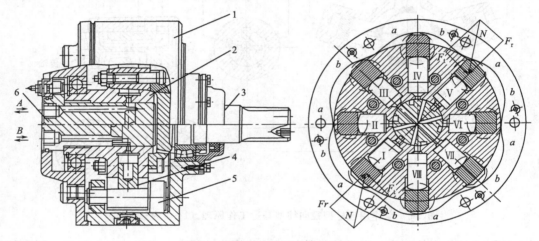

图4-7 多作用内曲线径向柱塞马达

1—壳体；2—缸体；3—输出轴；4—柱塞；5—滚轮组；6—配流轴

总之，有 x 个导轨曲面，缸体旋转一周，每个柱塞往复运动 x 次，马达作用次数就为 x 次。图4-7所示为六作用内曲线径向柱塞马达。由于马达作用次数多，并可设置较多柱塞（也可设多排柱塞结构），这样，较小的尺寸可得到较大的排量。

当马达的进、回油口互换时，马达将反转。这种马达既可做成轴旋转结构的，也可做成壳体旋转结构的。

多作用内曲线径向柱塞马达的排量为

$$V=\frac{\pi d^2}{4}sxyz \qquad (4\text{-}12)$$

式中　d——柱塞直径；

　　　s——柱塞行程；

　　　x——作用次数；

　　　y——柱塞排数；

　　　z——每排柱塞数。

当多作用内曲线径向柱塞马达的柱塞数 z 与作用次数 x 之间存在一个大于 1 小于 z 的最大公约数 m 时，可通过合理设计导轨曲面，使径向力平衡，理论输出转矩均匀无脉动，同时马达的启动转矩大，并能在低速下稳定地运转，故其普遍应用于工程、建筑、起重运输、煤矿、船舶、农业等机械中。

4.2　液压缸

液压缸工作可靠，加工制造容易，在液压系统中应用广泛。

4.2.1　液压缸的类型及特点

液压缸的类型很多，一般按液压缸的结构特点和液压缸的作用原理分类。

按液压缸的结构特点可分为四大类：活塞缸、柱塞缸、摆动缸和组合缸。

按液压缸的作用原理可分为两大类：单作用缸和双作用缸。单作用缸利用液体压力产生的推力推动活塞（或缸体）向一个方向运动，活塞反向运动靠外力或自重来实现。双向作用缸利用液体压力产生的推力推动活塞（或缸体）产生正反两个方向的运动。

4.2.1.1　活塞缸

活塞式液压缸（活塞缸）可分为单杆活塞缸和双杆活塞缸。

(1) 单杆活塞缸

如图 4-8(a) 所示，单杆活塞缸是在活塞的一端有活塞杆，通常把有活塞杆的液压腔称为有杆腔，无活塞杆的液压腔称为无杆腔。单杆活塞缸有缸体固定和活塞杆固定两种安装形式，活塞或缸体的移动行程等于工作行程。

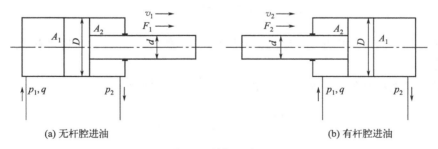

(a) 无杆腔进油　　　　　　　　　　　　　　(b) 有杆腔进油

图 4-8　单杆活塞缸

由于有杆腔和无杆腔的有效作用面积不相等，当分别向有杆腔和无杆腔输入同样压力和流量的液压油时，活塞产生不同的推力和运动速度。如图 4-8(a) 和图 4-8(b) 所示，当进油压力为 p_1，回油压力为 p_2 时，活塞杆所产生的推力和运动速度分别为

$$F_1 = (p_1 A_1 - p_2 A_2)\eta_m \times 10^6 = \frac{\pi}{4}\big[(p_1 - p_2)D^2 - p_2 d^2\big]\eta_m \times 10^6 \quad \text{(N)} \quad (4\text{-}13)$$

$$F_2 = (p_1 A_2 - p_2 A_1)\eta_m \times 10^6 = \frac{\pi}{4}\big[(p_1 - p_2)D^2 - p_1 d^2\big]\eta_m \times 10^6 \quad \text{(N)} \quad (4\text{-}14)$$

$$v_1 = \frac{q}{A_1}\eta_V = \frac{2q}{3\pi D^2}\eta_V \times 10^{-4} \quad (\text{m/s}) \tag{4-15}$$

$$v_2 = \frac{q}{A_2}\eta_V \times 10^{-3} = \frac{2q}{3\pi(D^2 - d^2)}\eta_V \times 10^{-4} \quad (\text{m/s}) \tag{4-16}$$

式中　p_1，p_2——进油、回油压力，MPa；

　　A_1，A_2——无杆腔、有杆腔活塞的有效作用面积，m^2；

　　D，d——活塞、活塞杆直径，m；

　　q——进入无杆腔或有杆腔的流量，L/min；

　　η_m——机械效率，由各运动部件摩擦损失所造成，在额定压力下，通常取 $\eta_m = 0.9$；

　　η_V——容积效率，由各密封件泄漏所造成，一般当活塞装活塞环时，取 $\eta_V \approx$ 0.98，装弹性体密封圈时，取 $\eta_V \approx 1$。

单活塞杆缸活塞的往复运动速度 v_2 和 v_1 的比值叫作速比 φ

$$\varphi = \frac{v_2}{v_1} = \frac{D^2}{D^2 - d^2} \tag{4-17}$$

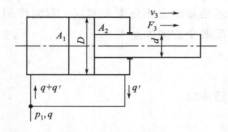

图 4-9　差动液压缸

上式说明，缸筒内径与活塞杆直径差值越大，速比越大，即活塞往复运动的速度差值越大。

将单活塞缸的有杆腔与无杆腔相互接通，并输入压力油的连接叫差动连接，相应的单活塞杆缸叫作差动液压缸，如图 4-9 所示。差动液压缸的有杆腔与无杆腔油液的压力相等，但由于面积不相等，活塞只能向有杆腔方向运动，反向运动时需要改变连接方式。差动连接所产生的推力和活塞移动的速度分别为

$$F_3 = p_1(A_1 - A_2)\eta_m \times 10^6 = p_1 \frac{\pi}{4}d^2 \eta_m \times 10^6 \quad (\text{N}) \tag{4-18}$$

$$v_3 = \frac{q + q'}{A_1}\eta_V \times 10^{-3} = \frac{2q}{3\pi d^2}\eta_V \times 10^{-4} \quad (\text{m/s}) \tag{4-19}$$

差动液压缸反向运动时的连接方式与图 4-8(b) 相似，其推力和速度按式（4-14）、式（4-16）计算。

若要求差动液压缸的往复运动速度相等（$v_3 = v_2$），则有

$$\frac{2q}{3\pi d^2}\eta_V = \frac{2q}{3\pi(D^2 - d^2)}\eta_V$$

整理得　　　　　　　　　　　　　　　$D = \sqrt{2}\,d$

由式（4-18）、式（4-19）可知，单活塞杆缸形成差动连接后，其推力 F_3 比非差动连接时的推力 F_1 要小，活塞向有杆腔方向的运动速度 v_3 比非差动连接时 v_1 要大得多。

（2）双杆活塞缸

双杆活塞缸是在活塞的两端均有活塞杆，它有两种安装形式。图 4-10(a) 是缸体固定、活塞杆移动的安装形式，运动部件的移动范围是活塞有效行程的 3 倍，这种安装形式占地面积大，一般用于小型设备。图 4-10(b) 是活塞杆固定、缸筒移动的安装形式，运动部件的移动范围是活塞有效行程的 2 倍，这种安装形式占地面积小，可用于大型设备。不论哪种安装形式，

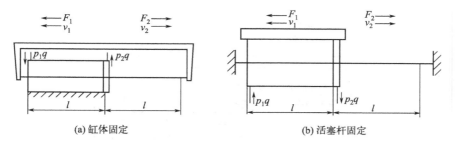

(a) 缸体固定　　　　　　　　　　　(b) 活塞杆固定

图 4-10　双杆活塞缸

活塞的有效行程都等于工作行程。使用活塞杆固定的安装形式时，液压油可以通过两端空心的活塞杆进入缸的两腔，也可以采用胶管总成与缸筒两端的进、出油口连接，实现进出油。

　　双杆活塞缸活塞杆的直径通常相等（特殊情况下也可不等），当向液压缸两腔输入同样压力和流量的液压油时，两个方向的输出推力和运动速度相等，其值分别为

$$F_1 = F_2 = (p_1 - p_2)A\eta_{\mathrm{m}} \times 10^6 = \frac{\pi}{4}(p_1 - p_2)(D^2 - d^2)\eta_{\mathrm{m}} \times 10^6 \quad (\mathrm{N}) \quad (4\text{-}20)$$

$$v_1 = v_2 = \frac{q}{A}\eta_{\mathrm{V}} \times 10^{-3} = \frac{2q}{3\pi(D^2 - d^2)}\eta_{\mathrm{V}} \times 10^{-4} \quad (\mathrm{m/s}) \quad (4\text{-}21)$$

式中　A——活塞有效工作面积，m^2。

4.2.1.2　柱塞缸

　　图 4-11(a) 所示为柱塞式液压缸（柱塞缸）的结构。柱塞式液压缸是单作用式缸，柱塞只能向一个方向移动，返程时需要靠外力，垂直安装的柱塞缸，也可靠柱塞等运动部件的自重返程。对水平安装的柱塞缸，为了获得往复运动，通常成对反向安装，如图 4-12 所示。这种液压缸的导向方式有两种：一种是靠导向套导向（见图 4-11），柱塞与液压缸不能接触，缸体内部只进行粗加工或不加工；另一种导向形式是不用导向套，在缸体端部加工出大约是柱塞直径的 0.3~0.6 倍长度的导向面，缸体内部的其余部分不加工。当柱塞直径较大时，为节省材料、减轻重量，应做成空心的。柱塞式液压缸柱塞的强度高，刚度大，可提供较大的输出推力和较长的工作行程。其输出推力和移动速度为

$$F = \frac{\pi}{4}d^2 p\eta_{\mathrm{m}} \times 10^6 \quad (\mathrm{N}) \quad (4\text{-}22)$$

$$v = \frac{2q}{3\pi d^2}\eta_{\mathrm{V}} \times 10^{-4} \quad (\mathrm{m/s}) \quad (4\text{-}23)$$

式中　d——柱塞直径，m。

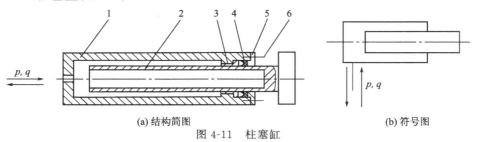

(a) 结构简图　　　　　　　　　　　(b) 符号图

图 4-11　柱塞缸

1—缸体；2—柱塞；3—导向套；4—密封圈；5—法兰；6—螺栓

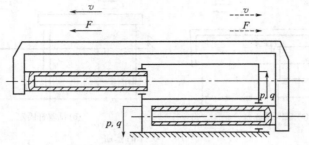

图 4-12　柱塞缸成对反向安装

4.2.1.3　摆动缸

摆动式液压缸（摆动缸）又称为摆动液压马达，它是将输入的液压能转换成输出轴能做往复摆动的执行元件。摆动缸可分为两大类，即叶片式摆动缸和活塞式摆动缸。

（1）叶片式摆动缸

叶片式摆动缸按叶片数可分为单叶片摆动缸、双叶片摆动缸和多叶片摆动缸。

图 4-13(a) 所示为单叶片摆动缸。叶片固定在叶片轴上，叶片将工作腔分隔成两部分，当液压油进入其中一腔时，该腔容积增大，另一腔容积减小而排油，从而推动叶片并带动叶片轴转动，当反向供油时，叶片轴反向转动。图 4-13(b) 所示为双叶片摆动缸，叶片轴上对称地固定两个叶片。双叶片摆动缸的输出转矩是单叶片摆动缸的 2 倍，其叶片轴的摆动角度是单叶片摆动缸的一半，当输入同流量的压力油时，双叶片摆动缸叶片轴的角速度是单叶片摆动缸的 1/2。

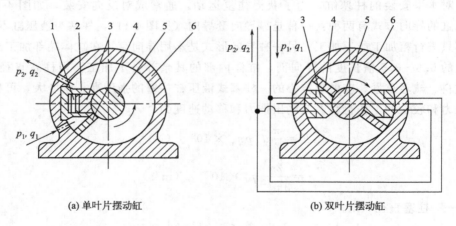

(a) 单叶片摆动缸　　　　　　　　　(b) 双叶片摆动缸

图 4-13　叶片式摆动缸

1—弹簧片；2—限位块；3—密封块；4—叶片；5—叶片轴；6—缸体

叶片式摆动液压缸的输出转矩 T 和角速度 ω 为

$$T = \frac{1}{8}zb(D^2 - d^2)(p_1 - p_2)\eta_\mathrm{m} \times 10^6 \quad (\mathrm{N \cdot m}) \tag{4-24}$$

$$\omega = \frac{4q}{3zb(D^2 - d^2)\eta_\mathrm{V}} \times 10^{-4} \quad (\mathrm{rad/s}) \tag{4-25}$$

式中　b——叶片宽度，m；

　　　z——叶片数量；

　D，d——缸体内径、叶片安装轴直径，m；

p_1，p_2——进、出口液压油压力，MPa；

q_1，q_2——输入、输出流量，L/min。

（2）活塞式摆动缸

活塞式摆动缸按结构不同可分为齿轮齿条式、螺旋活塞式、链式、曲柄连杆式和往复式。

图 4-14（a）所示为单缸单作用式齿轮齿条摆动缸，当向缸一腔输入压力油时推动活塞以速度 v 做直线运动，通过齿条带动齿轮进而带动齿轮轴转动，输出转矩。反向输入压力油时，齿轮轴反转，缸的两端有调节螺钉（图中没画出），用于调节活塞行程，从而达到调节齿轮轴摆动角度的目的。图 4-14（b）所示为双缸双作用式（两个齿条同时推动齿轮转动）摆动液压缸，上下两个液压缸是互相独立的，但参数相同，当从 A 口输入压力油时，上缸活塞右移，下缸活塞左移，两齿条同时推动齿轮轴顺时针转动输出转矩。当从 B 口输入压力油时齿轮轴逆时针转动，在两缸参数相同、输入流量和压力相同的条件下，双作用式齿轮齿条摆动缸比单作用式输出转矩增加一倍，齿轮轴转动角速度降低一半，齿轮齿条摆动缸的输出转矩 T 和角速度 ω 为

$$T = \frac{1}{8}\pi z D_g D^2 (p_1 - p_2)\eta_m \times 10^6 \quad (\text{N}) \tag{4-26}$$

$$\omega = \frac{4q}{3\pi z D_g D^2}\eta_V \times 10^{-4} \quad (\text{rad/s}) \tag{4-27}$$

式中　z——同时作用于齿轮上的齿条数；

　　　D_g——齿轮分度圆直径，m；

　　　D——活塞直径，m。

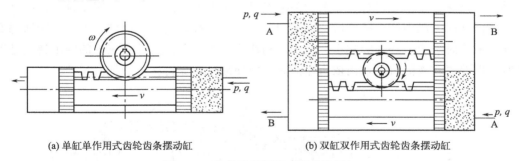

(a) 单缸单作用式齿轮齿条摆动缸　　　　(b) 双缸双作用式齿轮齿条摆动缸

图 4-14　齿轮齿条活塞式摆动液压缸

4.2.1.4　组合缸

组合式液压缸（组合缸）是两种以上的液压缸以某一方式组合起来，实现某一特殊功能。组合式液压缸的种类很多，下面介绍三种常见的组合式液压缸。

（1）增压缸

图 4-15 所示为一种由活塞缸和柱塞缸组合而成的增压缸。该增压缸利用活塞的有效面积大于柱塞的有效面积，使输出压力 p_2 大于输入压力 p_1。根据活塞与柱塞受力平衡可知

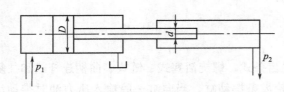

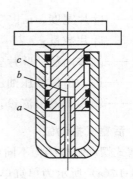

图 4-15　增压缸图　　　　　　　　　　图 4-16　柱塞式增速缸

$$\frac{\pi}{4}D^2 p_1 = \frac{\pi}{4}d^2 p_2 \tag{4-28}$$

$$p_2 = p_1 \left(\frac{D}{d}\right)^2 = k p_1 \tag{4-29}$$

式中　k——增压比，一般 $1 < k \leqslant 5$。

(2) 增速缸

图 4-16 所示为柱塞式增速缸。柱塞套装在中心滑管上，中心滑管焊接在缸体上。由于油腔 b 的作用面积较小，当通过中心滑管向油腔 b 供油时，推动柱塞快速移动，油腔 a 形成真空，通过外接的充液阀（图中未画出），将油箱的液压油吸入缸筒 a 腔内，油腔 c 排油。当柱塞移动到末端需要加压时，再向油腔 a 提供高压油，柱塞返程时向油腔 c 提供压力油。

增速缸一般用在要求有较大的合模力和快速移动的液压机械中。

(3) 伸缩缸

伸缩缸是由两个以上的活塞缸套装而成的。图 4-17 所示为双级伸缩缸。当 A 口进油时，先推动一级活塞 2 运动，当活塞 2 运动到终点时，压力油再推动二级活塞 3 运动。当 B 口进油，A 口回油时，压力油先推动活塞 3 缩回终点，然后推动活塞 2 回到终点。由于活塞面积的差异，推程时推力行程逐级减小，活塞运动速度逐级加快。这种液压缸的突出特点是活塞伸出时可以获得较大的行程，当依次缩回时又能使液压缸保持很小的轴向尺寸。

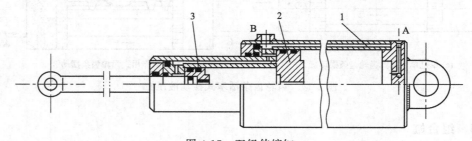

图 4-17　双级伸缩缸
1—缸体；2—一级活塞；3—二级活塞

4.2.2　液压缸的结构设计

液压缸从其使用要求和结构组成看，基本上由缸筒和缸盖、活塞和活塞杆、密封装置、缓冲装置、排气装置五个部分组成。

4.2.2.1 液压缸典型结构举例

图 4-18 所示为法兰型单活塞双作用液压缸。法兰 12、19 与缸筒采用螺纹连接,通过螺钉将前盖 2、前端盖 5、后端盖 14 与法兰及缸筒固定为一体。采用内螺纹型缓冲套 15 将活塞 10、缓冲套管 17 固定在活塞杆上。缓冲套管 17 和缓冲套 15 分别与前后端盖上的节流阀 7 和单向阀 13 组成缓冲器,以使活塞组件在行程终端时制动,减慢活塞的运动速度,避免活塞和缸盖相互撞击。排气装置 18 用于排放油腔内积聚的气体。导向环 16 用于缸体的导向,与同轴的活塞密封组件 11 共同组成密封装置。

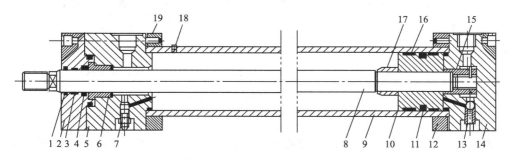

图 4-18 法兰型单活塞双作用液压缸

1—防尘圈;2—前盖;3—支承环;4—活塞杆密封圈;5—前端盖;6,16—导向环;7—节流阀;
8—活塞杆;9—缸筒;10—活塞;11—活塞密封组件;12,19—法兰;13—单向阀;14—后端盖;
15—缓冲套;17—缓冲套管;18—排气装置

这种液压缸的特点是额定压力高、缸筒内径大,可获得较大的输出推力,但外形尺寸较大。

4.2.2.2 缸筒与端盖的连接

缸筒与端盖的连接形式与液压缸的用途、工作压力、所选用的材料、安装要求及工作条件等因素有关。图 4-19 是几种常见的连接形式。图中(a)是法兰连接。法兰与缸筒可以采用整体式、焊接式和螺纹式。其优点是结构简单、易加工、易装拆,缺点是采用整体的铸、锻件时,其重量和外形尺寸大,加工复杂,常用于大中型液压缸。图中(b)为半环连接,这种结构装卸方便,但由于缸筒开了环形槽,而削弱了缸筒的强度,相应的缸筒壁应加厚,它常用于无缝钢管的缸筒上。图中(c)为拉杆连接,这种结构易加工和装拆,通用性强,但重量和外形尺寸大,一般用于较短的油缸。图中(d)为外螺纹连接,其结构简单,重量轻,径向尺寸小,但加工精度高,缸筒内外径要求同心,装拆时要用专用工具。图中(e)为焊接结构,它只适用于缸底与缸筒的焊接,其结构简单,重量轻,径向尺寸小,但缸底内径加工不方便,焊接易引起变形,油缸清洗不便,一般用于活塞行程小、轴向尺寸紧凑或有特殊要求的液压缸。图中(f)为内螺纹连接,其特点与外螺纹连接类似。

4.2.2.3 活塞与活塞杆的连接

活塞与活塞杆的连接形式有多种,图 4-20 是几种常见的连接形式。其中图 4-20(a)是

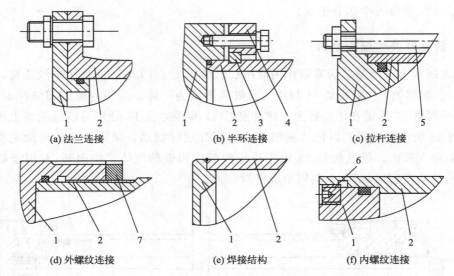

(a) 法兰连接   (b) 半环连接   (c) 拉杆连接

(d) 外螺纹连接   (e) 焊接结构   (f) 内螺纹连接

图 4-19   缸筒与端盖的连接

1—缸盖；2—缸体；3—半环；4—压环；5—拉杆；6—压紧螺母；7—防松螺母

螺纹连接，它结构简单，装拆方便，应用较多。图 4-20（b）是半环连接，它连接可靠，装拆方便，但结构复杂，高压振动较大时，多采用这种结构。图 4-20（c）是销轴连接，它加工、装配方便，但承载能力小，用于轻载场合。不论采用哪种连接方式，均需有锁紧措施，以防止活塞做反复运动时松动。一些较小尺寸的液压缸，当活塞外径与活塞杆外径相差不大时，也可以把活塞与活塞杆做成一体。

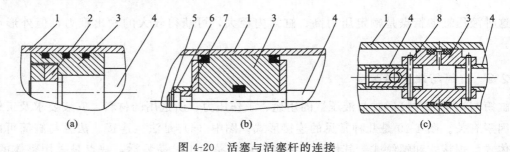

(a)   (b)   (c)

图 4-20   活塞与活塞杆的连接

1—缸体；2—螺母；3—活塞；4—活塞杆；5—弹簧挡圈；6—轴套；7—半圆环；8—销轴

4.2.2.4   密封装置

液压缸的密封部位主要包括缸筒与活塞之间的密封、活塞杆的密封与防尘、活塞内端与活塞内孔之间的密封、缸盖与缸筒接触面之间的密封。通常情况下，活塞内端与活塞内孔之间、缸盖与缸筒接触面之间采用 O 形密封圈密封，以下着重介绍缸筒与活塞的密封、活塞杆的密封及防尘。

（1）缸筒与活塞的密封

缸筒与活塞密封的选用取决于压力、速度、温度和工作介质等因素。常用的密封形式有间隙密封、活塞环密封、密封圈密封。

① 间隙密封。如图 4-21(a) 所示，它依靠运动件间的微小间隙来防止泄漏，为了防止泄漏，常在活塞表面加工有几条三角形或矩形环槽，以增大油液从高压腔向低压腔泄漏的阻力。这种形式结构简单、摩擦力小、耐高温，但对零件的加工精度要求高，泄漏量大，摩擦后不能自动补偿。一般只用于低压、小直径、快速的液压缸中。

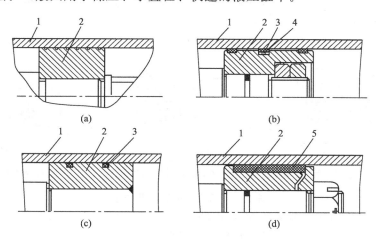

图 4-21　缸筒与活塞的密封

1—缸体；2—活塞；3—O 形密封圈；4—矩形尼龙摩擦环；5—V 形密封圈

② 活塞环密封。活塞环有开口金属环、尼龙（或其他高分子材料）摩擦环。图 4-21(b) 所示为尼龙摩擦环密封装置，这种形式是在活塞的环形槽中安装有尼龙摩擦环，利用摩擦环产生弹性变形紧贴于缸筒内壁来进行密封。它的密封效果较间隙密封好，摩擦阻力小，耐高温，磨损后能自动补偿，使用寿命长，但加工要求高，拆装不方便。一般用于高压、高速、高温且不要求保压的场合。

③ 密封圈密封。这是目前使用最广泛的一种密封形式，分橡胶密封圈密封和组合密封圈密封。用于缸筒和活塞密封的橡胶密封圈主要有 O 形、Y 形、Yx 形、V 形。组合密封圈也称同轴密封圈，是由加了填充材料的改性聚四氟乙烯滑环和充当弹性体的橡胶环（如 O 形圈和矩形圈）组合而成。图 4-21(c) 是 O 形密封圈密封，图 4-21(d) 是 V 形密封圈密封。

(2) 活塞杆的密封及防尘

活塞杆的密封可以采用 O 形、Y 形、V 形橡胶密封圈和组合密封圈等。如图 4-22 所示，组合密封圈与橡胶密封圈比较，具有摩擦阻力小，启动时无爬行，泄漏量低、抗磨损等特点。

活塞杆的防尘可以采用 L 形防尘圈和双唇密封圈（双唇圈）[见图 4-22(d) 和（f)]。其中双唇密封圈既可密封又可防尘，它的外圈用于防尘，内圈用于密封，具有效果好、寿命长等优点。

4.2.2.5　缓冲装置

当液压缸驱动重量较大、运动速度较快的部件运动时，一般要设置缓冲装置。其目的是消除因运动部件的惯性力和液压力所造成的活塞与缸盖之间的机械撞击，同时也为了降低活塞在改变运动方向时液体的噪声。

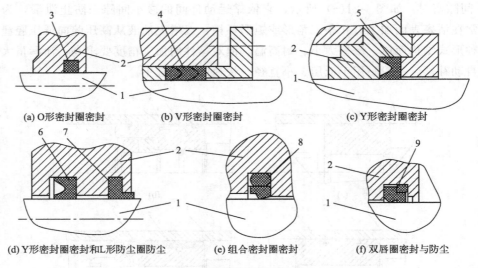

(a) O形密封圈密封　　(b) V形密封圈密封　　　(c) Y形密封圈密封

(d) Y形密封圈密封和L形防尘圈防尘　　(e) 组合密封圈密封　　(f) 双唇圈密封与防尘

图 4-22　活塞杆的密封及防尘

1—活塞杆；2—前端盖；3—O形密封圈；4—V形密封圈；5,6—Y形密封圈；

7—L形防尘圈；8—组合密封圈；9—双唇圈

缓冲装置的工作原理是当活塞行程到终端之前一段距离时，将排油腔的液压油封堵起来，迫使液压油从缝隙或节流小孔流出，增大排油阻力，减缓活塞运动速度。常见缓冲装置的形式如图 4-23 所示。图 4-23（a）是环形间隙式缓冲装置，当缓冲柱塞进入缸盖内孔时，排油腔的液压油只能从环形间隙中被挤出，增大了排油阻力和回油腔制动力，减缓了活塞的运动速度。这种缓冲装置开始时效果明显，随后缓冲效果逐渐减弱，因此，它只适用于运动部件的重量和速度都不大的液压缸。图 4-23（b）是可调节流式缓冲装置，当缓冲柱塞进入缸盖内孔时，排油腔被封堵，油液只能通过节流阀排油，排油腔缓冲压力升高，使活塞制动减速。调节节流阀的通流面积，可以改变回油流量，从而改变活塞缓冲减速时的速度。单向阀的作用是当活塞返程时，能迅速向液压缸供油，以避免因活塞推力不足而启动缓慢。这种缓冲装置的特点与环形间隙式类似，但由于安装了回油节流阀，制动力可根据负载进行调节，故适用范围较广。图 4-23（c）是可变节流式缓冲装置，在缓冲柱塞上有轴向三角槽，当缓冲柱塞进入端盖内孔时，油液经三角槽流出，使活塞受到制动，有缓冲作用。随着活塞移动，节流面积逐渐减小，活塞在缓冲过程中受到的冲击小，制动时的位置精度高。

4.2.2.6　排气装置

新试制的液压缸或液压缸停放一段时间不用，会使液压缸中混入空气。液压缸中混入空气后，会影响到液压缸运动的平稳性，低速时引起爬行，启动时引起冲击、振动，换向时降低精度。因此，对速度稳定性要求较高的液压缸，需设置专门的排气装置。常用的排气装置有两种：一种是在液压缸的最高部位处开排气孔，用细长管道与远处的排气阀相连接进行排气；另一种是直接在液压缸的最高处安装排气阀或排气栓，如图 4-24 所示。排气装置只在排气时打开，排气完毕应将其关闭。对要求不高的液压缸，也可不设排气装置，而是将进出油口布置在缸筒两端的最高处，使空气随油液排往油箱，再从油液中逸出。

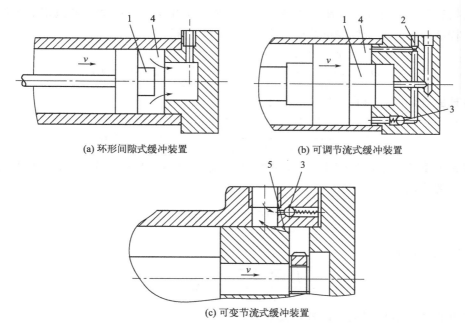

(a) 环形间隙式缓冲装置　　　　　　(b) 可调节流式缓冲装置

(c) 可变节流式缓冲装置

图 4-23　常见缓冲装置的形式

1—缓冲柱塞；2—可调节流阀；3—单向阀；4—缓冲油腔；5—轴向节流槽

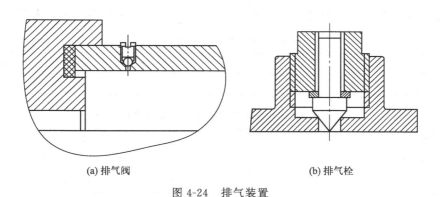

(a) 排气阀　　　　　　　　　(b) 排气栓

图 4-24　排气装置

4.2.3　液压缸的设计计算

液压缸一般为标准件，已有系列标准可供选用。但并非所有工作场合都能选用标准缸，有时需自行设计制造。

设计液压缸时，首先应根据液压系统的工作情况，确定液压缸的结构形式、安装方式，根据推力、速度、压力、流量、行程等，确定缸筒内径、活塞杆直径、缸筒和活塞杆长度，并进行活塞杆强度及稳定性校核等，最后进行具体结构和零件设计。

4.2.3.1　液压缸主要尺寸的确定

液压缸主要尺寸包括缸筒内径、活塞杆直径、缸筒长度和活塞杆长度。

缸筒内径和活塞杆直径可根据液压缸所产生的最大推力（或拉力）和选定的工作压力确定。对单杆活塞缸，当无杆腔进油时，由式（4-13）可得

$$D = \sqrt{\frac{4F_1}{\pi \eta_m (p_1 - p_2)} - \frac{d^2 p_2}{p_1 - p_2}} \times 10^{-3} \quad (m) \tag{4-30}$$

当有杆腔进油时，由式（4-14）可得

$$D = \sqrt{\frac{4F_2}{\pi \eta_m (p_1 - p_2)} - \frac{d^2 p_1}{p_1 - p_2}} \times 10^{-3} \quad (m) \tag{4-31}$$

一般情况下液压缸回油腔压力 p_2 可取为 0，这样式（4-30）和式（4-31）可简化为

当无杆腔进油时

$$D = \sqrt{\frac{4F_1}{\pi \eta_m p_1}} \times 10^{-3} \quad (m) \tag{4-32}$$

当有杆腔进油时

$$D = \sqrt{\frac{4F_2}{\pi \eta_m p_1} + d^2} \times 10^{-3} \quad (m) \tag{4-33}$$

活塞杆直径一般根据速比计算，按下式确定

$$d = D \sqrt{\frac{\varphi - 1}{\varphi}} \tag{4-34}$$

当无速比要求时，速比的选取可参考表 4-1，活塞杆直径可参考表 4-2 选取。

表 4-1　液压缸工作压力与速比

液压缸工作压力 p_1/MPa	≤10	10～20	>20
速比 φ	1.33	1.46～2	2

表 4-2　液压缸工作压力与活塞杆直径

活塞杆受力状况	受拉伸	受压缩		
液压缸工作压力 p_1/MPa	与 p_1 无关	≤5	5～7	>7
活塞杆直径	$(0.3～0.5)D$	$(0.5～0.55)D$	$(0.6～0.7)D$	$0.7D$

由上述各式计算所得的缸筒内径 D 和活塞杆直径 d 应按国家标准 GB/T 2348—2018 取为标准值。

缸筒和活塞杆长度由活塞最大行程、活塞高度、活塞杆导向长度、缸盖密封长度等决定。考虑到加工等因素，缸筒长度不应超过内径的 20 倍。

4.2.3.2　液压缸缸筒壁厚与活塞杆强度及稳定性校核

（1）缸筒壁厚

当缸筒内径确定后，可按强度条件确定壁厚。缸筒壁厚 δ 的计算公式与 δ/D 和材料有关。

① 当 $\delta/D < 0.08$ 时，按薄壁圆筒公式计算

$$\delta \geqslant \frac{p_{max} D}{2[\sigma]} \quad (m) \tag{4-35}$$

② 当 $\delta/D=0.08\sim0.3$ 的过渡区域时

$$\delta \geqslant \frac{p_{max}D}{2.3[\sigma]-3p_{max}} \quad (\text{m}) \tag{4-36}$$

③ 当 $\delta/D>0.3$ 时，按厚壁圆筒计算公式计算

塑性材料按第四强度理论有

$$\delta \geqslant \frac{D}{2}\left(\sqrt{\frac{[\sigma]}{[\sigma]-\sqrt{3}\,p_{max}}}-1\right) \quad (\text{m}) \tag{4-37}$$

脆性材料按第二强度理论有

$$\delta \geqslant \frac{D}{2}\left(\sqrt{\frac{[\sigma]+0.4p_{max}}{[\sigma]-1.3p_{max}}}-1\right) \quad (\text{m}) \tag{4-38}$$

式中　D——缸筒内径，m；

p_{max}——最高允许压力（试验压力），MPa，当工作压力 $p\leqslant16$MPa 时，$p_{max}=1.5p$，

　　　工作压力 $p>16$MPa 时，$p_{max}=1.25p$；

$[\sigma]$——缸筒材料的许用应力，MPa，对塑性材料 $[\sigma]=\dfrac{\sigma_s}{n_s}$，$\sigma_s$ 为屈服强度，n_s 为安

　　　全系数，一般取 $n_s=1.5\sim2.5$，对脆性材料 $[\sigma]=\dfrac{\sigma_b}{n_b}$，$\sigma_b$ 为抗拉强度，n_b

　　　为安全系数，一般取 $n_b=3.5\sim5$。

用上述公式计算所得的壁厚，还应满足材料的加工工艺性，对铸造缸体还应考虑铸造偏差的因素影响。

(2) 强度及稳定性校核

活塞杆可按所受的推力（拉力），按材料力学知识校核其最薄弱处的强度。活塞杆强度最薄弱处一般为活塞杆内端与活塞连接处。

当活塞杆长度与直径之比 $l/d>10$ 时，还应进行活塞杆的稳定性校核。活塞杆的稳定性校核，是以活塞杆全部伸出时，端部与安装支承点的距离为计算长度。活塞杆的最大工作负荷应满足下式要求

$$F \leqslant \frac{F_k}{n_k} \quad (\text{N}) \tag{4-39}$$

式中　n_k——安全系数，一般取 $n_k=3\sim4$；

F_k——活塞杆弯曲失稳的临界负荷，N。

① 当长细比 $\dfrac{l}{r_k}\geqslant m\sqrt{n}$ 时，临界力 F_k 按下式计算

$$F_k=\frac{\pi^2 EJ_n}{l^2}\times10^6 \quad (\text{N}) \tag{4-40}$$

式中　l——计算长度，m，见表 4-3；

r_k——活塞杆横截面的回转半径，m，$r_k=\sqrt{\dfrac{J}{A}}$；

m——柔性系数，由表 4-4 查取；

J——活塞杆横截面的惯性矩，m^4；

E——活塞杆材料的弹性模量，对钢 $E = 2.1 \times 10^5 \, \text{MPa}$；

n——末端系数，$n = \dfrac{1}{\nu^2}$，ν 为安装及导向系数，由表 4-3 查取。

表 4-3　安装及导向系数

安装状况				
安装及导向系数 ν	2	1	0.707	0.5

② 当长细比 $\dfrac{1}{r_k} < m\sqrt{n}$ 时，临界力 F_k 按下式计算

$$F_k = \frac{fA}{1 + \dfrac{a}{n}\left(\dfrac{l}{r_k}\right)^2} \quad (\text{N}) \tag{4-41}$$

式中　f——材料强度实验值，由表 4-4 查取；

a——和材料性能有关的系数，由表 4-4 查取；

A——活塞杆截面积，m^2。

表 4-4　不同材料各实验常数

项目	铸铁	锻钢	低碳钢	中碳钢
f/MPa	560	250	340	490
a	1/1600	1/9000	1/7500	1/5000
m	80	110	90	85

(3) 液压缸设计应注意的问题

设计液压缸时应注意的问题很多，主要应注意以下问题。

① 选定合理的结构形式（活塞式、柱塞式等）。合理的结构形式，是保证液压缸能够满足液压系统正常工作的必需条件，液压缸的结构形式是在进行了充分工况分析，并参考同类设备的基础上选定的。

② 要考虑液压缸的标准化和系列化问题。液压缸的主要参数尽可能选用标准值，具体结构尽量按《液压工程简明手册》所推荐的结构进行设计，一些配件要选用标准件。

③ 对活塞杆较长的液压缸，尽可能使其在受拉状态下承受最大负荷。当其受压时，应

进行稳定性校核，以避免活塞杆受压失稳。

　　④ 有可靠而合理的密封和防尘装置。在设计密封和防尘装置时不仅应考虑其可靠性，还应考虑摩擦和寿命。

　　⑤ 对要求较高的液压缸要设置缓冲和排气装置。

　　⑥ 要考虑热胀冷缩问题。由于环境温度和油温的影响，缸筒和活塞杆都要伸长，在设计液压缸与工作部件的安装、连接形式时应予以重视。

　　⑦ 尽量使结构简单，外形尺寸小，加工、装配和维修方便。

第5章

液压控制阀

5.1 液压控制阀概述

液压控制阀（简称液压阀）在液压系统中被用来控制液流的压力、流量和方向，保证执行元件按照负载的需求进行工作。液压阀的品种繁多，即使同一种阀，因应用场合不同，用途也有差异。因此，掌握液压阀的控制机理是本章学习的关键。

5.1.1 液压控制阀的基本结构与原理

液压阀的基本结构主要包括阀芯、阀体和驱动阀芯在阀体内做相对运动的驱动装置。阀芯的主要形式有滑阀、锥阀和球阀；阀体上除有与阀芯配合的阀体孔或阀座孔外，还有外接油管的进、出油口；驱动装置可以是手调机构，也可以是弹簧或电磁铁，有时还作用有液压力。液压阀正是利用阀芯在阀体内的相对运动来控制阀口的通断及开口大小，来实现压力、流量和方向控制的。

液压阀工作时始终满足压力流量方程，即流经阀口的流量 q 与阀口前后压力差 Δp 和阀开口面积有关。至于作用在阀芯上的力是否平衡，则需要具体分析。

5.1.2 液压控制阀的分类

5.1.2.1 根据结构形式分类

（1）滑阀 ［图 5-1(a)］

阀芯为圆柱形，阀芯台肩的大小直径分别为 D 和 d；与进、出油口对应的阀体上开有沉割槽，一般为全圆周。阀芯在阀体孔内做相对运动，开启或关闭阀口，图中所示 x 为阀口开度，p_1 和 p_2 为阀进、出口压力。结合第一章流体力学公式有以下公式。

① 阀口压力流量方程

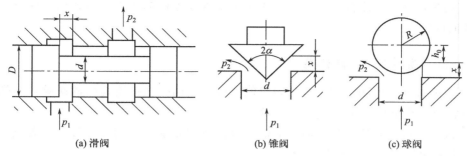

(a) 滑阀　　　　　　　　(b) 锥阀　　　　　　　　(c) 球阀

图 5-1　阀的结构形式

$$q = C_d \pi D x \sqrt{\frac{2}{\rho}(p_1 - p_2)} \tag{5-1}$$

式中，C_d 为流量系数。

② 阀芯上的稳态液动力

$$F_s = 2 C_d D x (p_1 - p_2) \tag{5-2}$$

因滑阀为间隙密封，因此，为保证封闭油口的密封性，除阀芯与阀体孔的径向间隙尽可能小外，还需要有一定的密封长度。这样，在开启阀口时阀芯需先位移一段距离（等于密封长度），即滑阀的运动存在一个"死区"。

(2) 锥阀〔图 5-1(b)〕

锥阀阀芯半锥角 α 一般为 12°～20°，有时为 45°。阀口关闭时为线密封，不仅密封性能好，而且开启阀口时无"死区"，阀芯稍有位移即开启，动作灵敏。记阀座孔直径为 d，阀口开度为 x，进出口压力为 p_1、p_2，锥阀阀口的压力流量方程和液动力表达式如下

$$q = C_d \pi d x \sin\alpha \sqrt{\frac{2}{\rho}(p_1 - p_2)} \tag{5-3}$$

$$F_s = C_d \pi d x \sin 2\alpha (p_1 - p_2) \tag{5-4}$$

因一个锥阀只能有一个进油口和一个出油口，因此又称为二通锥阀。

(3) 球阀〔图 5-1(c)〕

球阀的性能与锥阀相同，阀口的压力流量方程为

$$q = C_d \pi d h_0 \frac{x}{R} \sqrt{\frac{2}{\rho}(p_1 - p_2)} \tag{5-5}$$

$$h_0 = \sqrt{R^2 - (d/2)^2} \tag{5-6}$$

式中　R——钢球半径。

5.1.2.2　根据用途不同分类

① 压力控制阀。用来控制或调节液压系统液流压力以及利用压力实现控制的阀类，如溢流阀、减压阀、顺序阀等。

② 流量控制阀。用来控制或调节液压系统液流流量的阀类，如节流阀、调速阀、二通比例流量阀、溢流节流阀、三通比例流量阀等。

③ 方向控制阀。用来控制和改变液压系统中液流方向的阀类，如普通单向阀、液控单向阀、换向阀等。

5.1.2.3 根据控制方式不同分类

① 定值或开关控制阀。被控制量为定值或阀口启闭控制液流通路的阀类，包括普通控制阀、插装阀、叠加阀。在 5.2～5.4 节介绍。

② 电液比例阀。被控制量与输入电信号成比例连续变化的阀类，包括普通比例阀和带内反馈的电液比例阀。在 5.5 节介绍。

③ 伺服控制阀。被控制量与输入信号及反馈量成比例连续变化的阀类，包括机液伺服阀和电液伺服阀。

④ 数字控制阀。用数字信息直接控制阀口的启闭来控制液流的压力、流量、方向的阀类。第八节作简单介绍。

5.1.2.4 根据安装连接形式不同分类

① 管式连接。阀体进、出油口由螺纹或法兰直接与油管连接，安装方式简单，但元件分散布置，装卸维修不大方便。

② 板式连接。阀体进出油口通过连接板与油管连接，或安装在集成块侧面，由集成块沟通阀与阀之间的油路，并外接液压泵、液压缸、油箱。这种连接形式，元件集中布置，操纵、调整、维修都比较方便。

③ 插装阀。根据不同功能将阀芯和阀套单独做成组件（插入件），插入专门设计的阀块组成回路，不仅结构紧凑，而且具有一定的互换性。

④ 叠加阀。板式连接阀的一种发展形式，阀的上、下面为安装面，阀的进、出油口分别在这两个面上。使用时，相同通径、功能各异的阀通过螺栓串联叠加安装在底板上，对外连接的进、出油口由底板引出。

5.1.3 液压控制阀的性能参数

（1）公称通径

公称通径代表阀的通流能力大小，对应于阀的额定流量。与阀的进、出油口连接的油管的规格应与阀的通径相一致。阀工作时的实际流量应小于或等于它的额定流量，最大不得大于额定流量的 1.1 倍。

（2）额定压力

液压控制阀长期工作所允许的最高压力。对压力控制阀，实际最高压力有时还与阀的调压范围有关；对换向阀，实际最高压力还可能受其功率极限的限制。

5.1.4 液压控制阀的基本要求

① 动作灵敏，使用可靠，工作时冲击和振动要小，噪声要低。

② 阀口开启时，作为方向阀，液流的压力损失要小；作为压力阀，阀芯工作的稳定性要好。

③ 所控制的参量（压力或流量）稳定，受外界干扰时变化量要小。

④ 结构紧凑，安装、调试、维护方便，通用性好。

5.2 方向控制阀

开关控制的普通方向控制阀包括单向阀和换向阀两类，它用于在液压系统控制液流的方向。

5.2.1 单向阀

液压系统中常用的单向阀有普通单向阀和液控单向阀两种，前者又简称单向阀。

（1）普通单向阀（单向阀）

普通单向阀是一种只允许液流沿一个方向通过，而反向液流则被截止的方向阀。要求其正向液流通过时压力损失小，反向截止时密封性能好。

如图 5-2 所示，普通单向阀由阀体、阀芯和弹簧等零件组成，阀的连接形式为螺纹管式连接，阀体左端油口为进油口（压力 p_1），右端油口为出油口（压力 p_2）。当进油口来油时，压力 p_1 作用在阀芯左端，克服右端弹簧力使阀芯右移，阀芯锥面离开阀座，阀口开启，油液经阀口、阀芯上的径向孔 a 和轴向孔 b，从右端出油口流出。若油液反向，由右端油口进入，则压力 p_2 与弹簧同向作用，将阀芯锥面紧压在阀座孔上，阀口关闭，油液被截止不能通过。在这里，弹簧力很小，仅起复位作用，因此正向开启压力只需 0.03～0.05MPa；反向截止时，因锥阀阀芯与阀座孔为线密封，且密封力随压力增高而增大，因此密封性能良好。

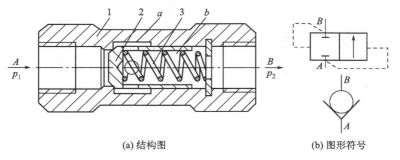

(a) 结构图   (b) 图形符号

图 5-2 普通单向阀

1—阀体；2—阀芯；3—弹簧

如果记阀座孔直径为 d_0，弹簧刚度为 K，弹簧预压缩量为 x_0，则单向阀的正向开启压力

$$p_1 \text{k} = \frac{Kx_0}{\frac{\pi d_0^2}{4}} \tag{5-7}$$

开启后除克服弹簧力外，还需克服液动力

$$F_s = \rho q v \cos\alpha \qquad (5\text{-}8)$$

式中，α 为锥阀阀芯半锥角。因此进出压力差（压力损失）为 $0.2 \sim 0.3$ MPa。

单向阀常被安装在泵的出口，一方面防止系统的压力冲击影响泵的正常工作，另一方面在泵不工作时防止系统的油液倒流经泵回油箱。单向阀还被用来分隔油路以防止干扰，或与其他阀并联组成复合阀，如单向减压阀、单向节流阀等。当安装在系统的回油路使回油具有一定背压或安装在泵的卸载回路使泵维持一定的控制压力时，应更换刚度较大的弹簧，其正向开启压力 $p_{1k} = 0.3 \sim 0.5$ MPa。

(2) 液控单向阀

液控单向阀除进、出油口（压力分别为 p_1、p_2）外，还有一个控制油口（压力为 p_c）（图 5-3）。当控制油口不通压力油而通回油箱时，液控单向阀的作用与普通单向阀一样，油液只能从进油口到出油口，不能反向流动。当控制油口通压力油时，就有一个向上的液压力作用在控制活塞的下端面，推动控制活塞克服单向阀阀芯上端的弹簧力，顶开单向阀阀芯使阀口开启，正、反向的液流均可自由通过。液控单向阀既可以对反向液流起截止作用，且密封性好，又可以在一定条件下允许正反向液流自由通过，因此多用在液压系统的保压或锁紧回路。

液控单向阀根据控制活塞上腔的泄油方式不同分为内泄式［图 5-3(a)］和外泄式［图 5-3(b)］，前者泄油通单向阀进油口，后者直接引回油箱。为减小控制压力值，图 5-3(b) 所示外泄式结构在单向阀阀芯内装有卸载小阀芯。控制活塞上行时先顶开小阀芯使主油路卸压，然后再顶开单向阀阀芯，其控制压力仅为工作压力的 4.5%。没有卸载小阀芯的液控单向阀的控制压力为工作压力的 $40\% \sim 50\%$。

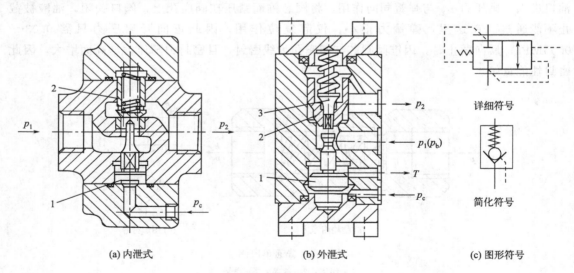

(a) 内泄式   (b) 外泄式   (c) 图形符号

图 5-3 液控单向阀

1—控制活塞；2—单向阀阀芯；3—卸载阀小阀芯

需要指出的是，控制压力油油口不工作时，应使其通回油箱，保证压力为零，否则控制活塞难以复位，单向阀反向不能截止液流。

5.2.2 换向阀

换向阀是利用阀芯在阀体孔内做相对运动，使油路接通或切断而改变油流方向的阀。按结构类型可分为滑阀式、转阀式和球阀式。

按阀体连通的主油路数可分为二通、三通、四通等。按阀芯在阀体内的工作位置可分为二位、三位、四位等。

按操作阀芯运动的方式可分为手动、机动、电磁动、液动、电液动等。

按阀芯的定位方式可分为钢球定位和弹簧自动复位两种。其中钢球定位式的阀芯在外力撤去后可固定在某一工作位置，适用于一个工作位置须停留较长时间的场合；弹簧自动复位式的阀芯在外力撤去后将回复到常位，这种方式因具有"记忆"功能，特别适用于换向频繁且换向阀较多、要求动作可靠的场合。

5.2.2.1 滑阀式换向阀的结构

滑阀式换向阀的阀芯台肩和阀体沉割槽可以是二台肩三沉割槽或三台肩五沉割槽。当阀芯运动时，通过阀芯台肩开启或封闭阀体沉割槽，接通或关闭与沉割槽相通的油口。图 5-4 所示的四通滑阀，图示位置油口 P、A、B、T 均不通；阀芯左移（右位）则 P 通 B，A 通 T；阀芯右移（左位）则 P 通 A，B 通 T。

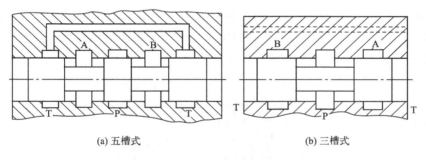

(a) 五槽式　　　　　　　　　　(b) 三槽式

图 5-4　四通滑阀结构

5.2.2.2 滑阀式换向阀的操作方式

滑阀式换向阀的操作方式包括手动、机动、电磁动、液动和电液动等。

（1）手动（机动）换向阀

手动和机动换向阀的阀芯运动是借助于机械外力实现的。其中：手动换向阀又分为手动操纵和脚踏操纵两种；机动换向阀则通过安装在液压设备运动部件（如机床工作台）上的撞块或凸轮推动阀芯。它们的共同特点是工作可靠。图 5-5 所示为三位四通手动换向阀的结构图和图形符号，用手操纵杠杆即可推动阀芯相对阀体移动，改变工作位置。图 5-5（a）为钢球定位式，图 5-5（b）为弹簧自动复位式。

如果将多个手动换向滑阀叠加组合，则构成多路换向阀。多路换向阀根据油路连接方式又分为并联、串联、串并联和复合油路等。

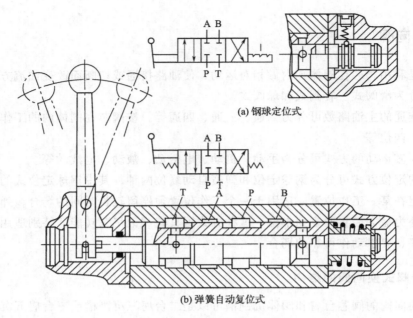

(a) 钢球定位式

(b) 弹簧自动复位式

图 5-5 三位四通手动换向阀

（2）电磁换向阀

图 5-6 所示为二位三通电磁换向阀，阀体左端安装的电磁铁可以是直流、交流或交本整流的。在电磁铁不得电即无电磁吸力时，阀芯在右端弹簧力的作用下处于左极端位置（常位），油口 P 与 A 通，B 不通。若电磁铁得电产生一个向右的电磁吸力，通过推杆推动阀芯右移，则阀左位工作，油口 P 与 B 通，A 不通。

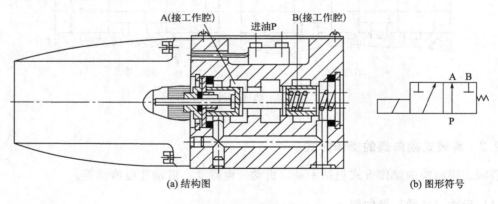

(a) 结构图　　　　　　　(b) 图形符号

图 5-6 二位三通电磁换向阀

二位电磁换向阀除图 5-6 所示弹簧自动复位式外，还有阀体两端均安装电磁铁的钢球定位式，左端（右端）电磁铁得电推动阀芯向右（左）运动，到位后电磁铁失电，由钢球定位在左位（右位）下工作。如果将两端电磁铁与弹簧对中机构组合，又可组成三位电磁换向阀，电磁铁得电分别为左、右位，不得电为中位（常位）。

因电磁吸力有限，电磁换向阀的最大通流量小于 100L/min，若通流量较大或要求换向可靠、冲击小，则选用液动换向阀或电液换向阀。

（3）电液换向阀

电液换向阀由电磁换向阀和液动换向阀组合而成。其中：液动换向阀实现主油路的换向，称为主阀；电磁换向阀改变液动换向阀的控制油路方向，称为先导阀。因电液换向阀包含液动换向阀，因此液动换向阀不另作介绍。

如图 5-7 所示，当电磁先导阀的电磁铁不得电时，三位四通电磁先导阀处于中位，液动主阀芯两端油室同时通回油箱，阀芯在两端对中弹簧的作用下亦处于中位。当电磁先导阀右端电磁铁得电处于右位工作时，控制压力油 p' 将经过电磁先导阀右位至油口 B′，然后经单向阀进入液动主阀芯的右端，而左端油液则经过阻尼 R_2、电磁先导阀油口 A′回油箱，于是液动主阀芯向左移，阀右位工作，主油路的 P 与 B 通，A 与 T 通。反之，电磁先导阀左端电磁铁得电，液动主阀则在左位工作，主油路 P 与 A 通，B 与 T 通。

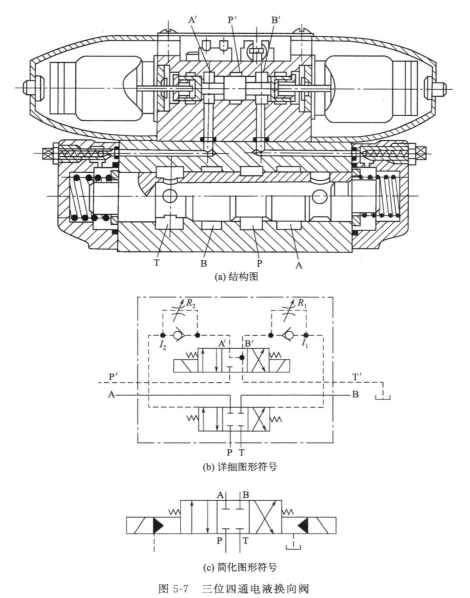

(a) 结构图

(b) 详细图形符号

(c) 简化图形符号

图 5-7 三位四通电液换向阀

在此，必须注意以下几点：

① 当液动滑阀为弹簧对中型时，电磁换向阀的中位必须是油口 A′、B′、T′互通，以保证液动滑阀的左、右两端油室通回油箱，否则，液动滑阀无法回到中位。

② 控制压力油 p' 可以取自主油路的 P 口（内控），也可以另设独立油源（外控）。采用内控而主油路又需要卸载时，必须在主阀的 P 口安装一预控压力阀，以保证最低控制压力。预控压力阀可以是开启压力为 0.4MPa 的单向阀。采用外控时，独立油源的流量不得小于主阀最大通流量的 15%，以保证换向时间要求。

③ 电磁换向阀的回油口 T′可以单独引回油箱（外排），也可以在阀体内与主阀回油口 T 沟通，然后一起回油箱（内排）。

④ 液动滑阀两端控制油路上的节流阀用来控制进、出主阀两端的流量，从而调节主阀的换向速度及时间，若节流阀阀口关闭，则液动滑阀无法移动，主油路不能换向。

5.2.2.3　滑阀式换向阀的中位机能

多位阀处于不同工作位置时，各油口的不同连通方式体现了换向阀的不同控制机能，称为滑阀机能。对三位四通（五通）滑阀，左、右工作位置用于执行元件的换向，一般为 P 与 A 通、B 与 T 通或 P 与 B 通、A 与 T 通；中位则有多种机能以满足该执行元件处于非运动状态时系统的不同要求。下面主要介绍三位四通滑阀的几种常用中位机能，如表 5-1 所列，不同中位机能的滑阀，其阀体是通用的，仅阀芯的台肩尺寸和形状不同。

表 5-1　三位四通滑阀的中位机能

机能代号	结构原理图	图形符号	机能特点和应用
O 型	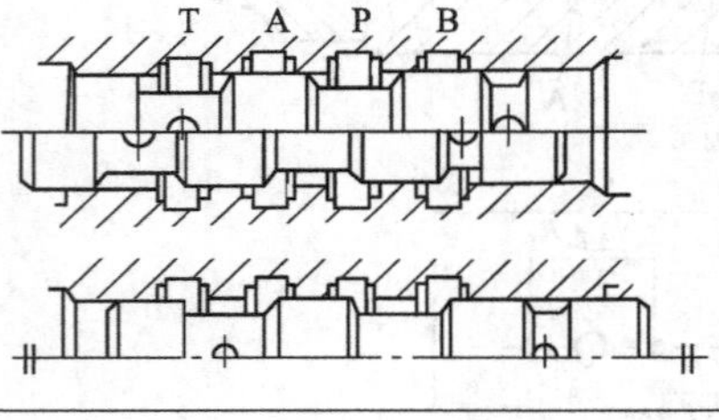	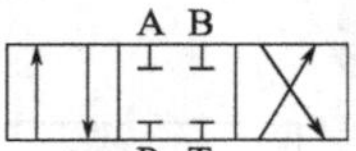	四个油口均封闭，液压缸活塞锁住不动，液压泵不卸载。可用于多个换向阀并联工作
H 型	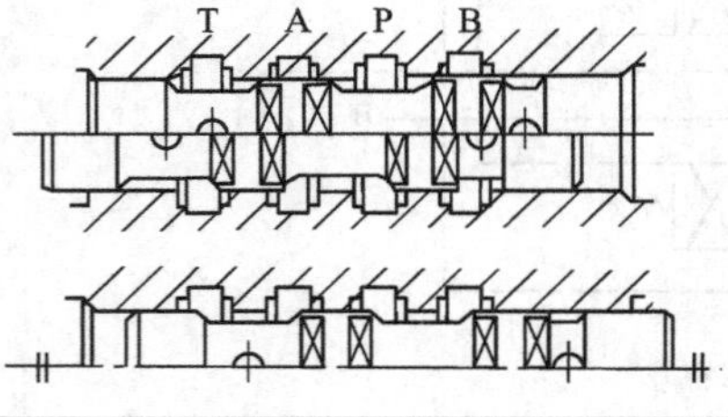	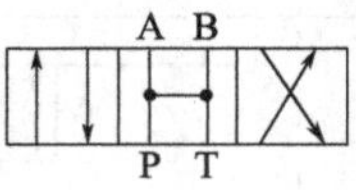	四个油口互通，液压缸的两腔同时通回油，活塞浮动，即在外力作用下活塞可以移动，液压泵出口油液直接回油箱卸载
P 型	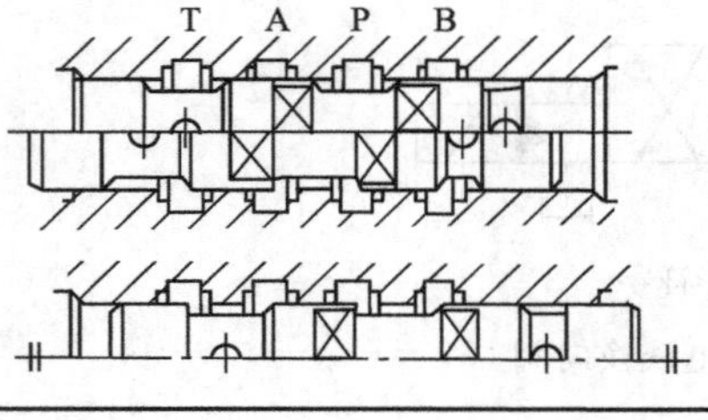	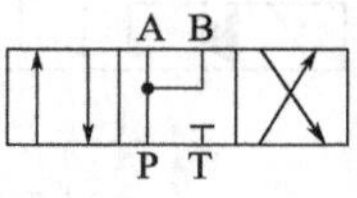	油口 T 封闭，油口 P、A、B 互通，即液压缸两腔互通压力油。若液压缸为单活塞杆结构，则成差动连接，活塞快速向外运动；若液压缸为双活塞杆结构，则活塞停止不动

机能代号	结构原理图	图形符号	机能特点和应用
Y 型	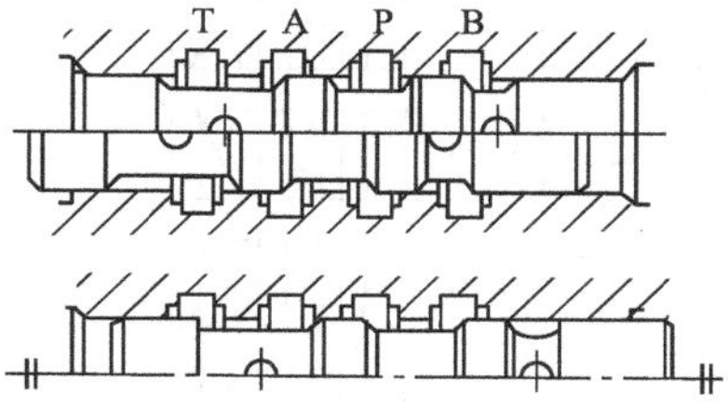	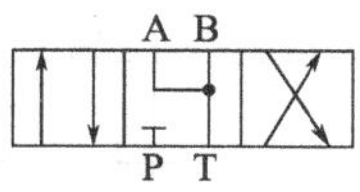	油口 P 封闭,油口 A、B、T 互通,液压缸活塞浮动,可在外力作用下位移,液压系不卸载
K 型	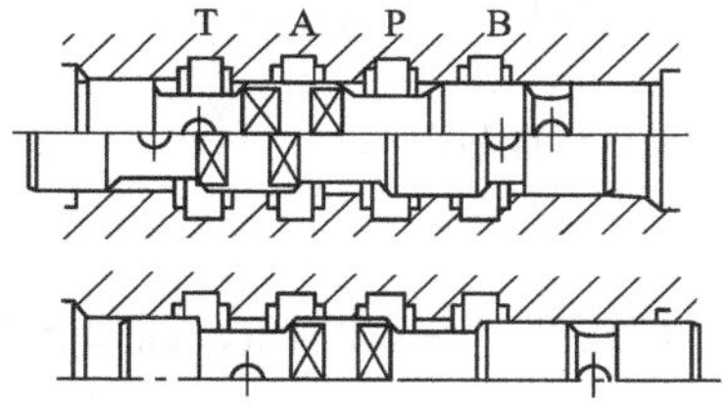	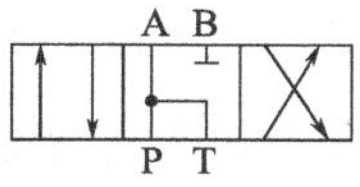	油口 P、A、T 互通,油口 B 封闭,液压泵卸载,液压缸一腔闭锁
N 型	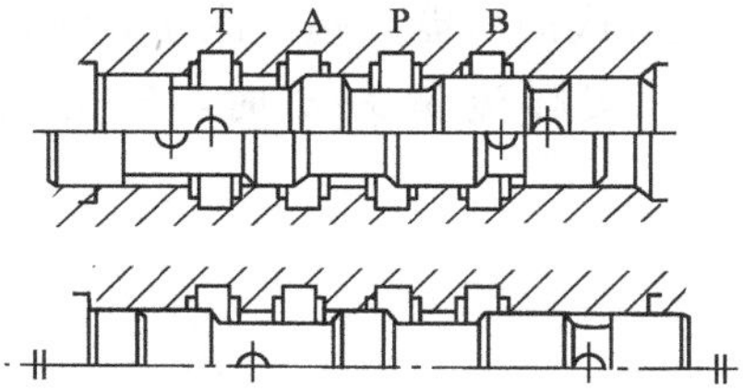	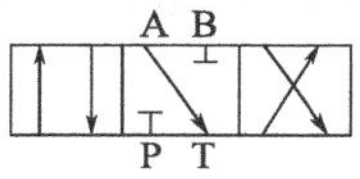	油口 P 和 B 封闭,油口 A 与 T 相通,此时液压缸活塞运动停止,但在外力的作用下可向一个方向移动,液压泵不卸载
M 型	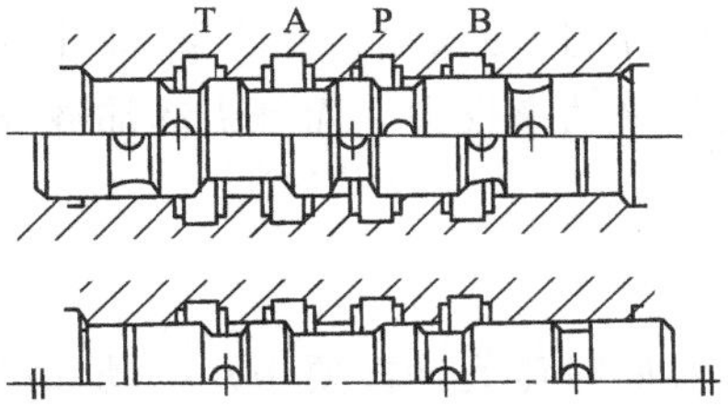	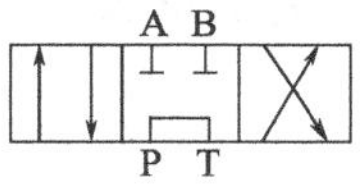	油口 A、B 封闭,油口 P 与 T 相通,液压缸活塞不动,液压泵出口油液直接回油箱卸载

5.2.2.4 滑阀式换向阀的性能

(1) 滑阀式换向可靠性

滑阀式换向阀的换向可靠性包括两个方面：换向信号发出后，阀芯能灵敏地移到预定的工作位置；换向信号撤出后，阀芯能在弹簧力的作用下自动恢复到常位。

滑阀式换向阀换向需要克服的阻力包括摩擦力（主要是液压卡紧力）、液动力和弹簧力。其中摩擦力与压力有关，液动力除与压力、通流量有关外，还与阀的机能有关。同一通径的电磁换向阀，机能不同，可靠换向的压力和流量范围不同，一般用工作性能极限曲线表示，如图 5-8 所示。曲线 1 为四通阀封闭一个油口作三通阀用的性能极限，显然，其通流能力下降了许多。

(2) 压力损失

滑阀式换向阀的压力损失包括阀口压力损失和流道压力损失。当阀体采用铸造流道，流

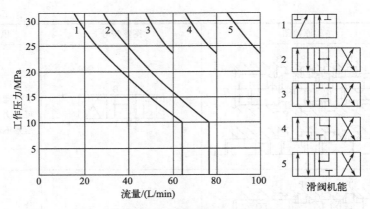

图 5-8　不同换向机能滑阀的工作性能极限

道形状接近于流线时，流道压力损失可降到很小。

对电磁换向阀，因电磁铁行程较小，因此阀口开度仅 1.5～2.0mm，阀口流速较高，阀口压力损失较大。

滑阀式换向阀的压力损失除与通流量有关外，还与阀的机能、阀口流动方向有关，一般限定额定流量 q_s 下压力损失不超过一定值 Δp_s。实际流量为 q 时，压力损失 $\Delta p = \Delta p_s \left(\dfrac{q}{q_s} \right)^2$。

（3）内泄漏量

滑阀式换向阀为间隙密封，内泄漏不可避免。一般应尽可能减小阀芯与阀体孔的径向间隙，并保证其同心，同时阀芯台肩与阀体孔应有足够的封油长度。在间隙和封油长度一定时，内泄漏量随工作压力的增高而增大。泄漏不仅带来功率损失，而且引起油液发热，影响系统的正常工作。

（4）换向平稳性

要求滑阀式换向阀换向平稳，实际上就是要求换向时压力冲击要小。手动和电液换向阀可通过控制换向时间来改变压力冲击。中位机能为 H、Y 型的电磁换向阀，因液压缸两腔同时通回油，换向经过中位时压力冲击值迅速下降，因此换向较平稳。

（5）换向时间和换向频率

电磁换向阀的换向时间与电磁铁有关。交流电磁铁的换向时间约为 0.03～0.15s，直流电磁铁的换向时间约为 0.1～0.3s。

单电磁铁电磁换向阀的换向频率一般为 60 次/min，有的高达 240 次/min。双电磁铁电磁换向阀的换向频率是单电磁铁电磁换向阀的 2 倍。

5.2.2.5　电磁球式换向阀简介

图 5-9 为电磁球式换向阀的结构图，它主要由左阀座、右阀座、球阀、操纵杆、杠杆、弹簧等组成。图中 P 口压力油除通过右阀座孔作用在球阀的右边外，还经过阀体上的通道 b 进入操纵杆的空腔并作用在球阀的左边，于是球阀所受轴向液压力平衡。

在电磁铁不得电、无电磁力输出时，球阀在右端弹簧力的作用下紧压在左阀座孔上，油

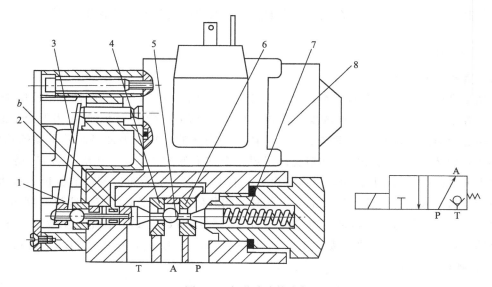

图 5-9 电磁球式换向阀

1—支点；2—操纵杆；3—杠杆；4—左阀座；5—球阀 6—右阀座；7—弹簧；8—电磁铁

口 P 与 A 通，油口 T 关闭。当电磁铁得电，则电磁吸力推动铁芯左移，杠杆绕支点逆时针方向转动，电磁吸力经放大（一般放大 3～4 倍）后通过操纵杆给球阀施加一个向右的力。该力克服球阀右边的弹簧力将球阀推向右阀座孔，于是油口 P 与 A 不通，油口 A 与 T 通，油路换向。

图示电磁球式换向阀为二位三通阀，在装上专用底板后可构成四通阀。与电磁滑阀式换向阀相比，电磁球式换向阀有下列特点：

① 无液压卡死现象，对油液污染不敏感，换向性能好。

② 密封为线密封，密封性能好，最高工作压力可达 63MPa。

③ 电磁吸力经放大后传给阀芯，推力大。

④ 使用介质的黏度范围大，可以直接用于高水基、乳化液。

⑤ 球阀换向时，中间过渡位置三个油口互通，故不能像滑阀那样具有多种中位机能。

⑥ 因要保证左、右阀座孔与阀体孔的同心，因此加工、装配工艺难度较大，成本较高。

⑦ 目前主要用在超高压小流量的液压系统或作二通插装阀的先导阀。

5.3 压力控制阀

普通的压力控制阀包括溢流阀、减压阀、顺序阀和压力继电器，它们用来控制液压系统中的油液压力或通过压力信号实现控制。

5.3.1 溢流阀

溢流阀按结构形式分为直动式和先导式，它旁接在液压泵的出口，保证系统压力恒定或

液压与气压传动

限制其最高压力，有时也旁接在执行元件的进口，对执行元件起安全保护作用。

5.3.1.1 结构及工作原理

(1) 直动式溢流阀

早期出现的直动式溢流阀为滑阀式，如图 5-10 所示，由阀芯 7、阀体 6、调压弹簧 3、调节杆 1 等零件组成。图示为阀的安装位置（常位），阀芯在弹簧力 F_t 的作用下处于最下端位置，阀芯台肩的封油长度 L 将进、出油口隔断。当阀的进口压力油经阀芯下端的径向孔、轴向小孔 a 进入阀芯底部油室，油液受压形成一个向上的液压力 F_y，在液压力 F_y 等于或大于弹簧力 F_t 时，阀芯向上运动，上移行程 L 后阀口开启。随着通过阀口的流量 q 增大，阀口进一步开启，阀的出口流量流回油箱。此时，阀芯处于受力平衡状态，阀口开度为 x，通流量为 q，进口压力为 p。如果记弹簧刚度为 K，预压缩量为 x_0，阀芯直径为 D，阀口刚开启时的进口压力为 p_k，通过额定流量 q_s 时的进口压力为 p_s，作用在阀芯上的稳态液动力为 F_s，则可以得到：

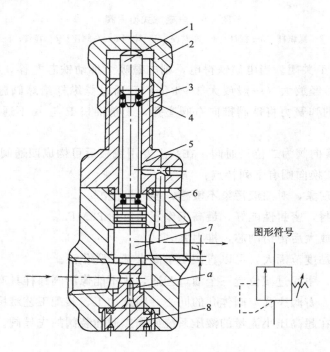

图 5-10 滑阀式直动式溢流阀

1—调节杆；2—调节螺帽；3—调压弹簧；4—锁紧螺母；5—阀盖；6—阀体；7—阀芯；8—底盖

① 阀口刚开启时的阀芯受力平衡关系式

$$p_k \frac{\pi D^2}{4} = K(x_0 + L) \tag{5-9}$$

② 阀口开启溢流时阀芯受力平衡关系式

$$p \frac{\pi D^2}{4} = K(x_0 + L + x) + F_s \tag{5-10}$$

90

③ 阀口开启溢流的压力流量方程

$$q = C_d \pi D x \sqrt{\frac{2}{\rho} p} \qquad (5\text{-}11)$$

联立求解式（5-10）和式（5-11）可求得不同流量下的进口压力。

如上所述，可以归纳以下几点：

① 调节弹簧的预压缩量 x_0，可以改变阀口的开启压力 p_k，进而调节控制阀的进口压力 p，即对应于一定弹簧预压缩量 x_0，阀的进口压力 p 基本为定值。此处弹簧称为调压弹簧。

② 当流经阀口的流量波动使阀的开口大小变化时，弹簧会进一步被压缩而产生一个附加弹簧力 $\Delta F_t = Kx$，同时液动力 F_s 也发生变化，这将导致阀的进口压力 p 随之波动。显然，通过额定流量时的进口压力 p_s 为最大值。一般用调压偏差 $\Delta p = p_s - p_k$ 来衡量溢流阀的静态特性。另外，也可用开启压力比 $p_k/p_s = n_k$ 予以评价，滑阀式直动式溢流阀的 $n_k <$ 85%，额定压力 $p_s \leqslant 2.5 \text{MPa}$。

③ 如图 5-10 所示，弹簧腔的泄漏油经阀体上的泄油通道直接流到溢流阀的出口，然后回油箱。若回油路有背压，则背压力作用在阀芯的上端，导致溢流阀的进口压力随之增大。

④ 直动式溢流阀因液压力直接与弹簧力相比较而得名。若阀的压力较高、流量较大，则要求调压弹簧具有很大的弹簧力，这不仅会使调节性能变差，而且结构上也难以实现。所以滑阀式直动式溢流阀已很少采用。为此，近年来出现了锥阀式直动式溢流阀，如图 5-11 所示。针对阀口大小改变时阀口液动力和附加弹簧力变化的影响，采取了相应的结构措施，故额定压力可达 40MPa，最大通流量为 330L/min。

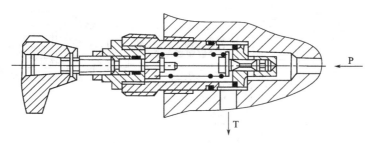

图 5-11　锥阀式直动式溢流阀

（2）先导式溢流阀

先导式溢流阀常见结构如图 5-12 和图 5-13 所示，它们由先导阀和主阀两部分组成。先导阀为一锥阀，实际上是一个小流量的直动式溢流阀；主阀亦为锥阀，其中图 5-12 为三级同心结构，即主阀芯的大直径与阀体孔、锥面与阀座孔、上端直径与阀盖孔三处同心。图示位置主阀芯及先导锥阀均被弹簧压靠在阀座上，阀口处于关闭状态。主阀进油口 P 接泵的来油后，压力油进入主阀芯大直径下腔，经阻尼孔（固定液阻）引至主阀芯上腔、先导锥阀前腔，对先导阀芯形成一个液压力 F_x。若液压力 F_x 小于先导阀芯左端调压弹簧的弹簧力 F_{12}，先导阀关闭，主阀内腔为密闭静止容腔，主阀芯上下两腔压力相等，而上腔作用面积 A_1 大于下腔作用面积 A_2（一般 $A_1 = 1.05 A_2$）。在两腔的液压力差及主阀弹簧力的共同作用下，主阀芯被压紧在阀座上，主阀口关闭。随着油液不断进入溢流阀进口，主阀内腔的油液受到挤压，作用在先导阀上的压力随之增大，当 $F_x \geqslant F_{t2}$ 时，液压力克服弹簧力，使先导阀芯左移，阀口开启，于是溢流阀的进口压力油经固定液阻、先导阀阀口溢流回油箱。因

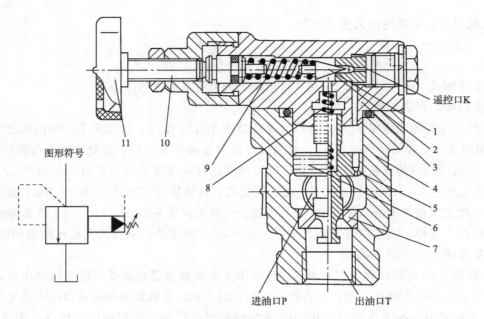

图形符号

图 5-12 三级同心先导式溢流阀

1—先导锥阀；2—先导阀座；3—阀盖；4—阀体；5—阻尼孔；6—主阀芯；7—主阀座；
8—主阀弹簧；9—调压弹簧；10—调节螺钉；11—调节手轮

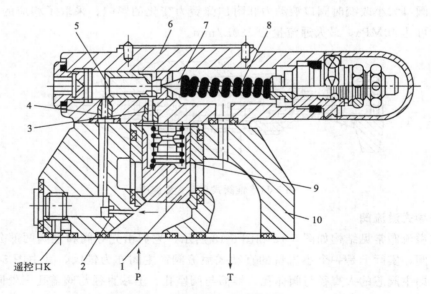

图 5-13 二级同心先导式溢流阀

1—主阀芯；2,3,4—阻尼孔；5—先导阀座；6—先导阀体；7—先导阀芯；
8—调压弹簧；9—主阀弹簧；10—阀体

为固定液阻的阻尼作用，主阀上腔压力 p_1（先导阀前腔压力）将低于下腔压力 p（主阀进口压力）。当压力差（$p-p_1$）足够大时，因压力差形成的向上液压力克服主阀弹簧力推动阀芯上移，主阀阀口开启，溢流阀进口压力油经主阀阀口溢流回油箱。主阀阀口开度一定时，先导阀阀芯和主阀阀芯分别处于受力平衡，阀口满足压力流量方程，主阀进口压力为一确定值。

图 5-13 所示为二级同心先导式溢流阀,它的主阀芯 1 仍为锥阀,为一圆柱体下端倒锥而成,加工时要求圆柱体与阀套内圆面、阀芯锥面与阀套座孔二级同心。与三级同心先导式溢流阀不同的是其固定液阻设在阀体上,并由两个小孔串联而成,这样不仅易于调节孔口的大小,而且孔口的长径比较小,孔口不易堵塞。

先导式溢流阀的静特性可用下列五个方程描述。

① 主阀芯受力平衡方程

$$pA = p_1 A_1 + K_1 (y_0 + y) + C_1 \pi D y \sin(2\alpha) p \tag{5-12}$$

② 主阀口压力流量方程

$$q = C_1 \pi D y \sqrt{\frac{2}{\rho} p} \tag{5-13}$$

③ 先导阀芯受力平衡方程

$$p_1 A_x = p_1 \frac{\pi d^2}{4} = K_2 (x_0 + x) \tag{5-14}$$

④ 先导阀口压力流量方程

$$q_x = C_2 \pi d x \sqrt{\frac{2}{\rho} p_1} \sin\varphi \tag{5-15}$$

⑤ 流经阻尼孔的压力流量方程

$$q_t = q_x = \frac{\pi \phi^4}{128 \mu l} (p - p_1) \tag{5-16}$$

式中　K_1,K_2——主阀弹簧、先导阀弹簧刚度;

　　　y_0,x_0——主阀弹簧、先导阀弹簧预压缩量;

　　　y,x——主阀、先导阀开口长度;

　　　q,q_x——流经主阀口、先导阀口的流量;

　　　q_t——流经阻尼孔的流量,$q_t = q_x$;

　　A_1,A——主阀上腔、下腔作用面积;

　　D,d——主阀座孔、先导阀座孔直径;

　　α,φ——主阀芯、先导阀芯半锥角;

　C_1,C_2——主阀口、先导阀口的流量系数;

　　ϕ,l——阻尼孔直径、长度;

　　　μ——油液动力黏度;

　　　ρ——油液密度;

　　A_x——先导阀座孔面积,$A_x = \frac{\pi d^2}{4}$。

与直动式溢流阀相比,先导型溢流阀具有以下特点。

① 阀的进口控制压力是通过先导阀芯和主阀芯两次比较得来的,压力值主要由先导阀调压弹簧的预压缩量确定,流经先导阀的流量很小,溢流流量的大部分经主阀阀口流回油箱,主阀弹簧只在阀口关闭时起复位作用,弹簧力很小,有时又称其为弱弹簧。

② 因先导阀流量很小,一般仅占主阀额定流量的1%,约1~5L/min,因此先导阀阀座孔直径 d 很小,即使是高压阀,先导阀弹簧刚度也不大,因此阀的调节性能有很大改善。

③ 主阀芯的开启利用阀芯两端压力差，该压力差即液流流经阻尼孔的压力损失。由于流经阻尼孔的流量很小，为形成足够开启阀芯的压力差，阻尼孔一般为细长小孔，如图 5-12 所示的阻尼孔 5 的孔径 $\phi=0.8\sim1.2\mathrm{mm}$，孔长 $l=8\sim12\mathrm{mm}$。阻尼孔不仅孔径小，而且长，因此工作时易堵塞，而一旦堵塞则导致主阀口常开，无法调压。为此，图 5-13 所示的溢流阀将阻尼孔改在阀体上，由两个孔径稍大、长度稍短的阻尼孔 2、4 串联替代，这不仅使堵塞现象减少，而且易于更换调整阻尼螺塞。

④ 先导阀前腔有一卸载和远程调压口，又称遥控口。在遥控口接电磁换向阀可共同组成电磁溢流阀，接远程调压阀则可以实现远控或多级调压。

（3）远程调压阀

远程调压阀实际上是一个独立的压力先导阀，将其旁接在先导式溢流阀的远程调压口，则与主溢流阀的先导阀并联于主阀芯的上腔，即主阀上腔的压力油 p_1 同时作用在远程调压阀和先导阀的阀芯上。实际使用时，主溢流阀安装在最靠近液压泵的出口，而远程调压阀则安装在操作台上。远程调压阀的调定压力（弹簧预压缩量）低于先导阀的调定压力，于是远程调压阀起调压作用，先导阀起安全作用。必须说明的是，无论是远程调压阀起作用还是先导阀起作用，溢流流量始终经主阀阀口回油箱。

5.3.1.2 功用与性能

溢流阀通常旁接在液压泵的出口，用来保证液压系统即泵的出口压力恒定或限制系统压力的最大值。前者称为定压阀，主要用于定量泵的进油和回油节流调速系统；后者称为安全阀，对系统起保护作用，有时也旁接在执行元件的进口，限制执行元件的最高工作压力。溢流阀除完成溢流阀的功能外，还可以在执行元件不工作时使液压泵卸载。

溢流阀的基本性能主要如下。

（1）调压范围

在规定的范围内调节时，阀的输出压力能平稳地升降，无压力突跳或迟滞现象。高压溢流阀为改善调节性能，一般通过更换 4 根自由高度、内径相同而刚度不同的弹簧实现 $0.6\sim8\mathrm{MPa}$、$4\sim16\mathrm{MPa}$、$8\sim20\mathrm{MPa}$、$16\sim32\mathrm{MPa}$ 四级调压。

（2）压力流量特性

在溢流阀调压弹簧的预压缩量调定之后，溢流阀的开启压力 p_k 即已确定，阀口开启后溢流阀的进口压力随溢流量的增加而略为升高，流量为额定值时的压力 p_s 最高，随着流量减少阀口则反向趋于关闭，阀的进口压力降低，阀口关闭时的压力为 p_b，因摩擦力的方向不同，$p_b<p_k$。溢流阀的进口压力随流量变化而波动的性能称为压力流量特性或启闭特性，如图 5-14 所示。压力流量特性的好坏用调压偏差 p_s-p_k、p_s-p_b 或开启压力比 $n_k=p_k/p_s$、闭合压力比 $n_b=p_b/p_s$ 评价。显然调压偏差小好，n_k、n_b 大好，一般先导式溢流阀的 $n_k=0.9\sim0.95$。

（3）压力损失和卸载压力

当调压弹簧预压缩量等于零，流经阀的流量为额定值时，溢流阀的进口压力称为压力损失；当先导式溢流阀的主阀芯上腔经遥控口直接接回油箱，主阀上腔压力 $p_1=0$，流经阀的流量为额定值时，溢流阀的进口压力称为卸载压力。这两种工况，溢流阀进口压力因只需克服主阀复位弹簧力和阀口液动力，其值很小，一般小于 $0.5\mathrm{MPa}$。其中因主阀上腔油液流回油箱需要经过先导阀，液流阻力稍大，因此，压力损失略高于卸载压力。

（4）压力超调量

当溢流阀由卸载状态突然向额定压力工况转变或由零流量状态向额定压力、额定流量工况转变时，由于阀芯运动惯性、黏性摩擦以及油液压缩性的影响，阀的进口压力将先迅速升高到某一峰值 $p_{\max}$ 然后逐渐衰减波动，最后稳定为额定压力 p_S。压力峰值与额定压力之差 Δp 称为压力超调量，一般限制超调量不得大于额定值的 30%。图 5-15 为溢流阀由零压、零流量过渡为额定压力、额定流量的动态过程曲线。

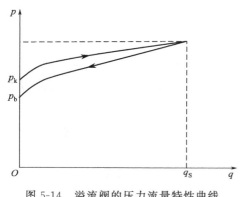

图 5-14　溢流阀的压力流量特性曲线　　　　图 5-15　溢流阀的动态过程曲线

5.3.2　减压阀

减压阀是一种利用液流流过缝隙液阻产生压力损失，使其出口压力低于进口压力的压力控制阀。按调节要求不同有：用于保证出口压力为定值的定值减压阀；用于保证进出口压力差不变的定差减压阀；用于保证进出口压力成比例的定比减压阀。其中定值减压阀应用最广，又简称为减压阀。这里只介绍定值减压阀。

（1）结构及工作原理

图 5-16 和图 5-17 为两种不同结构形式的先导式减压阀。其先导阀与溢流阀的先导阀相似，但弹簧腔的泄漏油单独引回油箱。而主阀部分与溢流阀不同的是：阀口常开，在安装位置，主阀芯在弹簧力作用下位于最下端，阀的开口最大，不起减压作用；引到先导阀前腔的是阀的出口压力油，保证出口压力为定值。

如图 5-16 所示，进口压力油（压力为 p_1）经主阀阀口（减压缝隙）流至出口，压力为 p_2。与此同时，出口压力油（压力为 p_2）经阀体、端盖上的通道进入主阀芯下腔，然后经主阀芯上的阻尼孔到主阀芯上腔和先导阀的前腔。在负载较小、出口压力 p_2 低于调压弹簧调定压力时，先导阀关闭，主阀芯阻尼孔无液流通过，主阀芯上、下两腔压力相等，主阀芯在弹簧作用下处于最下端，阀口全开不起减压作用。若出口压力 p_2 随负载增大超过调压弹簧调定的压力时，先导阀口开启，主阀出口压力油（压力为 p_2）经主阀芯阻尼孔到主阀芯上腔、先导阀口，再经泄油口回油箱。因阻尼孔的阻尼作用，主阀上、下两腔出现压力差 $（p_2-p_3）$，主阀芯在压力差作用下克服上端弹簧力向上运动，主阀口减小起减压作用。当

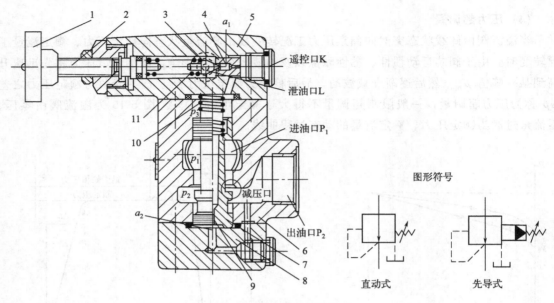

图 5-16　滑阀式减压阀

1—调压手轮；2—调节螺钉；3—先导锥阀；4—先导阀座；5—阀盖；6—阀体；7—主阀芯；8—端盖；
9—阻尼孔；10—主阀弹簧；11—调压弹簧；a_1—阀的右腔；a_2—主阀芯下腔

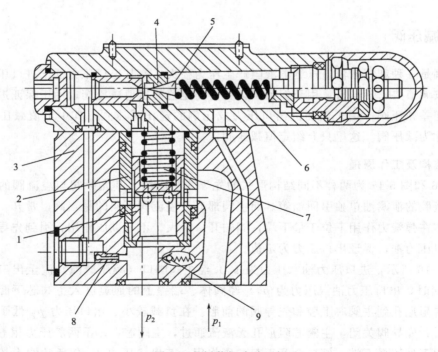

图 5-17　插装阀式减压阀

1—主阀芯；2—阀套；3—阀体；4—先导阀座；5—先导锥阀；6—调压弹簧；
7—主阀弹簧；8—阻尼孔；9—单向阀

出口压力 p_2 下降到调定值时，先导阀芯和主阀芯同时处于受力平衡，出口压力稳定不变。调节调压弹簧的预压缩量，即调节弹簧力的大小可改变阀的出口压力。图 5-17 所示减压阀，其工作原理与图 5-16 所示完全相同，只是主阀芯的结构有所不同。

除先导式减压阀外，用于叠加阀系统的直动式减压阀如图 5-18 所示，阀的出口压力被引到滑阀阀芯端部，通过阀芯直接与调压弹簧调定的压力进行比较，调压弹簧调定的压力一定，阀的出口压力一定。

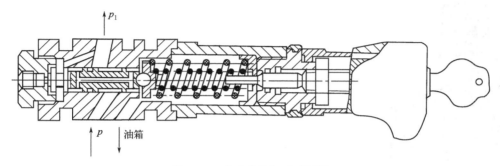

图 5-18　直动式叠加式减压阀

与溢流阀相似，同样可以用数学方程来描述减压阀的静态特性。因篇幅所限，这里不再列出，读者可以自行分析。

（2）功用与特点

减压阀用在液压系统中以获得压力低于系统压力的二次油路，如夹紧油路、润滑油路和控制油路。必须说明的是，减压阀的出口压力还与出口的负载有关，若由负载得到的压力低于调定压力，则出口压力由负载决定，此时减压阀不起减压作用，进、出口压力相等，即减压阀保证出口压力恒定的条件是先导阀开启。

比较减压阀与溢流阀的工作原理和结构，可以将二者的差别归纳为以下三点：

① 减压阀为出口压力控制，保证出口压力为定值；溢流阀为进口压力控制，保证进口压力恒定。

② 减压阀口常开，进出油口相通；溢流阀口常闭，进出油口不通。

③ 减压阀出口压力油为分支油路的工作油源，压力不等于零，先导阀弹簧腔的泄漏油需单独引回油箱；溢流阀的出口直接接回油箱。因此先导阀弹簧腔的泄漏油经阀体内流道内泄至出口。

与溢流阀相同的是，减压阀亦可以在先导阀的远程调压口接远程调压阀实现远控或多级调压。

5.3.3　顺序阀

顺序阀（图 5-19）是一种利用压力控制阀口通断的压力阀，因用于控制多个执行元件的动作顺序而得名。实际上，除用来实现顺序动作的内控外泄形式外，还可以通过改变上盖或底盖的装配位置得到内控内泄、外控外泄、外控内泄等类型。它们的图形符号如图 5-20 所示，其中内控内泄用在系统中作平衡阀或背压阀；外控内泄用作卸载阀；外控外泄相当于一个液控二位二通阀。上述四种控制形式的阀在结构上完全通用，因此又统称为顺序阀，其工作原理与溢流阀类似，这里不再做介绍。将其特点归纳如下：

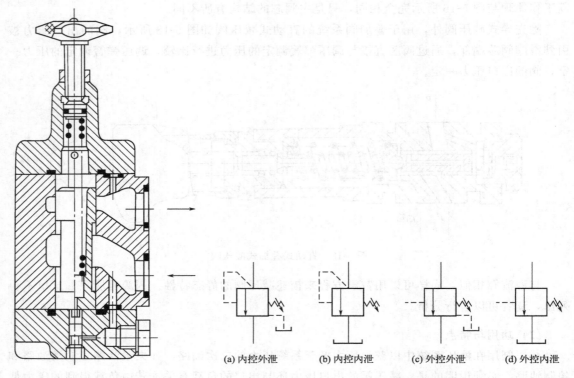

图 5-19　直动式顺序阀结构图　　　　　图 5-20　顺序阀的四种控制、泄油形式

(a) 内控外泄　　　(b) 内控内泄　　　(c) 外控外泄　　　(d) 外控内泄

　　① 内控外泄顺序阀与溢流阀的相同之点是：阀口常闭，由进口压力控制阀口的开启。区别是内控外泄顺序阀的出口压力油为分支油路的工作油源，当由负载得到的出口压力高于阀的调定压力时，阀的进口压力等于出口压力，作用在阀芯上的液压力大于弹簧力和液动力，阀口全开；当由负载所得到的出口压力低于阀的调定压力时，阀的进口压力等于调定压力，作用在阀芯上的液压力、弹簧力、液动力平衡，阀的开口一定，满足压力流量方程。因阀的出口压力不等于零，因此弹簧腔的泄漏油需单独引回油箱，即外泄。

　　② 内控内泄顺序阀的图形符号和动作原理与溢流阀相似，但实际使用时，内控内泄顺序阀串联在液压系统的回油路中，使回油具有一定压力，而溢流阀则旁接在主油路中，如泵的出口、液压缸的进口。因性能要求上的差异，二者不能混合使用。

　　③ 外控内泄顺序阀在功能上等同于液动二位二通阀，且出口接回油箱，因作用在阀芯上的液压力为外力，而且大于阀芯的弹簧力，因此工作时阀口全开，可用于双泵供油回路使大泵卸载。

　　④ 外控外泄顺序阀除作液动开关阀外，类似的结构还用在变重力负载系统，称为限速锁。

5.3.4　压力继电器

　　压力继电器是一种将液压系统的压力信号转换为电信号输出的元件。其作用是，根据液压系统压力的变化，通过压力继电器内的微动开关，自动接通或断开电气线路，实现执行元件的顺序控制或安全保护。

压力继电器按结构特点可分为柱塞式、弹簧管式和膜片式等。图 5-21 为单触点柱塞式压力继电器，主要零件包括柱塞 1、调节螺帽 2 和电气微动开关 3。如图所示，压力油作用在柱塞的下端，液压力直接与上端弹簧力相比较。当液压力大于或等于弹簧力时，柱塞向上移，压下微动开关触头，接通或断开电气线路。当液压力小于弹簧力时，微动开关触头复位。显然，柱塞上移将引起弹簧的压缩量增加，因此压下微动开关触头的压力（开启压力）与微动开关复位的压力（闭合压力）存在一个差值，此差值对压力继电器的正常工作是必要的，但不宜过大。

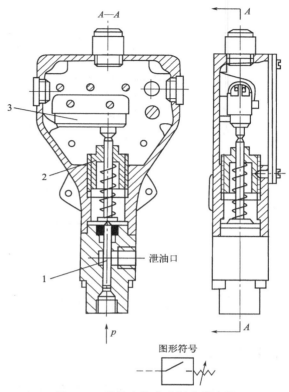

图 5-21 单触点柱塞式压力继电器
1—柱塞；2—调节螺帽；3—微动开关

5.4 流量控制阀

流量控制阀是通过改变阀口大小来改变液阻，实现流量调节的阀，普通流量控制阀包括节流阀、调速阀和分流集流阀。

5.4.1 流量控制原理

由流体力学知识可知，孔口及缝隙作为液阻，其通用压力流量方程为

$$q = K_L A (\Delta p)^m \tag{5-17}$$

式中 K_L——液阻系数，一般视为常数；

A——孔口或缝隙的过流面积；

Δp——孔口或缝隙的前后压力差；

m——由截流口形状得到的指数，$0.5 \leqslant m \leqslant 1$。

显然，在 K_L、Δp 一定时，改变过流面积 A，即改变液阻的大小，可以调节通流量，这就是流量控制阀的控制原理。因此，称这些孔口及缝隙为节流口，式 (5-14) 又称为节流方程。

常用节流口的结构形式如图 5-22 所示，图中锥形结构的 $A = \pi D x \sin\beta$；三角槽形结构的 $A = n x^2 \sin^2\alpha \tan\varphi$；矩形结构的 $A = n b (x - x_d)$；三角形结构的 $A = n x^2 \tan\beta$。（各列式中 n 为节流槽的个数。）

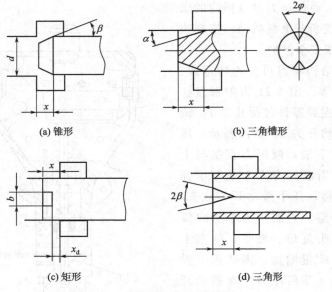

(a) 锥形　　　　　　　　　　　　(b) 三角槽形

(c) 矩形　　　　　　　　　　　　(d) 三角形

图 5-22　常用节流口的结构形式

5.4.2　节流阀

节流阀是一种最简单又最基本的流量控制阀，其相当于一个可变节流口，即一种借助于控制机构使阀芯相对于阀体孔运动，改变阀口过流面积的阀，常用在定量泵节流调速回路实现调速。

（1）结构与原理

图 5-23 所示为一种典型的节流阀结构图，主要零件为阀芯、阀体和螺母。阀体上右边为进油口，左边为出油口。阀芯的一端开有三角尖槽，另一端加工有螺纹，旋转阀芯即可轴向移动改变阀口过流面积，即阀的开口面积。

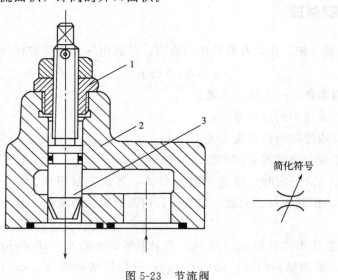

简化符号

图 5-23　节流阀

1—螺母；2—阀体；3—阀芯

为平衡阀芯上的液压径向力，三角尖槽须对称布置，因此三角尖槽数 $n \geqslant 2$。

(2) 流量特性与刚性

在节流阀用在系统中起调速作用时，往往会因外负载的波动引起阀前后压力差 Δp 变化。此时即使阀开口面积 A 不变，也会导致流经阀口的流量 q 变化，即流量不稳定。一般定义节流阀开口面积一定时，节流阀前后压力差 Δp 的变化量与流经阀的流量变化量之比为节流阀的刚性 T，用公式表示为

$$T = \frac{\partial(\Delta p)}{\partial q} = \frac{\Delta p^{1-m}}{K_L A m} \tag{5-18}$$

显然，刚性 T 越大，节流阀的性能越好。因薄壁孔型的 $m = 0.5$，故多作节流阀的阀口。另外，Δp 大有利于提高节流阀的刚性，但 Δp 过大，不仅会造成压力损失的增大，而且可能导致阀口因面积太小而堵塞，因此一般取 $\Delta p = 0.15 \sim 0.4\mathrm{MPa}$。

(3) 最小稳定流量

实验表明，当节流阀在小开口面积下工作时，虽然阀的前后压力差 Δp 和油液黏度均不变，但流经阀的流量 q 会出现时多时少的周期性脉动现象，随着开口继续减小，流量脉动现象加剧，甚至出现间歇式断流，使节流阀完全丧失工作能力。上述这种现象称为节流阀的堵塞现象。造成堵塞现象的主要原因是油液中的污物时而堵塞节流口，时而冲走造成流量脉动；另一个原因是油液中的极化分子和金属表面的吸附作用导致节流缝隙表面形成吸附层，使节流口的大小和形状受到破坏。

节流阀的堵塞现象使节流阀在很小流量下工作时流量不稳定，以致执行元件出现爬行现象。因此，对节流阀有一个能正常工作的最小流量限制，这个限制值称为节流阀的最小稳定流量，用于系统则限制了执行元件的最低稳定速度。

5.4.3 调速阀

节流阀刚性差，通过阀口的流量因阀口前后压力差变化而波动，因此仅适用于执行元件工作负载变化不大且对速度稳定性要求不高的场合。为解决负载变化大的执行元件的速度稳定性问题，应采取措施保证负载变化时，节流阀的前后压力差不变。具体结构有节流阀与定差减压阀串联组成的调速阀和节流阀与差压式溢流阀并联组成的溢流节流阀。溢流节流阀又称为旁通型调速阀，故调速阀又称为普通调速阀。

(1) 调速阀的工作原理

图 5-24 为调速阀的结构图，图 5-25 为调速阀的工作原理图。压力油由进油口（压力 p_1），进入调速阀，先经过定差减压阀的阀口（工作开口长度为 x），压力由 p_1 减至 p_2，然后经节流阀阀口流出，出口压力减为 p_3。节流阀前的压力油（压力为 p_2）经孔 a 和 b 作用在图 5-25 所示定差减压阀的右（下）腔，节流阀后的压力油（压力为 p_3）经孔 c 作用在图 5-25 所示定差减压阀左（上）腔。因此，作用在定差减压阀阀芯上有液压力、弹簧力和液动力。调速阀稳定工作时的静态方程如下。

① 定差减压阀阀芯受力平衡方程

$$p_2 A = p_3 A + F_t - F_s \tag{5-19}$$

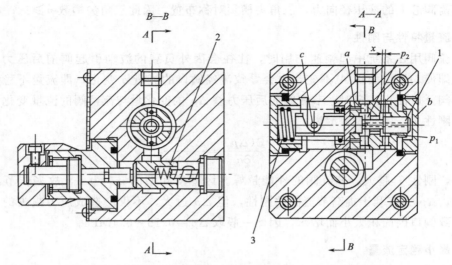

图 5-24　调速阀结构图

1—定差减压阀阀芯；2—节流阀阀芯；3—弹簧

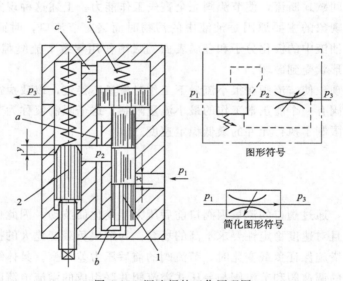

图形符号

简化图形符号

图 5-25　调速阀的工作原理图

1—定差减压阀阀芯；2—节流阀阀芯；3—弹簧

② 流经定差减压阀阀口的流量

$$q_1 = C_{d1} \pi d x \sqrt{\frac{2(p_1 - p_2)}{\rho}} \tag{5-20}$$

③ 流经节流阀阀口的流量

$$q_2 = C_{d2} A(y) \sqrt{\frac{2(p_2 - p_3)}{\rho}} \tag{5-21}$$

④ 流量连续性方程

$$q_1 = q_2 = q \tag{5-22}$$

式中　　A——定差减压阀阀芯作用面积；

　　　　F_t——作用在定差减压阀阀芯上的弹簧力，$F_t = K(x_0 + x_{max} - x)$，$K$ 为弹簧刚度，x_0 为弹簧预压缩量（阀开口 $x = x_{max}$ 时），x_{max} 为定差减压阀最大开口长度，x 为定差减压阀工作开口长度；

　　　　F_s——作用在定差减压阀阀芯上的液动力，$F_s = 2C_{d1}\pi dx(p_1 - p_2)\cos\theta$；

　　　　d——定差减压阀阀口处阀芯直径；

　　　　θ——定差减压阀阀口处液流速度方向角；

C_{d1}，C_{d2}——定差减压阀、节流阀阀口的流量系数；

q_1，q_2，q——流经定差减压阀、节流阀和调速阀的流量；

　　$A(y)$——节流阀开口面积，y 为节流阀工作开口长度。

在上列方程成立时，对应于一定的节流阀开口面积 $A(y)$，流经阀的流量 q 一定。此时节流阀的进、出口压力差 $(p_2 - p_3)$ 由定差减压阀阀芯受力平衡方程确定为一定值，即 $p_2 - p_3 = (F_t - F_s)/A =$ 常量。若结构上采用液动力平衡措施，则 $F_s = 0$，$p_2 - p_3 = F_t/A$。

假定调速阀的进口压力 p_1 为定值，当出口压力 p_3 因负载增大而增加，导致调速阀的进、出口压力差 $(p_2 - p_3)$ 突然减小时，因 p_3 的增大势必破坏定差减压阀阀芯原有的受力平衡，于是阀芯向阀口增大方向运动，定差减压阀的减压作用削弱，节流阀进口压力 p_2 随之增大，当 $p_2 - p_3 = F_t/A$ 时定差减压阀阀芯在新的位置平衡。由此可知，因定差减压阀的压力补偿作用，可保证节流阀进、出口压力差 $(p_2 - p_3)$ 不受负载的干扰而基本保持不变。

调速阀的结构可以是定差减压阀在前，节流阀在后，也可以是节流阀在前，定差减压阀在后，二者在工作原理和性能上完全相同。

（2）调速阀的流量稳定性分析

在调速阀中，节流阀既是一个调节元件，又是一个检测元件。当阀的开口面积调定之后，它一方面控制流量的大小，一方面检测流量信号并转换为阀进、出口压力差反馈作用到定差减压阀阀芯的两端与弹簧力相比较。当检测的压力差值偏离预定值时，定差减压阀阀芯产生相应的位移，改变减压缝隙大小进行压力补偿，保证节流阀前后压力差基本不变。然而，定差减压阀阀芯的位移势必引起弹簧力和液动力波动，因此，节流阀前后压力差只能是基本不变，即流经调速阀的流量基本稳定。另外，为保证定差减压阀能够起压力补偿作用，调速阀进、出口压力差应大于由弹簧力和液动力所确定的最小压力差，否则仅相当于普通节流阀，无法保证流量稳定。

（3）旁通型调速阀

旁通型调速阀原称溢流节流阀，图 5-26 为其结构图，图 5-27 为其工作原理图。与调速阀不同，用于实现压力补偿的差压式溢流阀 1 的进口与节流阀 2 的进口相连，节流阀的出口接执行元件，差压式溢流阀的出口接回油箱。节流阀的进、出口压力 p_1 和 p_2 经阀体内部通道反馈作用在差压式溢流阀的阀芯两端，在溢流阀阀芯受力平衡时，压力差 $(p_1 - p_2)$ 被弹簧力确定为基本不变，因此流经节流阀的流量基本稳定。

图 5-26 结构中的安全阀 3 的进口与节流阀 2 的进口并联，用于限制节流阀的进口压力 p_1 的最大值，对系统起安全保护作用，旁通型调速阀正常工作时，安全阀处于关闭状态。

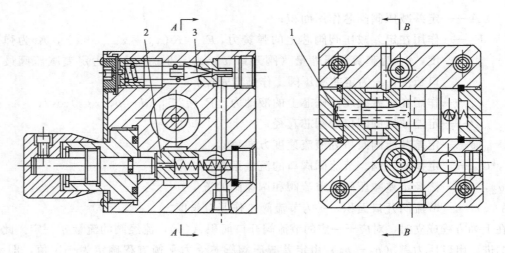

图 5-26　旁通型调速阀结构图
1—差压式溢流阀；2—节流阀；3—安全阀

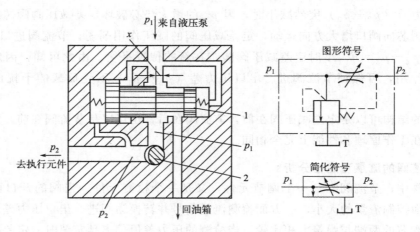

图 5-27　旁通型调速阀工作原理图
1—差压式溢流阀；2—节流阀

　　若因负载变化引起节流阀出口压力 p_2 增大，差压式溢流阀阀芯弹簧端的液压力将随之增大，阀芯原有的受力平衡被破坏，阀芯向阀口减小的方向位移，阀口减小使其阻尼作用增强，于是进口压力 p_1 增大，阀芯受力重新平衡。因差压式溢流阀的弹簧刚度很小，因此阀芯的位移对弹簧力影响不大，即阀芯在新的位置平衡后，阀芯两端的压力差，也就是节流阀进、出口压力差（$p_1 - p_2$）保持不变。在负载变化引起节流阀出口压力 p_2 减小时，类似上面的分析，同样可保证节流阀进、出口压力差（$p_1 - p_2$）基本不变。

　　旁通型调速阀用于调速时只能安装在执行元件的进油路上，其出口压力 p_2 随执行元件的负载而变。因工作时节流阀进、出口压力差不变，因此阀的进口压力，即系统压力 $p_1 = p_2 + F_t / A$ 随之变化，系统为变压系统。与普通调速阀调速回路相比，旁通型调速阀的调速回路效率较高。近年来，国内外开发的负载敏感阀及功率适应回路正是在旁通型调速阀的基础上发展起来的。

5.4.4 分流集流阀

有些液压系统由一台液压泵同时向几个几何尺寸相同的执行元件供油，要求不论各执行元件的负载如何变化，执行元件能够保持相同的运动速度，即速度同步。分流集流阀就是用来保证多个执行元件速度同步的流量控制阀，又称为同步阀。

分流集流阀包括分流阀、集流阀和分流集流混合阀三种不同控制类型。分流阀安装在执行元件的进口，保证进入执行元件的流量相等；集流阀安装在执行元件的回油路，保证执行元件回油流量相同。分流阀和集流阀只能保证执行元件单方向的运动同步，而要求执行元件双向运动同步则可以采用分流集流混合阀。下面简单介绍分流阀和分流集流混合阀的工作原理。

（1）分流阀

图 5-28 为分流阀的结构原理图。它由两个固定节流孔 1 和 2、阀体 5、阀芯 6 和两个对中弹簧 7 等主要零件组成。阀芯的中间台肩将阀分成完全对称的左、右两部分。位于左边的油室 a 通过阀芯上的轴向小孔与阀芯右端弹簧腔相通，位于右边的油室 b 通过阀芯上的另一轴向小孔与阀芯左端弹簧腔相通。装配时由对中弹簧 7 保证阀芯处于中间位置，阀芯两端台肩与阀体沉割槽组成的两个可变节流口 3、4 的过流面积相等（液阻相等）。将分流阀装入系统后，液压泵来油 p_0 分成两条并联支路 Ⅰ 和 Ⅱ，经过液阻相等的固定节流孔 1 和 2 分别进入油室 a 和 b（压力分别为 p_1 和 p_2），然后经可变节流口 3 和 4 至出口（压力分别为 p_3 和 p_4），通往两个几何尺寸完全相同的执行元件。在两个执行元件的负载相等时，两出口压力 $p_3 = p_4$，即两条支路的进、出口压力差和总液阻（固定节流孔和可变节流口的液阻和）相等，因此输出的流量 $q_1 = q_2$，两执行元件速度同步。

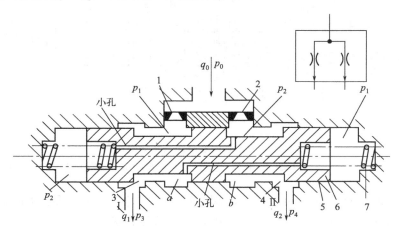

图 5-28 分流阀的结构原理图

1,2—固定节流孔；3,4—可变节流口；5—阀体；6—阀芯；7—弹簧

若执行元件的负载变化导致支路 Ⅰ 的出口压力 p_3 大于支路 Ⅱ 的出口压力 p_4，则在阀芯未动作、两支路总液阻仍相等时，压力差有 $(p_0 - p_3) < (p_0 - p_4)$，势必导致输出流量 $q_1 < q_2$，输出流量的偏差一方面使执行元件的速度出现不同步，另一方面又使固定节流孔 1

的压力损失小于固定节流孔 2 的压力损失，即 $p_1 > p_2$。因 p_1 和 p_2 被分别反馈作用到阀芯的右端和左端，其压力差将使阀芯向左位移，可变节流口 3 的过流面积增大，液阻减小，可变节流口 4 的过流面积减小，液阻增大。于是支路 I 的总液阻减小，支路 II 的总液阻增大。总液阻的改变反过来使支路 I 的流量 q_1 增加，支路 II 的流量 q_2 减小，直至 $q_1 = q_2$、$p_1 = p_2$，阀芯受力重新平衡，阀芯稳定在新的位置工作，两执行元件的速度恢复同步。显然，固定节流孔在这里起检测流量的作用，它将流量信号转换为压力信号 p_1 和 p_2；可变节流口在这里起压力补偿作用，其过流面积（液阻）通过压力 p_1 和 p_2 的反馈作用进行控制。

（2）分流集流混合阀

图 5-29 挂钩式分流集流混合阀的阀芯分成左、右两段，中间由挂钩连接。图示为作集流阀用且右回油口压力 p_4 大于左回油口压力 p_3 的工况，因阀芯两端压力 p_1 和 p_2 高于中间出油口的压力 p_0，挂钩阀芯向中间靠拢。又因为 $(p_4 - p_0) > (p_3 - p_0)$ 导致 $q_2 > q_1$，$p_2 > p_1$，阀芯向左偏移，可变节流口 4 的开口面积 A_2 小于可变节流口 3 的开口面积 A_1，而在阀芯稳定后，$p_1 = p_2$，$q_2 = K_L A_2 \sqrt{p_4 - p_2} = q_1 = K_L A_1 \sqrt{p_3 - p_1}$，两支路回流流量相等。当 $p_3 > p_4$ 时，则阀芯向右偏移，$A_1 < A_2$；当 $p_3 = p_4$ 时，阀芯处于中位，$A_1 = A_2$。由于阀芯对中弹簧刚度很小，因此可认为在阀芯处于稳定平衡时，两端压力 $p_1 = p_2$，即固定节流孔 7、8 前后压力差 $p_1 - p_0 = p_2 - p_0$，流经固定节流孔的流量相等。与前述分流阀相同，固定节流孔在这里检测流量并转换为压力信号（p_1 或 p_2），反馈作用于阀芯，改变可变节流口开口面积，对进口压力 p_3 和 p_4 的变化进行补偿。

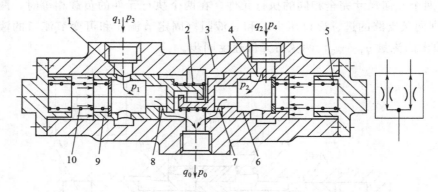

图 5-29　分流集流混合阀（作集流阀用）

1,4—可变节流口；2—缓冲弹簧；3—阀体；5,10—对中弹簧；6,9—挂钩阀芯；7,8—固定节流孔

在分流集流混合阀作分流阀用时，因阀芯两端压力 p_1 和 p_2 低于中间进油口的压力 p_0，挂钩阀芯被推开，其工作原理完全与图 5-28 所示分流阀相同。

综上所述，无论是分流阀还是分流集流混合阀，保证两油口流量不受出口压力（或进口压力）变化的影响，始终保证相等，都是依靠阀芯的位移改变可变节流口的开口面积来进行压力补偿的。显然，阀芯的位移将使对中弹簧力的大小发生变化，即使是微小的变化也会使阀芯两端的压力 p_1 与 p_2 出现偏差，而两个固定节流孔也是很难完全相同的。因此，由分流阀和分流集流混合阀所控制的同步回路仍然存在一定的误差，一般为 2%～5%。

5.5　电液比例阀

电液比例阀是一种性能介于普通液压控制阀和电液伺服阀之间的新阀种，它既可以根据输入的电信号大小连续地成比例地对液压系统的参量（压力、流量及方向）实现远距离控制，又在制造成本、抗污染等方面优于电液伺服阀。由于控制性能低于电液伺服阀，因此广泛用于要求不是很高的一般工业部门。

早期出现的电液比例阀仅将普通液压控制阀的手调机构和电磁铁改换为比例电磁铁控制，阀体部分不变，控制形式为开环，后来逐渐发展为带内反馈的结构，在控制性能方面又有了很大的提高。

5.5.1　电液比例压力阀

图 5-30 所示为电液比例压力先导阀，它与普通溢流阀、减压阀、顺序阀的主阀组合可构成电液比例溢流阀、电液比例减压阀和电液比例顺序阀。与普通压力先导阀不同，与阀芯上的液压力进行比较的是比例电磁铁的电磁吸力，不是弹簧力。（图中弹簧无压缩量，只起传递电磁吸力的作用，因此称之为传力弹簧。）改变输入电磁铁的电流大小，即可改变电磁吸力，从而改变先导阀的前腔压力，即主阀上腔压力，对主阀的进口或出口压力实现控制。

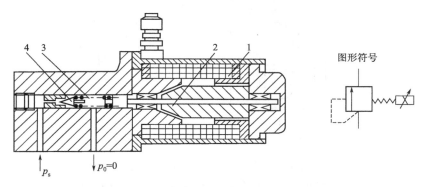

图 5-30　电液比例压力先导阀
1—比例电磁铁；2—推杆；3—传力弹簧；4—阀芯

图 5-31 所示为一种压力直接检测的电液比例溢流阀的结构原理图，它的先导阀为滑阀结构，溢流阀的进口压力油（压力为 p_s）被直接引到先导滑阀反馈推杆 3 的左端（作用面积为 A_0），然后经过固定阻尼 R_1 到先导滑阀芯 4 的左端（作用面积为 A_1），进入先导滑阀口和主阀上腔，主阀上腔的压力油再引到先导滑阀的右端（作用面积为 A_2）。在主阀芯 2 处于稳定受力平衡状态时，先导滑阀口与主阀上腔之间的动压反馈阻尼 R_3 不起作用，因此作用在先导滑阀芯两端的压力相等。设计时取 $A_1-A_0=A_2$，于是作用在先导滑阀上的液压力 $F=pA_0$。当液压力 F 与比例电磁铁吸力 F_E 相等时，先导滑阀芯受力平衡，阀芯稳定在某一位置，先导滑阀开口一定，先导滑阀前腔压力即主阀上腔压力 p_1 为一定值（$p_1<p$），主阀芯在上下两腔压力 p_1 和 p 及弹簧力、液动力的共同作用下处于受力平衡，主阀开口一定，保证溢

107

流阀的进口压力 p 与电磁吸力成正比，调节输入的电流大小，即可调节阀的进口压力。

若溢流阀的进口压力 p 因外界干扰突然升高，先导滑阀芯受力平衡被破坏，阀芯右移，阀口增大，使先导滑阀前腔压力 p_1 减小，即主阀上腔压力减小，于是主阀芯受力平衡亦被破坏，阀芯上移，开大阀口，使升高了的进口压力下降，当进口压力恢复到原来的值时，先导滑阀芯和主阀芯重新回到受力平衡位置，阀在新的稳态下工作。

这种比例溢流阀的被控进口压力直接与比例电磁铁电磁吸力相比较，而比例电磁铁的电磁吸力只与输入电流大小有关，与铁芯（阀芯）位移无关。普通溢流阀不仅控制进口压力需要在主阀芯上进行第二次比较，而且弹簧力还会因阀芯位移波动，对比来看，这种比例溢流阀的压力流量特性要好得多。

图 5-31 中阻尼 R_3 在阀处于稳态时没有流量通过，主阀上腔压力与先导阀前腔压力相等。当阀处于动态即主阀芯向上或向下运动时，阻尼 R_3 使主阀上腔压力高于或低于先导阀前腔压力，这一瞬态压力差不仅会对主阀芯直接起动压反馈作用（阻碍主阀芯运动），而且反馈作用到先导滑阀的两端，通过先导滑阀的位移控制压力的变化，进一步对主阀芯的运动起动压反馈作用。因此，这种阀的动态稳定性好，超调量小。

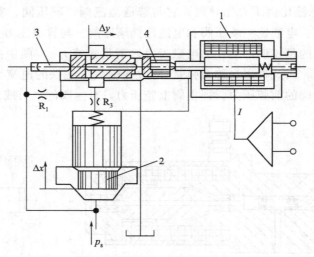

图 5-31 直接检测式电液比例溢流阀
1—比例电磁铁；2—主阀芯；3—反馈推杆；4—先导滑阀芯

5.5.2 电液比例流量阀

普通电液比例流量阀是将 5.4 节所介绍的流量控制阀的手调部分改换为比例电磁铁而成。除此之外，现已发展了带内反馈的新型比例流量阀，下面介绍它们的结构和工作原理。

（1）二通电液比例节流阀

图 5-32 所示为一种位移-弹簧力反馈型二通电液比例节流阀，主阀芯 5 为插装阀结构。当比例电磁铁输入一定的电流时，所产生的电磁吸力推动先导滑阀芯 2 下移，先导滑阀口开启，于是主阀进口的压力油（压力为 p_A）经阻尼 R_1 和 R_2、先导滑阀口流至主阀出口（压力为 p_B）。因阻尼 R_1 的作用，R_1 前后出现压力差，即主阀芯上腔压力低于主阀芯下腔压

力，主阀芯在两端压力差的作用下，克服弹簧力向上位移，主阀口开启，进、出油口沟通。主阀芯向上位移导致反馈弹簧 3 反向受压缩，当反馈弹簧力与先导滑阀上端的电磁吸力相等时，先导滑阀芯和主阀芯同时处于受力平衡，主阀口大小与输入电流大小成比例。改变输入电流大小，即可改变阀口大小，在系统中进行节流调速。使用该阀时要注意的是，输入电流为零时，阀口是关闭的。

与普通电液比例流量阀不同。图 5-32 所示二通电液比例节流阀的比例电磁铁是通过控制先导滑阀的开口，即改变主阀上腔压力来调节主阀开口大小的。在这里主阀的位移又经反馈弹簧作用到比例电磁铁上，由反馈弹簧力与比例电磁铁吸力进行比较。因此，不仅可以保证主阀位移量（开口量）的控制精度，而且主阀的位移量不受比例电磁铁行程的限制，阀口开度可以设计得较大，即阀的通流能力较大。

（2）二通电液比例流量阀

图 5-33 所示的二通电液比例流量阀由比例电磁铁、先导滑阀、流量传感器、调节器以及阻尼 R_1、R_2、R_3 等组成。

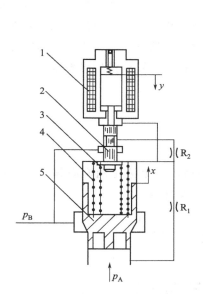

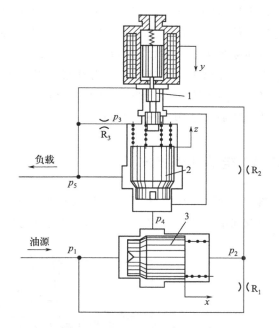

图 5-32　二通电液比例节流阀
（x、y 代表相应阀门开口长度）
1—比例电磁铁；2—先导滑阀；3—反馈弹簧；
4—复位弹簧；5—主阀芯

图 5-33　二通电液比例流量阀
1—先导滑阀；2—流量传感器；3—调节器；
x,y,z—相应阀门开口长度

当比例电磁铁无电流信号输入时，先导滑阀由下端反馈弹簧（内弹簧）支承在最上位置，此时弹簧无压缩量，先导滑阀口关闭，于是调节器 3 阀芯两端压力相等，调节器阀口关闭，无流量通过。当比例电磁铁处输入一定电流信号产生一定的电磁吸力时，先导滑阀芯 1 向下位移，阀口开启，于是液压泵的来油经阻尼 R_1、R_2、先导滑阀口到流量传感器的进油口。由于油液流动的压力损失，调节器 3 控制腔的压力 $p_2 < p_1$。当压力差（$p_1 - p_2$）达到一定值时，调节器阀芯位移，阀口开启，液压泵的来油经调节器阀口到流量传感器 2 进口，顶开阀

芯，流量传感器阀口开启。在流量传感器阀芯上移的同时，阀芯的位移转换为反馈弹簧的弹簧力，通过先导滑阀芯与电磁吸力相比较，当弹簧力与电磁吸力相等时，先导滑阀芯受力平衡。与此同时，调节器阀芯、流量传感器阀芯亦受力平衡，所有阀口满足压力流量方程，压力 p_1 经调节器阀口后降为 p_4，并为流量传感器的进口压力，流量传感器的出口压力 p_5 由负载决定。由于流量传感器的出口压力 p_5 经阻尼 R_3 引到流量传感器阀芯上腔，因此在流量传感器阀芯受力平衡时，流量传感器的进出口压力差 (p_4-p_5) 由弹簧确定为定值，阀的开口一定。

如上所述，二通电液比例流量阀在比例电磁铁输入一定电流信号后，流量传感器开启一定的开口。由于流量传感器的进、出口压力差一定，因此流经流量传感器的流量对应于一定的阀开口，即流量传感器在调节流经阀的流量的同时，将流量信号检测转换为阀芯的位移（开口），用弹簧力的形式反馈到先导滑阀与电磁吸力比较。因此，二通电液比例流量阀又称为流量-位移-力反馈型比例流量阀。由于反馈形成的闭环包含调节器在内，所以作用在闭环内的干扰（如负载波动或液动力变化等）均会受到有效的抑制。如负载压力 p_5 增大，流量传感器受力平衡破坏，阀芯下移，阀口有变小的趋势，这将使反馈弹簧力减小，先导滑阀芯下移，先导滑阀口增大，调节器控制腔压力 p_2 降低，调节器阀口增大使其减压作用减小，于是流量传感器进口压力 p_4 增大，导致流量传感器阀芯上移，阀口重新开大。当流量传感器阀口回复到原来的开口大小时，先导滑阀芯受力重新平衡，二通电液比例流量阀在新的稳态下工作。在这里，调节器起压力补偿作用，保证流量传感器进、出口压力差为定值，流经阀的流量稳定不变。由于调节器阀芯的位移是由流量传感器检测流量信号控制的，因此流量稳定性比普通调速阀有很大的提高。

5.5.3 电液比例换向阀

图 5-34 所示为电液比例换向阀结构原理图。如图所示，电液比例换向阀由前置级（电液比例双向减压阀）和放大级（液动比例双向节流阀）两部分组成。

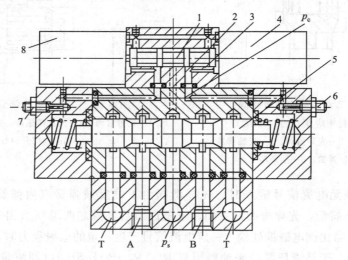

图 5-34 电液比例换向阀

1—减压阀阀芯；2,3—流道；4,8—比例电磁铁；5—主阀芯；6,7—阻尼器

　　前置级由两端比例电磁铁 4、8 分别控制双向减压阀阀芯 1 的位移。如果左端比例电磁铁 8 输入电流 I_1，则产生一电磁吸力 F_{EI} 使减压阀阀芯 1 右移，右边阀口开启，压力油（压力为 p_s）经阀口后减压为 p_c（控制压力）。因 p_c 经流道 3 反馈作用到阀芯右端面（阀芯左端通回油，压力为 p_d），形成一个与电磁吸力 F_{EI} 方向相反的液压力 F_1，当 $F_1 = F_{EI}$ 时，阀芯停止右移，稳定在一定的位置，减压阀右边阀口开度一定，压力 p_c 保持一个稳定值。显然压力 p_c 与供油压力 p_s 无关，仅与比例电磁铁的电磁吸力即输入电流大小成比例。同理，当右端比例电磁铁输入电流 I_2 时，减压阀阀芯将左移，经左阀口减压后得到稳定的控制压力 p_c'。

　　放大级由阀体、主阀芯、左右端盖和阻尼器等零件组成。当前置级输出的控制压力为 p_c 时，压力经阻尼孔缓冲后作用在主阀芯 5 右端，液压力克服左端弹簧力使阀芯左移（阀芯左端弹簧腔通回油，压力为 p_d）开启阀口，油口（压力为 p_s）与 B 通，A 与 T 通。随着弹簧压缩量增大、弹簧力增大，当弹簧力与液压力相等时，主阀芯停止左移，稳定在某位置，阀口开度一定。因此，主阀开口大小取决于输入的电流大小。当前置级输出的控制压力为 p_c' 时，主阀反向位移，开启阀口，沟通油口（压力为 p_s）与 B、A 与 T，油流换向并保持一定的开口，开口大小与输入电流大小成比例。

　　综上所述，改变比例电磁铁的输入电流，不仅可以改变阀的工作液流方向，而且可以控制阀口大小，实现流量调节，即具有换向、节流的复合功能。

> **第6章**

液压辅助元件

液压辅助元件（液压辅件）是液压系统的一个重要组成部分，它包括蓄能器、过滤器、油箱、热交换器、管件、密封装置等。液压辅件的合理设计与选用，将在很大程度上影响液压系统的效率、噪声、温升、工作可靠性等技术性能，因此应给予充分的重视。

6.1 蓄能器

6.1.1 蓄能器的分类及其特征

蓄能器是液压系统中一种储存和释放油液压力能的装置。按其储存能量的方式不同分为重力加载式（重锤式）、弹簧加载式（弹簧式）和气体加载式。气体加载式又分为非隔膜式（气瓶）和隔膜式。常用蓄能器的种类、结构简图、工作原理及其特征见表 6-1 所示。

表 6-1 常用蓄能器的种类、结构简图、工作原理及特征

种类	结构简图	工作原理	特征
重力加载式（重锤式）		利用重锤的重力加载，以位能的形式存储能量。产生的压力取决于重锤的重量和柱塞的直径	结构简单；输出能量时压力恒定；体积大、运动惯量大，反应不灵敏；密封处易漏油；存在摩擦损失。 一般用于固定设备作储能用
弹簧加载式（弹簧式）		利用弹簧的压缩储存能量，产生的压力取决于弹簧的刚度和压缩量	结构简单、容量小；低压（<1.2MPa）；使用寿命取决于弹簧的寿命。 输出能量时压力随之减小，用于储能及缓冲

种类		结构简图	工作原理	特征
气体加载式（隔膜式）	活塞式	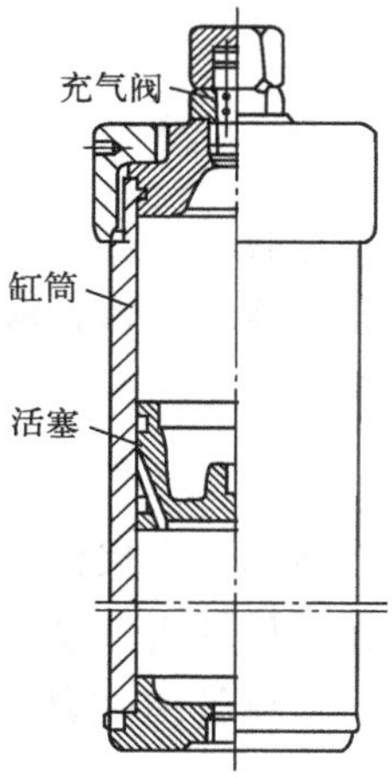 充气阀 缸筒 活塞	浮动活塞不仅将气、液隔开，而且将液体的压力能转换为气体的压力能储存	结构简单，寿命长；最高工作压力为20MPa；最大容量为100L。 液、气隔离，但当气体压力大于液体压力时有少量漏气；活塞惯性大，有摩擦损失，反应灵敏性差，用于储能，不适于吸收脉动和压力冲击
	囊式	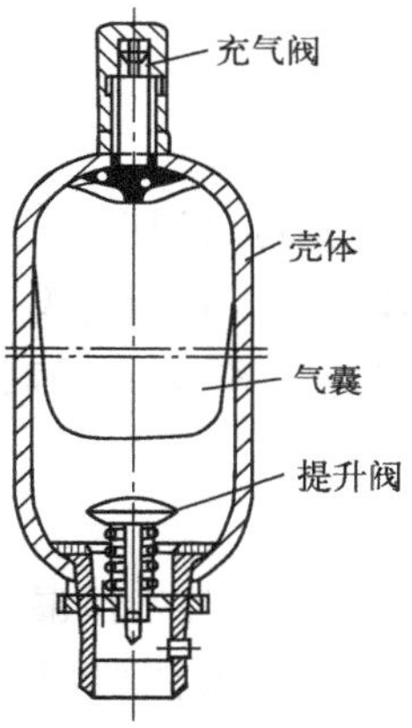 充气阀 壳体 气囊 提升阀	安装在均质无缝钢瓶内的气囊将液、气隔离，液体的压力能经气囊转换为气体的压力能储存	气、液可靠隔离、密封好、无泄漏；气囊惯性小，反应灵敏；结构紧凑、重量轻；最高工作压力32MPa；最大气体容量150L。 可用于储能、吸收脉动和压力冲击

6.1.2　蓄能器的功用

（1）作辅助动力源

若液压系统的执行元件是间歇性工作，且与停顿时间相比工作时间较短，若液压系统的执行元件在一个工作循环内运动速度相差较大，为节省液压系统的动力消耗，可在系统中设置蓄能器作为辅助动力源。这样系统可采用一个功率较小的液压泵。当执行元件不工作或运动速度很低时，蓄能器储存液压泵的全部或部分能量；当执行元件工作或运动速度较高时，蓄能器释放能量独立工作，或与液压泵一同向执行元件供油。

（2）补偿泄漏和保持恒压

若液压系统的执行元件需长时间保持某一工作状态，如夹紧工件或举顶重物，为节省动力消耗，要求液压泵停机或卸载。此时可在执行元件的进口处并联蓄能器，由蓄能器补偿泄漏、保持恒压，以保证执行元件的工作可靠性。

（3）作紧急动力源

某些液压系统要求在液压泵发生故障或失去动力时，执行元件应能继续完成必要的动作以紧急避险、保证安全，为此可在系统中设置适当容量的蓄能器作为紧急动力源，避免事故发生。

（4）吸收脉动，降低噪声

当液压系统采用齿轮泵和柱塞泵时，其瞬时流量脉动会导致系统的压力脉动，从而引起振动和噪声，此时可在液压泵的出口安装蓄能器，吸收脉动、降低噪声，减少因振动损坏仪表和管接头等元件。

（5）吸收液压冲击

由于换向阀的突然换向、液压泵的突然停车、执行元件运动的突然停止等原因，液压系统管路内的液体流动会发生急剧变化，产生液压冲击。这类液压冲击大多发生于瞬间，系统的安全阀来不及开启，因此常常造成系统中的仪表、密封损坏或管道破裂。若在冲击源的前端管路上安装蓄能器，则可以吸收或缓和这种压力冲击。

6.1.3 蓄能器的容量计算

蓄能器的容量大小与其用途有关，下面以囊式蓄能器为例进行说明。

若设蓄能器的充气压力为 p_0，蓄能器的容量，即气囊的充气容积为 V_0，工作时要求释放的油液体积为 V，系统的最高工作压力和最低工作压力为 p_2 和 p_1，最高和最低压力下的气囊容积为 V_1 和 V_2，则由气体状态方程有

$$p_0 V_0^K = p_1 V_1^K = p_2 V_2^K = 常量 \tag{6-1}$$

式中 K 为指数，其值由气体的工作条件决定。当蓄能器用来补偿泄漏，起保压作用时，因释放能量的速度很低，可认为气体在等温下工作，$K=1$；当蓄能器用作辅助动力源时，因释放能量较快，可认为气体在绝热条件下工作，$K=1.4$。

由 $V = V_1 - V_2$，可求得蓄能器的容量

$$V_0 = V\left(\frac{1}{p_0}\right)^{\frac{1}{K}} \Big/ \left[\left(\frac{1}{p_2}\right)^{\frac{1}{K}} - \left(\frac{1}{p_1}\right)^{\frac{1}{K}}\right] \tag{6-2}$$

为保证系统压力为 p_2 时蓄能器还能释放压力油，应取充气压力 $p_0 < p_2$，对囊式取 $p_0 = (0.6 \sim 0.65)p_2$ 有利于提高其使用寿命。

6.1.4 蓄能器的选用与安装

① 蓄能器作为一种压力容器，选用时必须选有完善质量体系保证并取得有关部门认可的产品。

② 选择蓄能器必须考虑与液压系统工作介质的相容性。当系统采用非矿物基液压油时，订购蓄能器应特别加以说明。

③ 囊式蓄能器应垂直安放，油口向下，否则会影响气囊的正常伸缩。

④ 蓄能器用于吸收液压冲击和压力脉动时，应尽可能安装在振源附近；用于补充泄漏，

使执行元件保压时，应尽量靠近该执行元件。

⑤ 安装在管路中的蓄能器必须用支架或支承板加以固定。

⑥ 蓄能器与管路之间应安装截止阀，以便于充气检修；蓄能器与液压泵之间应安装单向阀，以防止液压泵停车或卸载时，蓄能器内的压力油倒流回液压泵。

6.2　过滤器

6.2.1　液压油液的污染及其控制

理论分析和实践表明，液压油液的污染程度直接影响到液压元件和系统的正常工作及可靠性。据统计，液压系统的故障中，至少有 70%～80% 是由于液压油液被污染而造成的。所以液压油液的污染是一个重要的问题，决不能掉以轻心。

（1）液压油液的污染及危害

液压油液的污染就是有异物混入了液压油液中，通常是指在液压油液中混入水分、空气、其他油品、机械颗粒和由于高温氧化液压油液自身生成的氧化物等。液压油液被污染后将会造成以下危害：

① 油液被污染的颗粒进入液压元件，会加速元件的磨损，破坏密封，使元件性能下降，寿命降低。

② 油液中侵入空气，会使液压系统产生噪声和气蚀，降低油液的弹性模量和润滑性，使油液易于氧化。

③ 油液中混入水分，会加速油液氧化并腐蚀金属，也会降低润滑性。

④ 油液混入其他油品，会改变液压油液的化学成分，从而影响液压系统工作性能。

⑤ 油液自身氧化生成的氧化物，会使油液变质，堵塞元件阻尼孔或节流孔，加速元件腐蚀，使液压系统不能正常工作。

（2）液压油液污染控制

为了保证液压系统的正常工作和可靠性，必须对液压油液污染进行控制，通常采用以下措施：

① 对液压元件和系统进行清洗。液压元件在加工过程中完成每道工序后都应清洗净化，装配后经严格的清洗和检验；系统在组装前，管道和油箱必须清洗，系统组装后，要进行全面的清洗，最好用系统工作时使用的同牌号油液清洗。

② 防止外界污物侵入。拆卸液压元件时，应放在干净的地方，严禁用棉纱擦洗，以免油泥、纤维等污物进入液压系统；为防止外界灰尘从油箱进入系统，油箱上盖应密封并安装空气过滤器；因新油在分装、运输和储存等过程中会受到各种污染，所以新油液注入系统前必须要过滤；应经常检查和定期更换活塞杆端部的防尘密封。

③ 采用合适的过滤器。

④ 定期检查和更换液压油液。待液压系统工作一定时间后，要对液压油液进行抽样检查，注意油液的污染是否超过允许使用范围。若不符合要求，应立即更换。

6.2.2 过滤器的功用和类型

过滤器的功用就是滤去油液中杂质，维护油液的清洁，防止油液污染，保证液压系统正常工作。

过滤器按过滤材料的过滤原理来分，有表面型过滤器、深度型过滤器和磁性过滤器三种。

(1) 表面型过滤器

此种过滤器被滤除的微粒污物截留在滤芯元件油液上游一面，整个过滤作用是由一个几何面来实现的，就像丝网一样把污物阻留在其外表面。滤芯材料具有均匀的标定小孔，可以滤除大于标定小孔的污物杂质。由于污物杂质积聚在滤芯表面，所以此种过滤器极易堵塞。最常用的有网式和线隙式过滤器两种。图 6-1(a) 所示是网式过滤器，它是用细铜丝网 1 作为过滤材料，包在周围开有很多窗孔的塑料或金属筒形骨架 2 上。其过滤精度一般为 0.08～0.18mm，阻力小，其压力损失不超过 0.01MPa，安装在液压泵吸油口处，保护泵不受大粒度机械杂质的损坏。此种过滤器结构简单，清洗方便。图 6-1(b) 所示是线隙式过滤器，1 是壳体，滤芯是用铜线或铝线 3 绕在筒形骨架 2 的外圆上，利用线间的缝隙进行过滤。一般过滤精度为 0.03～0.1mm，压力损失约为 0.07～0.35MPa，常用在回油低压管路或泵吸油口。此种过滤器结构简单，滤芯材料强度低，不易清洗。

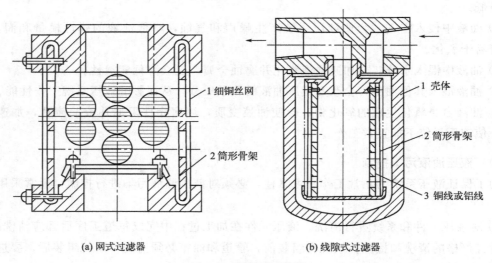

1 细铜丝网
2 筒形骨架

1 壳体
2 筒形骨架
3 铜线或铝线

(a) 网式过滤器 (b) 线隙式过滤器

图 6-1 表面型过滤器

(2) 深度型过滤器

此种过滤器的滤芯由多孔可透性材料制成，材料内部具有曲折迂回的通道，大于表面孔径的粒子直接被拦截在靠油液上游的外表面，而较小污染粒子进入过滤材料内部，撞到通道壁上，滤芯的吸附及迂回曲折通道有利污染粒子的沉积和截留。这种滤芯材料有纸芯、烧结金属、毛毡和各种纤维类等。图 6-2(a) 所示为纸芯式过滤器，它是由做成折叠形以增加过滤面积的微孔纸芯 1 包在由铁皮制成的骨架 2 上。油液从外部进入滤芯 1 后流出。它过滤精度一般为 0.03～0.05mm 颗粒，压力损失约为 0.08～0.4MPa，常用于对油液要求较高的场合。此种过滤器过滤效果好，滤芯堵塞后无法清洗，要更换纸芯。图 6-2(b) 所示为烧结式过滤器。它的滤芯 3 是用颗粒状青铜粉烧结而成。油液从左侧油孔进入，经杯状滤芯过滤后，从下部油孔流出。它过滤精度一般为 0.01～0.1mm 颗粒，压力损失较大，约为 0.03～0.2MPa，多用在回油路上。此种过滤器制造简单，耐腐蚀，强度高。金属颗粒有时脱落，堵塞后清洗困难。

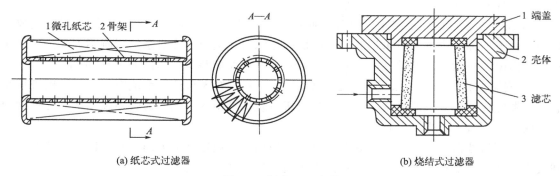

(a) 纸芯式过滤器　　　　　　　　　　(b) 烧结式过滤器

图 6-2　深度型过滤器

(3) 磁性过滤器

此种过滤器的滤芯采用永磁性材料，油液中对磁性敏感的金属颗粒被吸附到上面。它常与其他形式滤芯一起制成复合式过滤器，对加工金属的机床液压系统特别适用。

6.2.3　过滤器的选用

选用过滤器时应考虑以下几个方面：

① 过滤精度应满足系统提出的要求，过滤精度是以滤除杂质颗粒度大小来衡量，颗粒度越小则过滤精度越高。以直径 d 为颗粒公称尺寸，将过滤精度分为粗 ($d \geqslant 0.1$mm)，普通 ($d \geqslant 0.01$mm)、精 ($d \geqslant 0.005$mm) 和特精 ($d \geqslant 0.001$mm) 四个等级，不同液压系统对过滤器的颗粒度要求见表 6-2 所示。

表 6-2　各种液压系统的颗粒度要求

系统类别	润滑系统	传动系统			伺服系统	特殊要求系统
压力/MPa	0～2.5	≤7	>7	≤35	≤21	≤35
颗粒度/mm	≤0.1	≤0.05	≤0.025	≤0.005	≤0.005	≤0.001

② 要有足够的通流能力指在一定压力降下允许通过过滤器的最大流量，应结合过滤器在液压系统中的安装位置，根据过滤器样本来选取。

③ 要有一定的机械强度，不因液压力而破坏。

④ 考虑过滤器其他功能，对于不能停机的液压系统，必须选择切换式结构的过滤器，可以不停机更换滤芯；对于需要滤芯堵塞报警的场合，则可选择带发信装置的过滤器。

6.2.4　过滤器的安装

过滤器在液压系统中有以下几种安装位置：

① 安装在泵的吸油口。在泵的吸油口安装网式或线隙式过滤器，可以防止大颗粒杂质进入泵内，同时有较大通流能力，防止空穴现象，如图 6-3(a) 所示。

② 安装在泵的出油口。如图 6-3(b) 所示，安装在泵的出口可保护除泵以外的元件，但须选择过滤精度高，能承受油路上工作压力和冲击压力的过滤器，压力损失一般小于 0.35MPa。此种方式常用于过滤精度要求高的系统及伺服阀和调速阀前，以确保它们的正常工作。为保护过滤器本身，应选用带堵塞发信装置的过滤器。

③ 安装在系统的回油路上。安装在回油路可滤去油液回油箱前侵入系统或系统生成的污物。由于回油压力低，可采用滤芯强度低的过滤器，其压力降对系统影响不大，为了防止过滤器阻塞，一般与过滤器并联一安全阀或安装堵塞发信装置，如图 6-3(c) 所示。

④ 安装在独立的过滤系统中。如图 6-3(d) 所示，在大型液压系统中，可专设由液压泵和过滤器组成的独立过滤系统，专门滤去液压系统油箱中的污物，通过不断循环，提高油液清洁度。专用过滤车也是一种独立的过滤系统。

在使用过滤器时还应注意过滤器只能单向使用，按规定液流方向安装，以利于滤芯清洗和安全。清洗或更换滤芯时，要防止外界污染物侵入液压系统。

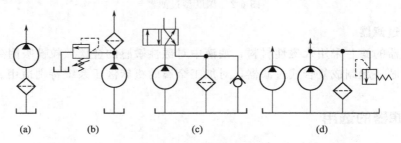

图 6-3　过滤器的安装位置

6.3　油箱、热交换器

6.3.1　油箱

(1) 油箱的功用和结构

油箱在液压系统中主要功用是储存液压系统所需的足够油液，散发油液中的热量，分离油液中气体及沉淀污物。另外对中小型液压系统，往往把泵装置和一些元件安装在油箱顶板上，使液压系统结构紧凑。

油箱有总体式和分离式两种。总体式油箱是与机械设备机体做在一起，利用机体空腔部分作为油箱。此种形式结构紧凑，各种漏油易于回收。但散热性差，易使邻近构件发生热变形，从而影响机械设备精度；再则维修不方便，使机械设备复杂。分离式油箱是一个单独的与主机分开的装置，它布置灵活，维修保养方便，可减少油箱发热和液压振动对工作精度的影响，便于设计成通用化、系列化的产品，因而得到广泛的应用。对一些小型液压设备，或为了节省占地面积或为了批量生产，常将液压泵-电动机装置及液压控制阀安装在分离油箱的顶部组成一体，称为液压站。对大中型液压设备一般采用独立的分离油箱，即油箱与液压泵-电动机装置及液压控制阀分开放置。当液压泵-电动机安装在油箱侧面时，称为旁置式油箱；当液压泵-电动机安装在油箱下面时，称为下置式油箱（高架油箱）。

图 6-4 所示为小型分离式油箱。通常油箱用 2.5～5mm 钢板焊接而成。

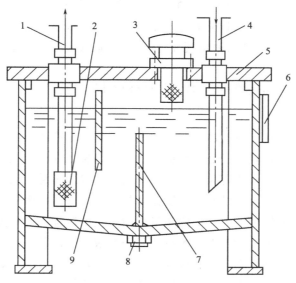

图 6-4　分离式油箱

1—吸油管；2—网式过滤器；3—空气过滤器；4—回油管；5—顶盖；6—油位指示器；7,9—隔板；8—放油塞

(2) 油箱设计时应注意问题

① 油箱容量的确定，是油箱设计的关键。主要根据热平衡来确定。通常油箱的容量取液压泵每分钟流量的 3～8 倍进行估算。此外，还要考虑液压系统回油到油箱不致溢出，油面高度一般不超过油箱高度的 80%。

② 油箱中应设吸油过滤器，要有足够的通流能力。因需经常清洗过滤器，所以在油箱结构上要考虑拆卸方便。

③ 油箱底部应做成适当斜度，并安设放油塞。大油箱为清洗方便应在侧面设计清洗窗孔。油箱箱盖上应安装空气过滤器，且通气流量不小于泵流量的 1.5 倍，以保证具有较好的抗污能力。

④ 在油箱侧壁安装油位指示器，以指示最低、最高油位。为了防锈、防凝水，新油箱内壁经喷丸、酸洗和表面清洗后，可涂一层与工作油液相容的塑料薄膜或耐油清漆。

⑤ 吸油管及回油管要用隔板分开，增加油液循环的距离，使油液有足够时间分离气泡、沉淀杂质。隔板高度一般取油面高度的 3/4。吸油管离油箱底面距离 $H \geqslant 2D$（D 为吸油管内径），距油箱壁不小于 $3D$，以利于吸油通畅。回油管插入最低油面以下，防止回油时带入空气，距油箱底面 $h \geqslant 2d$（d 为回油管内径），回油管排油口应面向箱壁，管端切成 $45°$，以增大通流面积。泄漏油管则应在油面以上。

⑥ 大中型油箱应设起吊钩或孔。具体尺寸、结构可参看有关资料及设计手册。

6.3.2　热交换器

液压系统的大部分能量损失转化为热量后，除部分散发到周围空间外，大部分使油液温度升高。若长时间油温过高，则油液黏度下降，油液泄漏增加，密封材料老化，油液氧化，严重影响液压系统正常工作。因结构限制，油箱不能太大，依靠自然冷却不能使油温控制在所希望的正常工作温度 20～65℃时，需在液压系统中安装冷却器，以控制油温在合理范围内。相反，如在冬季启动户外作业设备时，油温过低，油黏度过大，设备启动困难，压力损失加大并引起过大的振动。在此种情况下，系统中应安装加热器，将油液升高到适合的温度。

热交换器是冷却器和加热器的总称，下面分别予以介绍。

（1）冷却器

对冷却器基本要求是在保证散热面积足够大、散热效率高和压力损失小的前提下，结构紧凑、坚固、体积小和重量轻，最好有自动控温装置以保证油温控制的准确性。

根据冷却介质不同，冷却器有风冷式、水冷式和冷媒式三种。风冷式利用自然通风来冷却，常用在行走设备上。冷媒式是利用冷媒介质如氟利昂在压缩机中进行绝热压缩，利用散热器放热、蒸发器吸热的原理，把热油的热量带走，使油冷却，此种方式冷却效果最好，但价格昂贵，常用于精密机床等设备上。水冷式是一般液压系统常用的冷却方式。

水冷式利用水进行冷却，它分为有板式、多管式和翅片式。图 6-5 为多管式冷却器。油从壳体左端进油口流入，由于挡板 2 的作用，热油循环路线加长，这样有利于和水管进行热量交换，最后从右端出油口排出。水从右端盖的进水口流入，经上部水管流到左端后，再经下部水管从右端盖出水口流出，由水将油液中热量带出。此种方法冷却效果较好。

冷却器一般安装在回油管路或低压管路上。

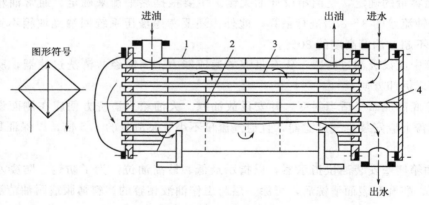

图 6-5　多管式冷却器
1—壳体；2—挡板；3—钢管；4—隔板

（2）加热器

油液加热的方法有用热水或蒸汽加热和电加热两种方式。由于电加热器使用方便，易于自动控制温度，故应用较广泛，如图 6-6 所示，电加热器 2 用法兰固定在油箱 1 的内壁上。发热部分全浸在油液的流动处，便于热量交换。电加热器表面功率密度不得超过 $3\text{W}/\text{cm}^2$，以免油液局部温度过高而变质，为此，应设置联锁保护装置，在没有足够的油液经过加热循环时，或者在加热元件没有被系统油液完全包围时，阻止加热器工作。

有关冷却器、加热器具体结构尺寸、性能及设计参数可参看有关设计资料。

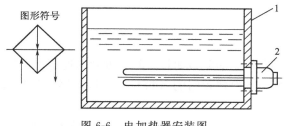

图 6-6　电加热器安装图
1—油箱；2—电加热器

6.4　管件

管件是用来连接液压元件、输送液压油的连接件。管件应保证有足够强度，没有泄漏，密封性能好，压力损失小，拆装方便等。管件主要包括油管和管接头。

6.4.1　油管

（1）油管的种类

液压系统常用油管有钢管、纯铜管、塑料管、尼龙管、橡胶软管等。应当根据液压装置工作条件和压力大小来选择油管，各种油管的特点及适用场合见表 6-3 所示。

表 6-3　各种油管的特点及适用场合

种类		特点和使用场合
硬管	钢管	耐油、耐高压、强度高、工作可靠，但装配时不便弯曲，常在装拆方便处用作压力管道。中压以上用无缝钢管，低压用焊接钢管
	纯铜管	价高，承压能力低（6.5～10MPa），抗冲击和抗振动能力差，易使油液氧化，但易弯曲成各种形状，常用在仪表和液压系统装配不便处
软管	塑料管	耐油，价低，装配方便，长期使用易老化，只适用于压力低于 0.5MPa 的回油管或泄油管
	尼龙管	乳白色透明，可观察流动情况，价低，加热后可随意弯曲、扩口，冷却后定形，安装方便，承压能力因材料而异（2.5～8MPa），有扩大使用范围的可能
	橡胶软管	用于相对运动部件的连接，分高压和低压两种。高压软管由耐油橡胶夹几层钢丝编织网（层数越多耐压越高）制成，价高，用于压力管路。低压软管由耐油橡胶夹帆布制成，用于回油管路

（2）油管的特征尺寸

油管的特征尺寸为通径，它代表油管的通流能力，表示油管的名义尺寸，单位为 mm。如 32 通径的无缝钢管的通流能力为 250L/min，其外径为 42mm，而壁厚及实际内径则根据油管工作压力不同而异。如工作压力 $p \leqslant 32$MPa 时，壁厚 $\delta = 5$mm，内径 $d = 32$mm。使用时可查相应手册。

6.4.2 管接头

管接头是油管与液压元件、油管与油管之间可拆卸的连接件。管接头必须在强度足够的前提下，在压力冲击和振动下保持管路的密封性，连接牢固，外形尺寸小，加工工艺性好，压力损失小等。

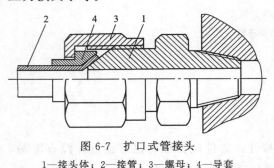

图 6-7 扩口式管接头

1—接头体；2—接管；3—螺母；4—导套

管接头种类繁多，具体规格品种可查阅有关手册。下面介绍在液压系统中常用的几种管接头。

(1) 扩口式管接头

图 6-7 所示为扩口式管接头。先将接管 2 的端部用扩口工具扩成 74°～90°的喇叭口，拧紧螺母 3，通过导套 4 压紧接管 2 扩口和接头体 1 相应锥面，进行连接与密封。结构简单，重复使用性好，适用于薄壁管件连接一般不超过 8MPa 的中低压系统。

(2) 焊接式管接头

图 6-8 所示为焊接式管接头。螺母 3 套在接管 2 上，把油管端部焊上接管 2，旋转螺母 3 将接管 2 与接头体 1 连接在一起。接管 2 与接头体 1 接合处可采用 O 形圈密封，也可以采用球面密封，图中采用 O 形圈密封。接头体 1 和本体（指与之连接的阀、阀块、泵或马达）若用圆柱螺纹连接，为提高密封性能，要加组合密封圈 5 进行密封。若采用圆锥螺纹连接，在螺纹表面包一层聚四氟乙烯旋入形成密封。焊接式管接头装拆方便，工作可靠，工作压力可达 32MPa 或更高。但装配工作量大，要求焊接质量高。

(3) 卡套式管接头

图 6-9 所示为卡套式管接头。它由接头体 1、螺母 3 和卡套 4 组成。卡套是一个内圆带有锋利刃口的金属环。当螺母 3 旋紧时，卡套 4 变形，一方面螺母 3 的锥面与卡套 4 尾部锥面相接触形成密封，另一方面使卡套 4 内圆刃口切入被连接管 2，卡住接管，卡套 4 内表面与接头体 1 内锥面配合形成球面接触密封。这种结构连接方便，密封性好，不用密封件，工作压力可达 32MPa。但对钢管外径尺寸和卡套制造工艺要求高，须按规定进行预装配，一般要用冷拔无缝钢管而不用热轧管。

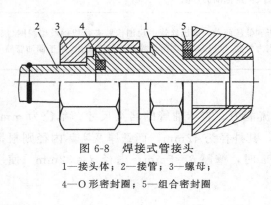

图 6-8 焊接式管接头

1—接头体；2—接管；3—螺母；

4—O 形密封圈；5—组合密封圈

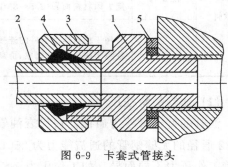

图 6-9 卡套式管接头

1—接头体；2—接管；3—螺母；

4—卡套；5—组合密封圈

（4）橡胶软管接头

橡胶软管接头有可拆式和扣压式两种，各有 A、B、C 三种形式分别与焊接式、卡套式和扩口式管接头连接使用。

图 6-10 为可拆式橡胶软管接头。在胶管 4 上剥去一段外层胶，将六角形接头外套 3 套装在胶管 4 上再将锥形接头体 2 拧入，由锥形接头体 2 和外套 3 上锯齿形倒内锥面把胶管 4 夹紧。图 6-11 为扣压式橡胶软管接头。扣压式装配工序和可拆式相同，与可拆式区别是外套 3 为圆柱形，另外扣压式橡胶软管接头最后要用专门模具在压力机上将外套 3 进行挤压收缩，使外套变形后紧紧地与胶管和接头体连成一体。随管径不同可用于工作压力在 6～40MPa 的系统。一般橡胶软管与接头集成供应，橡胶管的选用根据使用的压力和流量大小确定。

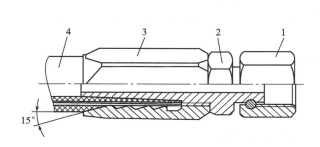 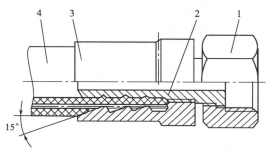

图 6-10　可拆式橡胶软管接头　　　　　图 6-11　扣压式橡胶软管接头

1—接头螺母；2—接头体；3—外套；4—胶管　　　1—接头螺母；2—接头体；3—外套；4—胶管

（5）快速管接头

图 6-12 所示为一种快速管接头，它用橡胶软管连接，适用于经常接通或断开处。图示是油路接通的工作位置，当需要断开油路时，可用力将外套 6 向左移，使钢球 8 从槽中滑出，拉出接头体 10，同时单向阀阀芯 4 和 11 分别在弹簧 3 和 12 作用下封闭阀口，油路断开。此种管接头结构复杂，压力损失大。

液压系统的泄漏问题大都出现在管路的接头上，所以对接头形式、材料、管路的设计以及管路的安装都要认真对待，否则将影响液压系统的工作性能。

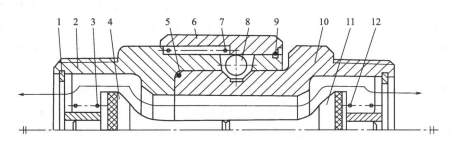

图 6-12　快速管接头

1—挡圈；2,10—接头体；3,7,12—弹簧；4,11—单向阀阀芯；

5—O 形密封圈；6—外套；8—钢球；9—弹簧圈

6.5 密封装置

液压传动是以液体为传动介质，依靠密闭容积变化来传递力和速度的，而密封装置则用来防止液压系统油液的内外泄漏以及外界灰尘和异物的侵入，保证系统建立必要压力。密封装置的性能直接影响液压系统的工作性能和效率，是衡量液压系统性能的一个重要指标。

6.5.1 对密封装置的要求

① 在一定的工作压力和温度范围内具有良好的密封性能。

② 密封装置与运动件之间摩擦系数小，并且摩擦力稳定。

③ 耐磨性好，寿命长，不易老化，耐腐蚀能力强，不损坏被密封零件表面，磨损后在一定程度上能自动补偿。

④ 制造容易，维护、使用方便，价格低廉。

6.5.2 密封装置的分类及特点

液压系统中密封装置种类很多，常用的密封有以下几种。

(1) 间隙密封

间隙密封是利用相对运动零件之间微小间隙（长度 δ）起密封作用，这是最简单的一种密封形式。常用于柱塞、活塞或阀的圆柱副配合中。如图 6-13 所示间隙密封，通常在阀芯外表面开几条等距均压槽，以减少液压卡紧力。间隙密封优点是摩擦力小，缺点是存在泄漏，且磨损后不能自动补偿。

(2) O 形密封圈

O 形密封圈是由耐油橡胶压制而成的，其截面为圆形。如图 6-14(a) 所示。O 形密封圈密封原理是依靠 O 形密封圈预压缩，消除间隙而实现密封，如图 6-14(b) 所示。从图中看出其随压力增加能自动地提高密封件与密封表面的接触应力，从而提高密封作用，并在磨损后具有自动补偿的能力。当静密封压力 $p > 32\text{MPa}$ 或动密封压力 $p > 10\text{MPa}$ 时，O 形密封圈有可能被压力油挤入间隙而损坏，如图 6-15(a) 所示。为此在 O 形密封圈低压侧安置聚四氟乙烯挡圈，如图 6-15(b) 所示。当双向受压力油作用时，两侧都要加挡圈，如图 6-15(c) 所示。

O 形密封圈结构简单、密封性好，成本低，安装方便，高低压均可使用。

为保证密封效果，安装 O 形密封圈的沟槽的宽度 B、深度 H、外径 D 或内径 d 等尺寸及相应公差、表面粗糙度必须按照 O 形密封圈截面积的大小查手册确定。

(3) 唇形密封圈

唇形密封圈是依靠密封圈的唇口在液压力作用下变形，使唇边贴紧密封面而进行密封的，液压力越高，唇边贴得越紧，并且具有磨损后自动补偿的能力。这类密封一般用于往复运动密封。常见的有 Y 形、Y_x 形、V 形等。

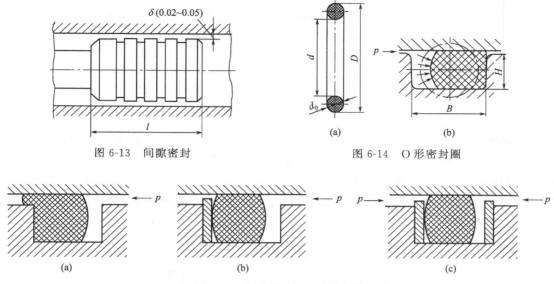

图 6-13　间隙密封

图 6-14　O 形密封圈

图 6-15　O 形密封圈的挡圈安装

① Y 形密封圈。图 6-16 所示为 Y 形密封圈，用耐油橡胶压制而成。安装 Y 形密封圈时，唇口一定要对着压力高的一侧。当工作压力大于 14MPa 或压力波动较大、滑动速度较高时，为了防止 Y 形密封圈翻转，应加支承环固定密封圈，支承环上有小孔，使压力油经小孔作用到密封圈唇边上，以保证良好密封，如图 6-17 所示。

图 6-16　Y 形密封圈

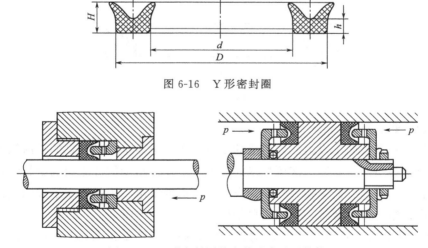

图 6-17　Y 形密封圈的安装及支承环结构

Y 形密封一般适合工作压力≤20MPa、工作温度为 $-30\sim+100℃$、滑动速度≤0.5m/s 的场合。

② Y_x 形密封圈。Y_x 形密封圈是由 Y 形密封圈改进设计而成，通常是用聚氨酯材料压制而成的。如图 6-18 所示，其断面高度与宽度之比大于 2，因而不易翻转，稳定性好，分为轴用与孔用两种。Y_x 形密封圈的两个唇边高度不等，其短边为密封边，与密封面接触，滑动摩擦阻力小；长边与非滑动表面相接触，增加了压缩量，使摩擦阻力增大，工作时不易窜动。

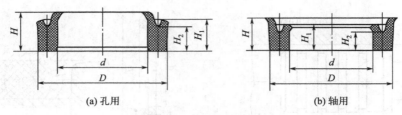

(a) 孔用　　　　　　　　　　(b) 轴用

图 6-18　Y_x 形密封圈

Y_x 形密封圈一般用于工作压力≤32MPa、使用温度为－30～＋100℃的场合。

③ V 形密封圈。如图 6-19 所示为 V 形密封圈，它是由多层涂胶织物压制而成，由支承环、密封环和压环三部分组成一套使用。当工作压力 $p>10$MPa 时，可以根据压力大小，适当增加密封环的数量，以满足密封要求。安装时，V 形密封圈的 V 形口一定要面向压力高的一侧。

V 形密封圈适于在工作压力 $p≤50$MPa，温度－40～＋80℃条件下工作。

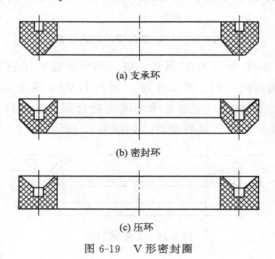

(a) 支承环

(b) 密封环

(c) 压环

图 6-19　V 形密封圈

(4) 组合密封装置

组合密封装置是由两个以上元件组成的密封装置。最简单、最常见的是由钢和耐油橡胶压制成的组合密封垫圈。而随着液压技术的发展，对往复运动零件之间的密封装置提出了耐高压、耐高温、耐高速、低摩擦因数、长寿命等方面的要求，于是出现了聚四氟乙烯与耐油橡胶组成的橡塑组合密封装置。下面简单予以介绍。

① 组合密封垫圈。如图 6-20 所示的组合密封圈的外圈 2 由 Q235 钢制成，内圈 1 为耐油橡胶，主要用在管接头或油塞的端面密封，安装时外圈紧贴两密封面，内圈厚度 h 与外圈厚度 s 之差为橡胶的压缩量。因为它安装方便，密封可靠，因此应用非常广泛。

② 橡塑组合密封装置。图 6-21 所示的橡塑组合密封装置由 O 形密封圈和聚四氟乙烯塑料做成的格来圈或斯特圈组合而成。图 6-21(a) 为方形断面格来圈和 O 形密封圈组合的装置，用于孔密封；图 6-21(b) 为阶梯形断面斯特圈与 O 形密封圈组合的装置，用于轴密封。

因这种组合密封装置是利用 O 形密封圈的良好弹性变形性能，通过预压缩所产生的预压力将格来圈（或斯特圈）紧贴在密封面上起密封作用的，所以 O 形密封圈不与密封面直接接触，不存在磨损、扭转、啃伤等问题，而与密封面接触的格来圈和斯特圈材料为聚四氟乙烯塑料，不仅具有极低的摩擦系数（0.02～0.04，仅为橡胶的 1/10），而且动、静摩擦系数相当接近。此外，其具有自润滑性，与金属组成摩擦副时不易黏着；启动摩擦力小，不存在橡胶密封低速时的爬行现象。总之，橡塑组合密封综合了橡胶与塑料的各自优点，不仅密封可靠，摩擦力低而稳定，而且使用寿命比普通橡胶密封高百倍，因此在工程上，特别是在液压缸上，应用日益广泛。

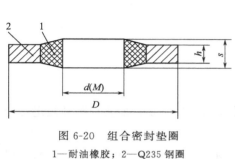

图 6-20　组合密封垫圈

1—耐油橡胶；2—Q235 钢圈

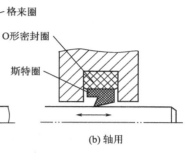

图 6-21　橡塑组合密封装置

第7章

液压基本回路

任何液压系统都是由一些基本回路所组成。所谓液压基本回路是指能实现某种规定功能的液压元件的组合。

按其在液压系统中的功用基本回路可分为：压力控制回路——控制整个系统或局部油路的工作压力；速度控制回路——控制和调节执行元件的速度；方向控制回路——控制执行元件运动方向的变换和锁停；多执行元件控制回路——控制几个执行元件相互间的工作循环。

本章讨论的是最常见的液压基本回路。熟悉和掌握它们的组成、工作原理及其应用，是分析、设计和使用液压系统的基础。

7.1 压力控制回路

压力控制回路是利用压力控制阀来控制整个液压系统或局部油路的压力，达到调压、卸载、减压、增压、平衡、保压等目的，以满足执行元件对力或力矩的要求。

7.1.1 调压回路

调压回路的功能在于调定或限制液压系统的最高工作压力，或者使执行机构在工作过程不同阶段实现多级压力变换。一般由溢流阀来实现这一功能。

(1) 远程调压回路

图 7-1(a) 所示为最基本的调压回路。当改变节流阀 2 的开口来调节液压缸速度时，溢流阀 1 始终开启溢流，使系统工作压力稳定在溢流阀 1 调定压力附近，溢流阀 1 作定压阀用，若系统中无节流阀，溢流阀 1 则作安全阀用，当系统工作压力达到或超过溢流阀调定压力时，溢流阀开启，对系统起安全保护作用。如果在先导式溢流阀 1 的遥控口上接一远程调压阀 3，则系统压力可由阀 3 远程调节控制。主溢流阀的调定压力必须大于远程调压阀的调定压力。

（2）多级调压回路

图 7-1（b）所示为三级调压回路。主溢流阀 1 的遥控口通过三位四通换向阀 4 分别接具有不同调定压力的远程调压阀 2 和 3。当换向阀左位时，压力由阀 2 调定；换向阀右位时，压力由阀 3 调定；换向阀中位时，由主溢流阀 1 来调定系统最高压力。

（3）无级调压回路

图 7-1（c）所示为通过电液比例溢流阀进行无级调压的比例调压回路。根据执行元件工作过程各个阶段的不同要求，调节输入比例溢流阀 1 的电流，即可达到调节系统工作压力的目的。

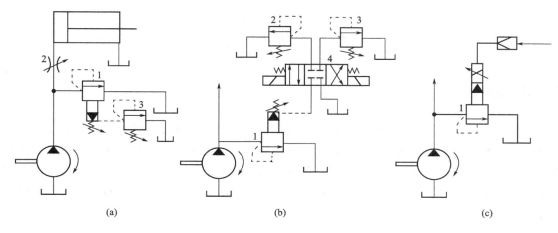

图 7-1 调压回路

7.1.2 减压回路

减压回路的功能在于使系统某一支路具有低于系统压力调定值的稳定工作压力，机床的工件夹紧、导轨润滑及液压系统的控制油路常需用减压回路。

最常见的减压回路是在所需低压的支路上串接定值减压阀，如图 7-2（a）所示。回路中的单向阀 3 用于当主油路压力低于减压阀 2 的调定值时，防止液压缸 4 的压力受其干扰，起短时保压作用。

图 7-2（b）是二级减压回路。在先导式减压阀 5 的遥控口上通过二位二通换向阀接入远程调压阀 6，当二位二通换向阀处于图示位置时，缸 4 的压力由减压阀 5 的调定压力决定；当二位二通换向阀处于右位时，缸 4 的压力由远程调压阀 6 的调定压力决定。阀 6 的调定压力必须低于阀 5。液压泵的最大工作压力由溢流阀 1 调定。减压回路也可以采用比例减压阀来实现无级减压。

要减压阀稳定工作，其最低调整压力应不小于 0.5MPa，最高调整压力应至少比系统压力低 0.5MPa。由于减压阀工作时存在阀口的压力损失和泄漏口泄漏造成的容积损失，故这种回路不宜用在压力降或流量较大的场合。

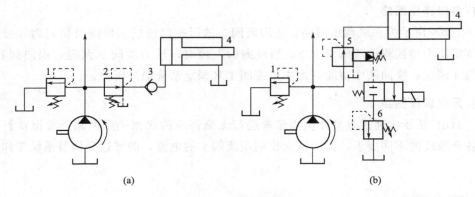

图 7-2　减压回路

1—溢流阀；2—减压阀；3—单向阀；4—液压缸；5—先导式减压阀；6—远程调压阀

7.1.3　卸载回路

卸载回路是在系统执行元件短时间不工作时，不频繁启停驱动泵的原动机，而使泵在很小的输出功率下运转的回路。因为泵的输出功率等于压力和流量的乘积，因此卸载的方法有两种，一种是将泵的出口直接接回油箱，使泵在零压或接近零压下工作；一种是使泵在零流量或接近零流量下工作。前者称为压力卸载，后者称为流量卸载。当然，流量卸载仅适用于变量泵。

（1）用换向阀中位机能的卸载回路

定量泵可借助 M 型、H 型或 K 型换向阀中位机能来实现泵降压卸载，如图 7-3(a) 所示。因回路需保持一定（较低）控制压力以操纵液动元件，在回油路上应安装背压阀 a。

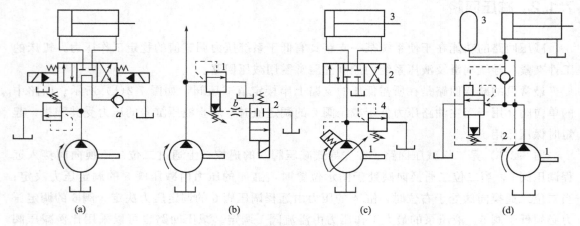

(a)　　　　　　　(b)　　　　　　　(c)　　　　　　　(d)

图 7-3　卸载回路

（2）用先导式溢流阀的卸载回路

图 7-3(b) 是采用二位二通电磁阀控制先导式溢流阀的卸载回路。当先导式溢流阀 1 的遥控口通过二位二通电磁阀 2 接通油箱时，泵输出的油液以很低的压力经溢流阀回油箱，实现卸载。为防止卸载或升压时产生压力冲击，在溢流阀遥控口与电磁阀之间可设

置阻尼 b。

（3）用限压式变量泵的卸载回路

限压式变量泵的卸载回路为零流量卸载，如图 7-3（c）所示，当液压缸 3 活塞运动到行程终点或换向阀 2 处于中位时，泵 1 的压力升高，流量减小，当压力接近压力限定螺钉调定的极限值时，泵的流量减小到只补充液压缸或换向阀的泄漏，回路实现保压卸载。系统中的溢流阀 4 作安全阀用，以防止泵的压力补偿装置的零漂和动作滞缓导致压力异常。

（4）有蓄能器的卸载回路

图 7-3（d）是系统中有蓄能器的卸载回路。当回路压力到达卸载溢流阀 2 的调定值时，定量泵通过阀 2 卸载，由蓄能器 3 保持系统压力，补充系统泄漏；当回路压力下降低于卸载溢流阀 2 的调定值时，阀 2 关闭，泵恢复向系统供油。（卸载溢流阀是由溢流阀和单向阀组合而成，能自动控制泵的卸载和升压。）

7.1.4　增压回路

增压回路用来使系统中某一支路获得较系统压力高且流量不大的油液供应。利用增压回路，液压系统可以采用压力较低的液压泵，甚至压缩空气动力源来获得较高压力的压力油。增压回路中实现油液压力放大的主要元件是增压器，其增压比为增压器大小活塞的面积之比。

（1）单作用增压器的增压回路

图 7-4（a）是使用单作用增压器的增压回路，它适用于单向作用力大、行程小、作业时间短的场合，如制动器、离合器等。换向阀处于右位时，增压器 1 输出压力为 $p_2 = p_1 A_1 / A_2$ 的压力油进入工作缸 2；换向阀处于左位时，工作缸 2 靠弹簧力回程，高位油箱 3 经单向阀向增压器 1 右腔补油。

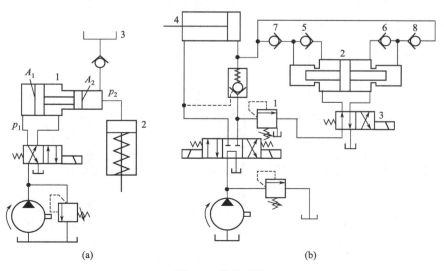

图 7-4　增压回路

（2）双作用增压器的增压回路

图 7-4（b）是采用双作用增压器的增压回路，它能连续输出高压油，适用于增压行程要求较长的场合。当工作缸 4 向左运动遇到较大负载时，系统压力升高，油液经顺序阀 1 进入双作用增压器 2，增压器活塞不论向左或向右运动，均能输出高压油，只要换向阀 3 不断切换，增压器 2 就不断往复运动，高压油就连续经单向阀 7 或 8 进入工作缸 4 右腔，此时单向阀 5 或 6 有效地隔开了增压器的高低压油路。工作缸 4 向右运动时增压回路不起作用。

7.1.5 平衡回路

平衡回路的功能在于使执行元件的回油路保持一定的背压值，以平衡重力负载，使之不会因自重而自行下落。

（1）采用单向顺序阀的平衡回路

图 7-5（a）是采用单向顺序阀的平衡回路，调整顺序阀，使其开启压力与液压缸下腔作用面积的乘积稍大于垂直运动部件的重力。活塞下行时，由于回油路上存在一定背压支承重力负载，活塞将平稳下落；换向阀处于中位，活塞停止运动，不再继续下行。此处的顺序阀又被称作平衡阀。在这种平衡回路中，顺序阀调整压力调定后，若工作负载变小，系统的功率损失将增大。又由于滑阀结构的顺序阀和换向阀存在泄漏，活塞不可能长时间停在任意位置，故这种回路适用于工作负载固定且活塞闭锁要求不高的场合。

（2）采用液控单向阀的平衡回路

如图 7-5（b）所示。由于液控单向阀是锥面密封，泄漏量小，故其闭锁性能好，活塞能够较长时间停止不动。回油路上串联单向节流阀 2，用于保证活塞下行运动的平稳。假如回油路上没有节流阀，活塞下行时液控单向阀 1 被进油路上的控制油打开，回油腔没有背压，运动部件由于自重而加速下降，造成液压缸上腔供油不足，液控单向阀 1 因控制油路失压而关闭。阀 1 关闭后控制油路又建立起压力，阀 1 再次被打开。液控单向阀时开时闭，使活塞在向下运动过程中产生振动和冲击。

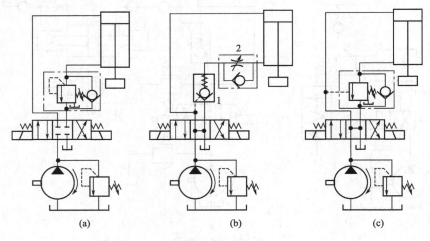

图 7-5 平衡回路

(3) 采用远控平衡阀的平衡回路

工程机械液压系统中常见到如图 7-5(c) 所示的采用远控平衡阀的平衡回路。远控平衡阀是一种特殊结构的外控顺序阀,它不但具有很好的密封性,能起到长时间的锁闭定位作用,而且阀口大小能自动适应不同载荷对背压的要求,保证活塞下降速度的稳定性不受载荷变化的影响。这种远控平衡阀又称为限速锁。

7.1.6　保压回路

保压回路的功能在于使系统在液压缸不动或因工件变形而产生微小位移的工况下保持稳定不变的压力。保压性能的两个主要指标为保压时间和压力稳定性。

(1) 采用单向阀和液控单向阀的保压回路

最简单的保压回路是采用密封性能较好的单向阀和液控单向阀的回路,但阀座的磨损和油液的污染会使保压性能降低。它适用于保压时间短、对保压稳定性要求不高的场合。

(2) 自动补油保压回路

图 7-6(a) 是采用液控单向阀 3、电接触式压力表 4 的自动补油保压回路,它利用了液控单向阀结构简单并具有一定保压性能的长处,改善了直接开泵保压消耗功率的缺点。换向阀 2 右位接入回路,活塞下降加压,当压力上升到压力表 4 上限触点调定压力时,电接触式压力表发出电信号,换向阀切换成中位,泵卸载,液压缸由液控单向阀 3 保压;当压力下降至下限触点调定压力时,换向阀右位接入回路,泵又向液压缸供油,使压力回升。这种回路保压时间长,压力稳定性高。

(3) 采用辅助泵的保压回路

如图 7-6(b) 所示,在回路中增设一台小流量高压泵 5。当液压缸加压完毕要求保压时,由压力继电器 4 发出信号,换向阀 2 处于中位,主泵 1 卸载;同时二位二通换向阀 8 处于左位,由辅助泵 5 向封闭的保压系统 a 点供油,维持系统压力稳定。由于辅助泵只需补偿系统的泄漏量,可选用小流量泵,功率损失小。压力稳定性取决于溢流阀 7 的稳压性能。

用蓄能器代替辅助泵亦可达到保压过程中向系统 a 点供油、补偿系统泄漏的目的。

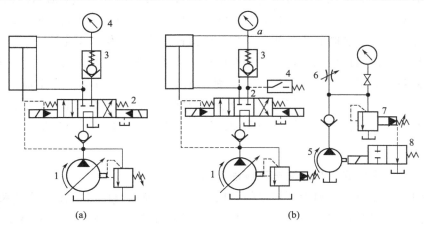

(a)　　　　　　　　　　　　(b)

图 7-6　保压回路

7.2 速度控制回路

7.2.1 调速回路

速度控制回路是控制液压执行元件速度的调节和变换的回路。首先来讨论调速回路。

在液压传动装置中执行元件主要是液压缸和液压马达，其工作速度或转速与输入流量及其几何参数有关。在不考虑油液压缩性和泄漏的情况下

液压缸的速度 $\qquad v = q/A$

液压马达的转速 $\qquad n = q/V_M$

式中 $\quad q$——输入液压缸或液压马达的流量；

$\quad A$——液压缸的有效作用面积；

$\quad V_M$——液压马达的排量。

由上面两式可知，要调节液压缸或液压马达的工作速度，可以改变输入执行元件的流量，也可以改变执行元件的几何参数。对于确定的液压缸来说，改变其有效作用面积 A 是困难的，一般只能用改变输入液压缸流量的办法来调速。对变量液压马达来说，既可用改变输入流量的办法来调速，也可用改变马达排量的办法来调速。

改变输入执行元件的流量，根据液压泵是否为变量分为定量泵节流调速回路和变量泵容积调速回路。若驱动液压泵的原动机为内燃机时，还可通过调节油门的大小改变泵的转速来改变输入执行元件的流量。因为用改变泵的转速来改变流量的方法比较简单，本节不作讨论。下面讨论前面两种调速回路。

7.2.1.1 定量泵节流调速回路

在液压系统采用定量泵供油时，因泵输出的流量 q_P 一定，因此要改变输入执行元件的流量 q_1，必须在泵的出口旁接一条支路，将泵多余的流量 $\Delta q = q_P - q_1$ 溢回油箱，这种调速回路称为节流调速回路，它由定量泵、执行元件、流量控制阀（节流阀、调速阀等）和溢流阀等组成，其中流量控制阀起流量调节作用，溢流阀起压力补偿或安全作用。

定量泵节流调速回路根据流量控制阀在回路中安放位置的不同分为进油节流调速、回油节流调速、旁路节流调速三种基本形式。下面以泵-缸回路为例分析采用节流阀的节流调速回路的速度负载特性、功率特性等性能。分析时忽略油液的压缩性、泄漏、管道压力损失和执行元件的机械摩擦等。假定节流口形状都为薄壁小孔，即节流口的压力流量方程中 $m = 0.5$。

（1）进油节流调速回路与回油节流调速回路

将节流阀串联在液压泵和液压缸之间，用它来控制进入液压缸的流量达到调速的目的，得到进油节流调速回路，如图 7-7（a）所示；将节流阀串联在液压缸的回油路上，借助节流阀控制液压缸的排油流量来实现速度调节，得到回油节流调速回路，如图 7-7（b）所示。定

量泵多余的油液通过溢流阀回油箱，这是两个节流调速回路能够正常工作的必要条件。由于溢流阀有溢流，泵的出口压力 p_P 为溢流阀的调定压力 p_s 并基本保持定值。

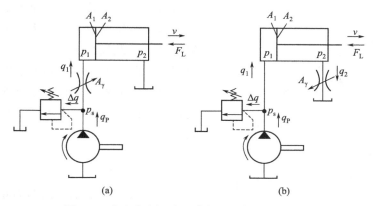

图 7-7　进油节流调速回路与回油节流调速回路

① 进油节流调速回路。

a. 速度负载特性。在图 7-7(a) 所示进油节流调速回路中，记 q_P 为泵的输出流量，q_1 为流经节流阀进入液压缸的流量，Δq 为溢流阀的溢流量，p_1 和 p_2 为液压缸两腔压力，其中由于液压缸回油腔通油箱，所以 $p_2=0$，p_s 为泵的出口压力，即溢流阀调定压力，A_1 和 A_2 为液压缸两腔作用面积，A_γ 为节流阀的通流面积，K_L 为节流阀阀口的液阻系数，F_L 为负载力。于是可得方程组

液压缸活塞运动速度 $$v=\frac{q_1}{A_1} \tag{7-1}$$

流经节流阀的流量 $$q_1=K_L A_\gamma \sqrt{\Delta p}=K_L A_\gamma \sqrt{p_s-p_1} \tag{7-2}$$

液压缸活塞的受力平衡方程 $$p_1 A_1=p_2 A_2+F_L \tag{7-3}$$

因 $p_2=0$，因此 $p_1=F_L/A_1=p_L$，p_L 为克服负载所需的压力，称为负载压力。将 p_1 代入式 (7-2) 得

$$q_1=K_L A_\gamma \left(p_s-\frac{F_L}{A_1}\right)^{\frac{1}{2}}=\frac{K_L A_\gamma}{A_1^{1/2}}(p_s A_1-F_L)^{1/2} \tag{7-4}$$

则 $$v=\frac{q_1}{A_1}=\frac{K_L A_\gamma}{A_1^{3/2}}(p_s A_1-F_L)^{1/2} \tag{7-5}$$

式 (7-5) 即为进油节流调速回路的速度负载特性方程，它反映了速度 v 与负载 F_L 的关系。若以活塞运动速度 v 为纵坐标，负载 F_L 为横坐标，将式 (7-5) 按不同节流阀通流面积 A_γ 作图，可得一组抛物线，称为进油节流调速回路的速度负载特性曲线，见图 7-8。

从式 (7-5) 和图 7-8 看出，当其他条件不变时，活塞的运动速度 v 与节流阀通流面积 A_γ 成正比，调节 A_γ 就能实现无级调速。这种回路的调速范围较大，$R_c=v_{max}/v_{min}\approx 100$，其中 v_{min} 为节流阀堵塞性能所限定的最低稳定流量 q_{min} 与活塞面积 A_1 的比值。节流阀通流面积 A_γ 一定时，活塞运动速度 v 随负载 F_L 的增加按抛物线规律下降。

当负载 $F_L=0$ 时，活塞的运动速度为空载速度，且 $v_0=\frac{K_L A_\gamma}{(A_1)^{3/2}}\sqrt{p_s}$，该点为速度负载

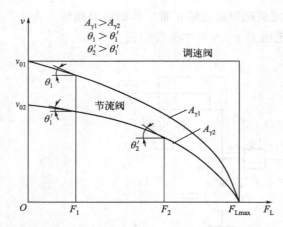

图 7-8 进油节流调速回路速度负载特性曲线

特性曲线与纵坐标之交点。不论节流阀通流面积怎么变化，当负载 $F_L = p_s A_s$ 时，节流阀进、出口压差为零，活塞运动速度 $v = 0$，液压泵的流量全部经溢流阀溢回油箱。由此可知，该回路的最大承载能力为 $F_{Lmax} = p_s A_1$。不同通流面积 A_γ 的速度负载特性曲线均交于 F_{Lmax} 点。

速度随负载变化的程度不同，表现出的速度负载特性曲线的斜率不同，常用速度刚性 k_v 来评定

$$k_v = -\frac{\partial F_L}{\partial v} = -\frac{1}{\tan\theta} \tag{7-6}$$

它表示负载变化时回路阻抗速度变化的能力。由式（7-5）和式（7-6）可得

$$k_v = -\frac{\partial F_L}{\partial v} = \frac{2A_1^{3/2}}{K_L A_\gamma}(p_s A_1 - F_L)^{1/2} = \frac{2(p_s A_1 - F_L)}{v} \tag{7-7}$$

由上式可以看到，当节流阀通流面积 A_γ 一定时，负载 F_L 越小，速度刚性越大；当负载 F_L 一定时，活塞速度越低，速度刚性 k_v 越大。增大 p_s 和 A_1 可以提高速度刚性 k_v。

b. 功率特性。

液压泵输出功率 $\qquad\qquad P_P = p_s q_P = 常量$ （7-8）

液压缸输出的有效功率 $\qquad P_1 = F_L v = F_L \dfrac{q_L}{A_1} = p_L q_L$ （7-9）

式中，q_L 为负载流量，即进入液压缸流量 q_1。

回路的功率损失

$$\Delta P = P_P - P_1 = p_s q_P - p_L q_L = p_s(q_L + \Delta q) - (p_s - \Delta p)q_L = p_s \Delta q + \Delta p q_L \tag{7-10}$$

式中 $\quad \Delta q$——溢流阀溢流量，$\Delta q = q_P - q_1$；

$\quad \Delta p$——节流阀进、出口压力差，$\Delta P = P_s - P_1$。

由式（7-10）可知，回路的功率损失由两部分组成，即溢流损失 $\Delta P_1 = P_s \Delta q$ 和节流损失 $\Delta P_2 = \Delta p q_L$。

回路的输出功率与输入功率之比被定义为回路效率。进油节流调速回路的效率为

$$\eta = \frac{P_P - \Delta P}{P_P} = \frac{p_L q_L}{p_s q_P} \tag{7-11}$$

② 回油节流调速回路。对图 7-7(b) 所示回油节流调速回路，用同样的方法分析。

a. 速度负载特性。

液压缸活塞运动速度 $\qquad\qquad v = \dfrac{q_2}{A_2}$ （7-12）

流经节流阀的流量 $\qquad q_2 = K_L A_\gamma \sqrt{\Delta p} = K_L A_\gamma \sqrt{p_2}$ （7-13）

液压缸活塞的受力平衡方程 $\qquad p_s A_1 = p_2 A_2 + F_L$ （7-14）

因 $p_2 \neq 0$，因此负载压力 $p_L = \dfrac{F_L}{A_1} = p_s - p_2 \dfrac{A_2}{A_1}$。于是得

速度负载特性方程
$$v = \frac{K_L A_\gamma}{A_2^{3/2}} (p_s A_1 - F_L)^{1/2} \tag{7-15}$$

速度刚性
$$k_v = \frac{2A_2^{3/2}}{K_L A_\gamma} (p_s A_1 - F_L)^{1/2} = \frac{2(p_s A_1 - F_L)}{v} \tag{7-16}$$

由式 (7-15)、式 (7-5)，式 (7-16)、式 (7-7) 比较看出，回油节流调速回路与进油节流调速回路有相似的速度负载特性和速度刚性，其中最大承载能力 F_{Lmax} 相同。

b. 功率特性。

液压泵输出功率
$$P_P = p_s q_P = 常量$$

液压缸输出的有效功率 $P_1 = F_L v = (p_s A_1 - p_2 A_2)v = \left(p_s - p_2 \dfrac{A_2}{A_1}\right) q_1 = p_L q_L$　(7-17)

回路的功率损失　$\Delta P = P_P - P_1 = p_s q_P - \left(p_s - p_2 \dfrac{A_2}{A_1}\right) q_1 = p_s \Delta q + p_2 q_2 \tag{7-18}$

回路效率
$$\eta = \frac{P_P - \Delta P}{P_P} = \frac{p_L q_L}{p_s q_P} \tag{7-19}$$

由此看出，式 (7-19) 与进油节流调速回路的回路效率表达式相同，但负载压力 $p_L = p_s - p_2 \dfrac{A_2}{A_1}$。

③ 进油节流调速回路与回油节流调速回路的性能差异。

a. 承受负值负载的能力。所谓负值负载就是作用力的方向和执行元件运动方向相同的负载。回油节流调速回路的节流阀在液压缸的回油腔形成一定背压，在负值负载作用下能阻止工作部件前冲。如果要使进油节流调速回路承受负值负载，就得在回油路上加背压阀。但这样做要提高泵的供油压力，增加功率消耗。

b. 运动平稳性。回油节流调速回路由于回油路上始终存在背压，可有效地防止空气从回油路吸入，因而低速运动时不易爬行，高速运动时不易颤振，即运动平稳性好。进油节流调速回路在不加背压阀时不具备这种长处。

c. 油液发热对泄漏的影响。进油节流调速回路中通过节流阀发热了的油液直接进入液压缸，会使缸的泄漏增加，而回油节流调速回路油液经节流阀温升后直接回油箱，经冷却后再进入系统，对系统泄漏影响较小。

d. 取压力信号实现程序控制的方法。进油节流调速回路的进油腔压力随负载而变化，当工作部件碰到死挡铁停止运动后，其压力将升至溢流阀调定压力，取此压力作控制顺序动作的指令信号。而在回油节流调速回路中是回油腔压力随负载而变化，工作部件碰上死挡铁后压力将下降至零，故取此零压发送信号。因此在死挡铁定位的节流调速回路中，压力继电器的安装位置应与流量控制阀在同侧，且紧靠液压缸。

e. 启动性能。回油节流调速回路中若停车时间较长，液压缸回油腔的油液会泄漏回油箱，重新启动时背压不能立即建立，会引起瞬间工作机构的前冲现象。对于进油节流调速回路，只要在开车时关小节流阀即可避免启动冲击。

另外，在回油节流调速回路中回油腔压力较高，特别是在轻载或载荷突然消失时，如 $A_1/A_2 = 2$，回油腔压力 p_2 将是进油腔压力 p_1 的 2 倍，这对液压缸回油腔和回油管路的强度和密封提出了更高要求。

综上所述，进油、回油节流调速回路结构简单，价格低廉，但效率较低，只宜用在负载变化不大、低速、小功率的场合，如某些机床的进给系统中。

（2）旁路节流调速回路

这种节流调速回路是将节流阀装在与液压缸并联的支路上，如图 7-9（a）所示。定量泵输出的流量 q_P 一部分 Δq 通过节流阀溢回油箱，一部分 q_1 进入液压缸，使活塞获得一定运动速度。调节节流阀的通流面积，即可调节进入液压缸的流量，从而实现调速。由于溢流功能由节流阀来完成，故正常工作时溢流阀处于关闭状态，溢流阀作安全阀用，其调定压力为最大负载压力的 $1.1\sim1.2$ 倍。液压泵的供油压力 p_P 取决于负载。

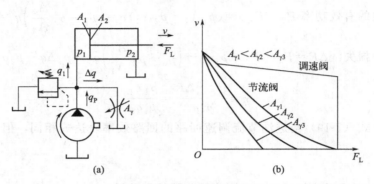

图 7-9　旁路节流调速回路

a.速度负载特性。如同式（7-5）的推导过程，由流量连续性方程、节流阀的压力流量方程和活塞的受力平衡方程，可得旁路节流调速回路的速度负载特性方程。需要指出，由于泵的工作压力随负载而变化，泵的输出流量 q_P 应计入泵的泄漏量随压力的变化 Δq_P。因此，速度表达式为

$$v=\frac{q_1}{A_1}=\frac{q_{Pt}-\Delta q_P-\Delta q}{A_1}=\frac{q_{Pt}-\lambda_P\left(\dfrac{F_L}{A_1}\right)-K_L A_\gamma\left(\dfrac{F_L}{A_1}\right)^{1/2}}{A_1} \tag{7-20}$$

式中　q_{Pt}——泵的理论流量；

　　　λ_P——泵的泄漏系数。

其他符号意义同前。速度刚性

$$k_v=-\frac{\partial F_L}{\partial v}=\frac{A_1^2}{\lambda_P+\dfrac{1}{2}K_L A_\gamma\left(\dfrac{F_L}{A_1}\right)^{-1/2}}=\frac{2A_1 F_L}{\lambda_P\left(\dfrac{F_L}{A_1}\right)+q_{Pt}-A_1 v} \tag{7-21}$$

根据式（7-20），选取不同的节流阀通流面积 A_γ 可作出一组速度负载特性曲线，如图 7-9（b）所示。由式（7-20）和图 7-9（b）可看出，当节流阀通流面积一定而负载增加时速度显著下降，负载越大，速度刚性越大；当负载一定时，节流阀通流面积越小（活塞运动速度越高），速度刚性越大。这与前两种调速回路正好相反。由于负载变化引起泵的泄漏，对速度产生附加影响，这种回路的速度负载特性较前两种回路要差。

从图 7-9（b）还可看出，回路的最大承载能力随着节流阀通流面积 A_γ 的增加而减小。当 $F_{Lmax}=(q_P/K_L A_\gamma)^2 A_1$ 时，泵的全部流量经节流阀流回油箱，液压缸的速度为零，继续增大 A_γ 已不起调速作用，即这种调速回路在低速时承载能力低，调速范围也小。

b. 功率特性。

液压泵的输出功率
$$P_P = P_L q_P \tag{7-22}$$

式中　P_L——负载压力，$P_L = F_L / A_1$。

液压缸的输出功率
$$P_1 = F_L v = p_L A_1 v = p_L q_1 \tag{7-23}$$

功率损失
$$\Delta P = P_P - P_1 = p_L q_P - p_L q_1 = p_L \Delta q \tag{7-24}$$

回路效率
$$\eta = \frac{P_P - \Delta P}{P_P} = \frac{p_L q_1}{p_L q_P} = \frac{q_1}{q_P} \tag{7-25}$$

由式（7-24）和式（7-25）看出，旁路节流调速回路只有节流损失，而无溢流损失，因而功率损失比前两种调速回路小，效率高。这种调速回路一般用于功率较大且对速度稳定性要求不高的场合。

（3）改善节流调速负载特性的回路

采用节流阀的节流调速回路速度刚性差，主要是由于负载变化引起的节流阀前后压差变化使通过节流阀的流量发生了变化。在负载变化较大而又要求速度稳定时，这种调速回路远不能满足要求。如果用调速阀代替节流阀，回路的负载特性将大为提高。

① 采用调速阀的调速回路。根据调速阀在回路中安放的位置不同，有进油节流、回油节流和旁路节流等多种方式，见图 7-10(a)、(b)、(c) 所示，它们的回路构成、工作原理同

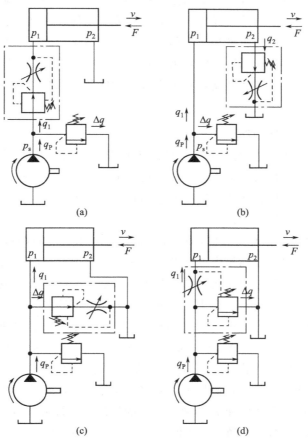

图 7-10　采用调速阀、旁通型调速阀的调速回路

它们各自对应的节流阀调速回路基本一样。由于调速阀本身能在负载变化的条件下保证节流阀两端压差基本不变，因而回路的速度刚性大为提高，如图 7-8 和图 7-9（b）所示。旁路节流调速回路的最大承载能力亦不因活塞速度的降低而减小。需要指出，为了保证调速阀中定差减压阀起到压力补偿作用，调速阀两端压差必须大于一定数值，中低压调速阀为 0.5MPa，高压调速阀为 1MPa，否则调速阀和节流阀调速回路的负载特性将没有区别。由于调速阀的最小压差比节流阀的压差大，所以其调速回路的功率损失比节流阀调速回路要大一些。

② 采用旁通型调速阀的调速回路。如图 7-10（d）所示，旁通型调速阀只能用于进油节流调速回路中，液压泵的供油压力随负载而变化，因此回路的功率损失较小，效率较采用调速阀时高。旁通型调速阀的流量稳定性较调速阀差，在小流量时尤为明显，故不宜用在对低速稳定性要求较高的精密机床调速系统中。与调速阀一样，旁通型调速阀也不能实现随机调节。

7.2.1.2 变量泵容积调速回路

变量泵容积调速回路是指通过改变液压泵（马达）的流量（排量）调节执行元件的运动速度或转速的回路。按改变泵排量的方法不同又分为手动调节容积调速回路和自动调节容积调速回路。前者通过手动变量机构等改变泵的排量，一般为开环控制，又称为容积调速回路。后者由压力补偿变量泵与节流元件组合而成，节流元件在回路中既为控制元件，又为检测元件。它将检测的流量信号转换为压力信号，通过反馈作用改变泵的排量，使液压泵输出的流量适应系统的需要，这种回路通常称为容积节流调速回路。对直接由负载压力反馈作用改变泵排量的恒功率变量泵调速回路，可视为节流元件开口无穷大，该回路包含在自动调节容积调速回路中。

（1）手动调节容积调速回路

典型的手动调节容积调速回路有泵-马达调速回路。回路中变量泵为手动变量、手动伺服变量或电动变量，其输出流量可人为调节。马达可为定马达，也可为变量马达，变量形式同液压泵。与节流调速回路相比，这种调速回路既无溢流损失，又无节流损失，回路效率较高，适用于高速、大功率场合。

泵-马达回路按照油液循环方式的不同有开式回路和闭式回路两种。开式回路中马达的回油直接通回油箱，工作油在油箱中冷却及沉淀过滤后再由液压泵送入系统循环。闭式回路中马达的回油直接与泵的吸油口相连，结构紧凑，但油液的冷却条件差，需设辅助泵补充泄漏和冷却。工程机械、行走机械的容积调速回路多为闭式回路。

① 变量泵-定量马达调速回路。图 7-11（a）为变量泵-定量马达调速回路。回路中高压管路上设有安全阀 4，用以防止回路过载；低压管路上连接一小流量的辅助泵 1，补充泵 3 和马达 5 的泄漏，其供油压力由溢流阀 6 调定。辅助泵与溢流阀使低压管路始终保持一定压力，不仅改善了主泵的吸油条件，而且可置换部分发热油液，降低系统温升。

在这种回路中，液压泵的转速 n 和液压马达的排量 V_M 视为常量，改变泵的排量 V_P 可使马达转速 n_M 和输出功率 P_M 随之成比例地变化。马达的输出转矩 T_M 和回路的工作压力 Δp 取决于负载转矩，不会因调速而发生变化，所以这种回路常被称为恒转矩调速回路。回路特性曲线如图 7-11（b）所示。需要注意的是这种回路的速度刚性受负载变化影响的原因与节流调速回路有根本的不同，即随着负载转矩增加，泵和马达的泄漏增加，致使马达输出转速下降。这种回路的调速范围一般为 $R_c = n_{Mmax}/n_{Mmin} \approx 40$。

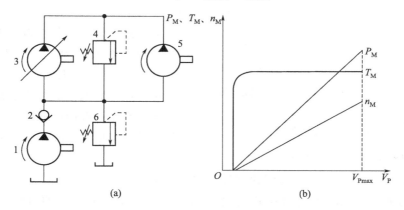

图 7-11　变量泵-定量马达调速回路

1—辅助泵；2—单向阀；3—主泵；4—安全阀；5—马达；6—溢流阀

② 变量泵-变量马达调速回路。图 7-12（a）为双向变量泵-双向变量马达调速回路。回路中各元件对称布置，变换泵的供油方向，即实现马达正反向旋转。单向阀 4 和 5 用于辅助泵 3 双向补油，单向阀 6 和 7 使溢流阀 8 在两个方向都起过载保护作用。一般机械要求低速时有较大的输出转矩，高速时能提供较大的输出功率。采用这种回路恰好可以达到这个要求。在低速段，先将马达排量调至最大，用变量泵调速，当泵的排量由小变大，直至最大，马达转速随之升高，输出功率亦随之线性增加。此时因马达排量最大，马达能获得最大输出转矩，且处于恒转矩状态。高速段，泵为最大排量，用变量马达调速，将马达排量由大调小，马达转速继续升高，输出转矩随之降低。此时因泵处于最大输出功率状态不变，故马达处于恒功率状态。回路特性曲线如图 7-12（b）所示。由于泵和马达的排量都可改变，扩大了回路的调速范围，一般 $R_c \leq 100$。

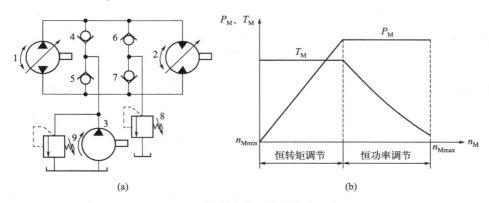

图 7-12　变量泵-变量马达调速回路

上述回路的恒功率调速区段相当于定量泵-变量马达调速回路。因为定量泵-变量马达调速回路的调速范围较小，又不能利用马达的变量机构来实现马达平稳反向，调节不方便，故很少单独使用。

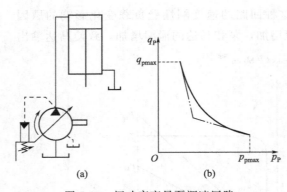

图 7-13　恒功率变量泵调速回路

（2）自动调节容积调速回路

① 恒功率变量泵调速回路。如图 7-13（a）所示，恒功率变量泵的出口直接接液压缸的工作腔，泵的输出流量全部进入液压缸，泵的出口压力即为液压缸的负载压力。因为负载压力反馈作用在泵的变量活塞上，与弹簧力相比较，因此负载压力增大时，泵的排量自动减小，并保持压力和流量的乘积为常量，即功率恒定 ［压力流量特性曲线见图 7-13（b）］。恒功率变量泵的变量原理已在第 3 章介绍。压力机是这种调速回路典型的应用实例。

② 限压式变量泵和调速阀的调速回路。这种调速回路采用限压式变量泵供油，通过调速阀来控制进入液压缸或自液压缸流出的流量，并使变量泵输出的流量与液压缸所需的流量自动相适应。这种调速没有溢流损失，效率较高，速度稳定性比手动调节容积调速回路好。

a. 回路的工作原理。如图 7-14（a）所示，变量泵 1 输出的压力油经调速阀 2 进入液压缸工作腔，回油经背压阀 3 返回油箱。改变调速阀中节流阀的通流面积 A_T 的大小，就可以调节液压缸的运动速度，泵的输出流量 q_P 和通过调速阀进入液压缸的流量 q_1 自相适应。例如，将 A_T 减小到某一值，在关小节流开口瞬间，泵的输出流量还未来得及改变，出现了 $q_P > q_1$，导致泵的出口压力 p_P 增大，其反馈作用使变量泵的流量 q_P 自动减小到与 A_T 对应的 q_1。反之，如将 A_T 增大到某一值，将出现 $q_P < q_1$，会使泵的出口压力降低，其输出流量自动增大到 $q_P \approx q_1$。由此可见，调速阀不仅起调节作用，而且作为检测元件将其流量转换为压力信号控制泵的变量。对应于调速阀一定的开口，调速阀的进口（即泵的出口）具有一定的压力，泵输出相应的流量。

b. 回路的特性曲线。如图 7-14（b）所示，曲线 ABC 是限压式变量泵的压力-流量特性，曲线 CDE 是调速阀在某一开度时的压差-流量特性，点 F 是泵的工作点。由图可见，这种回路无溢流损失，但有节流损失，其大小与液压缸工作压力 p_1 有关。当进入液压缸的工作流量为 q_1、泵的出口压力为 p_P 时，为了保证调速阀正常工作所需的压差为 Δp_1，液压缸的工作压力最大值应该是 $p_c = p_P - \Delta p_1$；再由于背压 p_2 的存在，又必须满足 $p_c > \dfrac{p_2 A_2}{A_1}$。当 $p_1 = p_c$ 时，回路的节流损失最小 ［图 7-14（b）中阴影面积 S_1］；p_1 越小，则节流损失越大（图中阴影面积 S_2）。若不考虑泵的出口至缸的入口的流量损失，回路的效率为

$$\eta_c = \frac{p_1 q_1}{p_P q_P} = \frac{p_1}{p_P} \tag{7-26}$$

由上式看出，当负载变化较大且大部分时间处于低负载下工作时，回路效率不高。泵的出口压力应略大于 $p_c + \Delta p_c + \Delta p_1$），其中 p_c 为液压缸最大工作压力，Δp_c 为管路压力损失，Δp_1 为调速阀正常工作所需压差。这种调速回路中的调速阀也可以装在回油路上。

③ 差压式变量泵和节流阀的调速回路。

这种调速回路采用差压式变量泵供油，通过节流阀来确定进入液压缸或自液压缸流出的

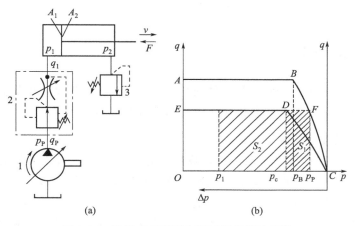

图 7-14　限压式变量泵和调速阀的调速回路

流量，不但使变量泵输出的流量与液压缸所需流量相适应，而且液压泵的工作压力能自动跟随负载压力的增减而增减。

　　a. 回路的工作原理。如图 7-15 所示，在液压缸的进油路上有一节流阀 3，节流阀两端的压差反馈作用在变量泵的两个控制活塞（柱塞）上。其中柱塞 1 的面积和活塞 2 的活塞杆面积相等。因此变量泵定子的偏心距大小，也就是泵的流量受到节流阀两端压差的控制。溢流阀 4 为安全阀，固定阻尼 5 用于防止定子移动过快引起的振荡。改变节流阀开口，就可以控制进入液压缸的流量 q_1，并使泵的输出流量 q_P 自动与 q_1 相适应。若 $q_P > q_1$，泵的供油压力 p_P 将上升，泵的定子在控制活塞的作用下右移，减小偏心距，使 q_P 减小至 $q_P \approx q_1$，反之，若 $q_P < q_1$，泵的供油压力 p_P 将

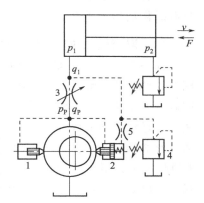

图 7-15　差压式变量泵和
节流阀的调速回路

下降，引起定子左移，加大偏心距，使 q_P 增大至 $q_P \approx q_1$。在这种回路中，节流阀两端的压差 $\Delta p = p_P - p_1$ 基本上由作用在变量泵控制活塞上的弹簧力 F_t 来确定，因此输入液压缸的流量不受负载变化的影响。此外，回路能补偿负载变化引起的泵的泄漏变化，故回路具有良好的稳速特性。节流阀也可串接在回油路上。

　　b. 回路效率。由于液压泵输出的流量始终与负载流量相适应，泵的工作压力 p_P 始终比负载压力 p_1 大一恒定值 F_t / A_0（A_0 为泵的控制活塞作用面积）。回路不但没有溢流损失，而且节流损失较限压式变量泵和调速阀的调速回路小，因此回路效率高，发热小。回路效率为

$$\eta_c = \frac{p_1 q_1}{p_P q_P} = \frac{p_1}{p_1 + \dfrac{F_t}{A_0}} \tag{7-27}$$

　　综上所述，回路中的节流阀在起流量调节作用的同时，又将流量检测为压力差信号，通过反馈作用控制泵的流量，泵的出口压力等于负载压力加节流阀前后的压力差。若用手动滑阀或电液比例节流阀替代普通节流阀，并根据工况需要随时调节阀口大小以控制执行元件的运动速度，则泵的压力和流量均适应负载的需求，因此回路又称为功率适应调速回路或负载

敏感调速回路，特别适用于负载变化较大的场合。

7.2.2 快速运动回路

快速运动回路的功用在于使执行元件获得尽可能大的工作速度，以提高生产率或充分利用功率。一般采用差动连接、双泵供油、充液增速和蓄能器来实现。

(1) 液压缸差动连接快速运动回路

如图 7-16 所示，换向阀处于原位时，液压缸有杆腔的回油和液压泵供油合在一起进入液压缸无杆腔，使活塞快速向右运动。这种回路结构简单，应用较多，但液压缸的速度加快有限，差动连接与非差动连接的速度之比为 $v'_1/v_1 = A_1/(A_1 - A_2)$，有时仍不能满足快速运动的要求，常常需要和其他方法联合使用。在差动回路中，泵的流量和液压缸有杆腔排出的流量合在一起流过的阀和管路应按合成流量来选择其规格，否则会导致压力损失过大，泵空载时供油压力过高。

(2) 双泵供油快速运动回路

如图 7-17 所示，低压大流量泵 1 和高压小流量泵 2 组成的双联泵作动力源。外控顺序阀 3（卸载阀）和溢流阀 5 分别设定双泵供油和小流量泵 2 供油时系统的最高工作压力。换向阀 6 处于图示位置时，系统压力低于卸载阀 3 调定压力，两个泵同时向系统供油，活塞快速向右运动；换向阀 6 处于右位时，系统压力达到或超过卸载阀 3 的调定压力，大流量泵 1 通过阀 3 卸载，单向阀 4 自动关闭，只有小流量泵向系统供油，活塞慢速向右运动。卸载阀 3 的调定压力至少应比溢流阀 5 的调定压力低 10%～20%，大流量泵 1 卸载减少了动力消耗，回路效率较高。该回路常用在执行元件快进和工进速度相差较大的场合。

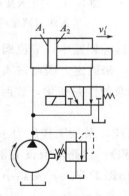

图 7-16 液压缸差动连接快速运动回路

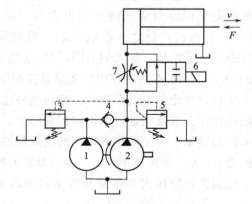

图 7-17 双泵供油快速运动回路

(3) 充液增速回路

① 自重充液快速运动回路。该回路用于垂直运动部件重量较大的液压机系统。如图 7-18(a) 所示，手动换向阀 1 右位接入回路时，由于运动部件的自重，活塞快速下降，由单向节流阀 2 控制下降速度。此时因液压泵供油不足，液压缸上腔出现负压，充液油箱 4 通过液控单向阀（充液阀）3 向液压缸上腔补油；当运动部件接触工件，负载增加，液压缸上腔压力升高，充液阀 3 关闭，此时只靠液压泵供油，活塞运动速度降低。回程时，换向阀左

位接入回路，压力油进入液压缸下腔，同时打开充液阀 3，液压缸上腔一部分回油进入充液油箱 4。为防止活塞快速下降时液压缸上腔吸油不充分，充液油箱常被充压油箱代替，实现强制充液。

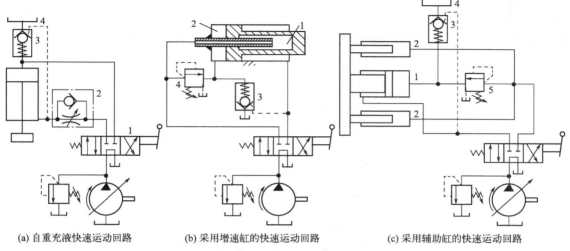

(a) 自重充液快速运动回路　　　(b) 采用增速缸的快速运动回路　　　(c) 采用辅助缸的快速运动回路

图 7-18　充液增速回路

② 采用增速缸的快速运动回路。对于卧式液压缸不能利用运动部件自重充液做快速运动，而采用增速缸或辅助缸的方案。图 7-18（b）所示是采用增速缸的快速运动回路。增速缸由活塞缸与柱塞缸复合而成。当换向阀左位接入回路时，压力油经柱塞孔进入增速缸小腔 1，推动活塞快速向右移动，大腔 2 所需油液由充液阀 3 从油箱吸取，活塞缸右腔的油液经换向阀回油箱。当执行元件接触工件负载增加时，回路压力升高，使顺序阀 4 开启，充液阀 3 关闭，高压油进入增速缸大腔 2，活塞转换成慢速运动，且推力增大。换向阀右位接入回路时，压力油进入活塞缸右腔，同时打开充液阀 3，大腔 2 的回油排回油箱，活塞快速向左退回。这种回路功率利用比较合理，但增速比受增速缸尺寸的限制，结构比较复杂。

③ 采用辅助缸的快速运动回路。如图 7-18（c）所示，当泵向成对设置的辅助缸 2 供油时，带动主缸 1 的活塞快速向左运动，主缸 1 右腔由充液阀 3 从充液油箱 4 补油，直至压板触及工件后，油压上升，压力油经顺序阀 5 进入主缸，转为慢速左移。此时主缸和辅助缸同时对工件加压。主缸左腔油液经换向阀回油箱。回程时压力油进入主缸左腔，主缸右腔油液通过充液阀 3 排回充液油箱 4，辅助缸回油经换向阀回油箱。这种回路简单易行，常用于冶金机械。

（4）采用蓄能器的快速运动回路

对某些间歇工作且停留时间较长的液压设备，如冶金机械，对某些工作速度存在快、慢两种速度的液压设备，如组合机床，常采用蓄能器和定量泵共同组成的油源，如图 7-19 所示。其中定量泵可选较小的流量规格，在系统不需要流量或工作速度很低时，泵的全部流量或大部分流量进入蓄能器储存待用，在系统工作或要求快速运动时，由泵和蓄能器同时向系统供油。图 7-19 所示的油源工作情况取决于蓄能器工作压力的大小。一般设定三个压力值：$p_1 > p_2 > p_3$，p_1 为蓄能器 7 的最高压力，由安全阀 8 限定。当蓄能器的工作压力 $p \geq p_2$ 时，电接触式压力表 6 上限触点发令，使阀 3 电磁铁 2Y 得电，液压泵通过换向阀 3 卸载

（或发令使液压泵停机），蓄能器的压力油经阀 5 向系统供油，供油量的大小可通过系统中的流量控制阀 4 进行调节。当蓄能器工作压力 $p < p_2$ 时，电磁铁 1Y 和 2Y 均不得电，液压泵 2 和蓄能器同时向系统供油或液压泵同时向系统和蓄能器供油；当蓄能器的工作压力 $p \leqslant p_3$ 时，电接触式压力表 6 下限触点发令，阀 5 电磁铁 1Y 得电，阀 5 相当于单向阀，液压泵除向系统供油外，还可向蓄能器供油。2 为安全阀。设计时，若根据系统工作循环要求，合理地选取液压泵的流量、蓄能器的工作压力范围和容积，则可获得较高的回路效率。

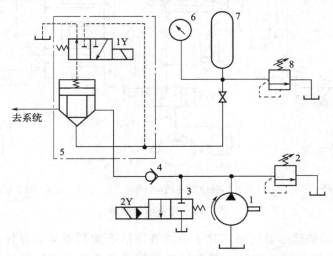

图 7-19　采用蓄能器的快速运动回路

7.2.3　速度换接回路

速度换接回路用于执行元件实现速度的切换，因切换前后速度不同，分为快速—慢速、慢速—慢速的换接。这种回路应该具有较高的换接平稳性和换接精度。

（1）快速—慢速换接回路

实现快速—慢速换接的方法很多，图 7-18 所示的三种快速运动回路是通过压力变化来实现快、慢速度切换的，更多的则是采用换向阀实现快、慢速换接。

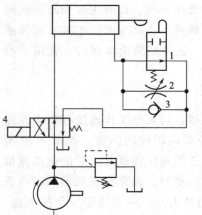

① 用行程阀（电磁阀）的速度换接回路。如图 7-20 所示，换向阀 4 处于图示位置，液压缸活塞快进到预定位置，活塞杆上挡块压下行程阀 1，行程阀关闭，液压缸右腔油液必须通过节流阀 2 才能流回油箱，活塞运动转为慢速工进。换向阀 4 左位接入回路时，压力油经单向阀 3 进入液压缸右腔，活塞快速向左返回。这种回路速度切换过程比较平稳，换接点位置准确。但行程阀的安装位置不能任意布置，管路连接较为复杂。如果将行程阀改用电磁阀，并通过挡块压下电气行程开关来操纵，也可实现快、慢速度换接，这样虽然阀的安装灵活，连接方便，但速度换接的平稳性、

图 7-20　用行程阀的速度换接回路

可靠性和换接精度相对较差。这种回路在机床液压系统中较为常见。

② 液压马达串、并联双速换接回路。在液压驱动的行走机械中，根据路况往往需要两挡速度：在平地行驶时为高速，上坡时需要输出转矩增加，转速降低。为此采用两个液压马达或串联，或并联，以达到上述目的。

图 7-21（a）为液压马达并联回路，两液压马达 1、2 主轴刚性连接在一起（一般为同轴双排柱塞液压马达），手动换向阀 3 处于左位时，压力油只驱动马达 1，马达 2 空转；手动换向阀 3 处于右位时，马达 1 和 2 并联。若两马达排量相等，并联时进入每个马达的流量减少一半，转速相应降低一半，而转矩增加一倍。手动换向阀 3 实现马达速度的切换，不管阀处于何位，回路的输出功率相同。图 7-21（b）为液压马达串、并联回路。用二位四通阀 1 使两马达串联或并联来实现快慢速切换。二位四通阀 1 上位接入回路时，两马达并联；下位接入回路时，两马达串联。串联时为高速；并联时为低速，输出转矩相应增加。串联和并联两种情况下回路的输出功率相同。

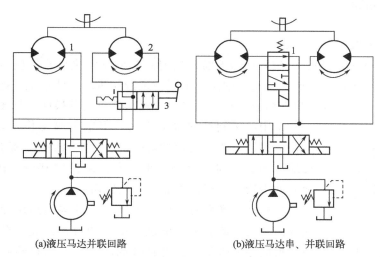

(a)液压马达并联回路　　(b)液压马达串、并联回路

图 7-21　液压马达双速换接回路

（2）慢速—慢速换接回路

某些机床要求工作行程有两种进给速度，一般第一进给速度大于第二进给速度，为实现两种进给速度，常用两个调速阀串联或并联在油路中，用换向阀进行切换。图 7-22（a）为两个调速阀串联来实现两种进给速度的换接回路，它只能用于第二进给速度小于第一进给速度的场合，故调速阀 B 的开口小于调速阀 A。这种回路速度换接平稳性较好。图 7-22（b）为两个调速阀并联来实现两种进给速度的换接回路，这里两个进给速度可以分别调整，互不影响，但一个调速阀工作时另一个调速阀无油通过，其定差减压阀处于最大开口位置，因而在速度转换瞬间，通过该

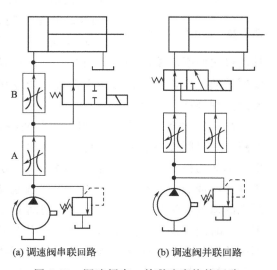

(a)调速阀串联回路　　(b)调速阀并联回路

图 7-22　调速阀串、并联速度换接回路

调速阀的流量过大会造成进给部件突然前冲。因此这种回路不宜用在同一行程两种进给速度的转换上，只可用在速度预选的场合。

执行元件还可以通过电液比例流量阀来实现速度的无级变换，切换过程平稳。

7.3 方向控制回路

通过控制进入执行元件液流的通断或变向来实现液压系统执行元件的启动、停止或改变运动方向的回路称为方向控制回路。常用的方向控制回路有换向回路、锁紧回路和制动回路。

7.3.1 换向回路

(1) 采用换向阀的换向回路

采用二位四通（五通）、三位四通（五通）换向阀都可以使执行元件换向。二位阀只能使执行元件正、反向运动，而三位阀有中位，不同中位滑阀机能可使系统获得不同性能。对于利用重力或弹簧力回程的单作用液压缸，用二位三通阀就可使其换向，见图 7-23。

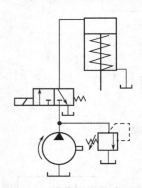

图 7-23　单作用缸换向回路

采用电磁阀换向最为方便，但电磁阀动作快，换向有冲击。交流电磁铁一般不宜频繁切换，以免线圈烧坏。采用电液换向阀，可通过调节单向节流阀（阻尼器）来控制其液动阀的换向速度，换向冲击较小，但仍不能进行频繁切换。

用机动阀换向时，可以通过工作机构的挡块和杠杆，直接使阀换向，这样既省去了电磁阀换向的行程开关、继电器等中间环节，换向频率也不会受电磁铁的限制。但是机动阀必须安装在工作机构附近，且当工作机构运动速度很低、挡块推动杠杆带动换向阀芯移至中间位置时，工作机构可能因失去动力而停止运动，出现换向死点；当工作机构运动速度较高时，又可能因换向阀芯移动过快而引起换向冲击。因此，对一些需要频繁、连续地往复运动，且对换向过程又有很多要求的工作机构（如磨床工作台），常用机动滑阀作先导阀，由它控制一个可调式液动换向阀实现换向。

图 7-24 为采用机液换向阀的换向回路，按照工作台制动原理不同，机液换向阀的换向回路分为时间控制制动式和行程控制制动式两种。它们的主要区别在于前者的主油路只受主换向阀 3 的控制，而后者的主油路还受先导阀 2 的控制，先导阀阀芯上的制动锥可逐渐将液压缸的回油通道变小，使工作台实现预制动。当节流器 J_1、J_2 的开口调定后，不论工作台原来的速度快慢如何，前者工作台制动的时间基本不变，而后者工作台预先制动的行程基本不变。时间控制制动式换向回路主要用于工作部件运动速度大、换向频率高、换向精度要求不高的场合，如平面磨床液压系统。行程控制制动式换向回路适用于工作部件运动速度不大，但换向精度要求较高的场合，如内圆、外圆磨床液压系统。

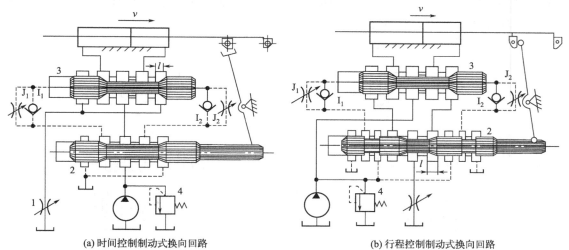

(a) 时间控制制动式换向回路

1—节流阀；2—二位四通先导阀；3—换向阀；4—逆流阀

(b) 行程控制制动式换向回路

1—节流阀；2—二位七通先导阀；3—换向阀；4—逆流阀

图 7-24 采用机液换向阀的换向回路

（2）采用双向变量泵的换向回路

在闭式回路中可用双向变量泵变更供油方向来实现液压缸（马达）换向。如图 7-25 所示，执行元件是单杆双作用液压缸 5，活塞向右运动时，其进油流量大于排油流量，双向变量泵 1 吸油侧流量不足，可用辅助泵 2 通过单向阀 3 来补充；变更双向变量泵 1 的供油方向，活塞向左运动时，排油流量大于进油流量，泵 1 吸油侧多余的油液通过由缸 5 进油侧压力控制的二位二通阀 4 和溢流阀 6 排回油箱。溢流阀 6 和 8 既使活塞向左或向右运动时泵吸油侧有一定的吸入压力，又可使活塞运动平稳。溢流阀 7 是防止系统过载的安全阀。这种回路适用于压力较高、流量较大的场合。

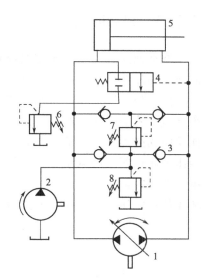

图 7-25 采用双向变量泵的换向回路

7.3.2 锁紧回路

锁紧回路的功能是通过切断执行元件的进油、出油通道来使它停在任意位置，并防止停止运动后因外界因素而发生窜动。使液压缸锁紧的最简单的方法是利用三位换向阀的 M 型或 O 型中位机能来封闭缸的两腔，使活塞在行程范围内任意位置停止。但由于滑阀存在泄漏，不能长时间保持停止位置不动，锁紧精度不高。最常用的方法是采用液控单向阀作锁紧元件，如图 7-26 所示，在液压缸的两侧油路上都串接一液控单向阀（液压锁），活塞可以在行程的任何位置上长期锁紧，不会因外界原因而窜动，其锁紧精度只受液压缸的泄漏和油液压缩性的影响。为了保证锁紧迅速、准确，换向阀应采用 H 型或 Y 型中位机能。图 7-26 所示回路常用于汽车起重机的支腿油路和飞机起落架的收放油路中。

当执行元件是液压马达时，切断其进、出油口后理应停止转动，但因马达还有一泄油口直接通回油箱，当马达在重力负载力矩的作用下变成泵工况时，其出口油液将经泄油口流回油箱，使马达出现滑转。为此，在切断液压马达进、出油口的同时，需通过液压制动器来保证马达可靠停转，如图 7-27 所示。

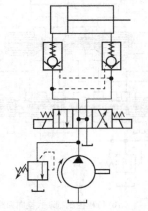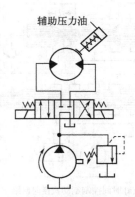

图 7-26　用液控单向阀的锁紧回路　　　　图 7-27　用制动器的马达锁紧回路

7.3.3　制动回路

制动回路的功能在于使执行元件平稳地由运动状态转换成静止状态。要求对油路中出现的异常高压和负压作出迅速反应，应使制动时间尽可能短，冲击尽可能小。

图 7-28（a）所示为采用溢流阀的液压缸制动回路。在液压缸两侧油路上设置反应灵敏的小型直动式溢流阀 2 和 4，换向阀切换时，活塞在溢流阀 2 或 4 的调定压力值下实现制动。如换向阀突然切换，活塞向右运动时，活塞右侧油液压力由于运动部件的惯性而突然升高，当压力超过阀 4 的调定压力，阀 4 打开溢流，缓和管路中的液压冲击，同时液压缸左腔通过单向阀 3 补油。活塞向左运动时，由溢流阀 2 和单向阀 5 起缓冲和补油作用。缓冲溢流阀 2 和 4 的调定压力一般比主油路溢流阀 1 的调定压力高 5%～10%。

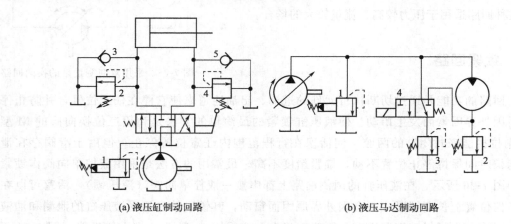

(a) 液压缸制动回路　　　　　　　　　(b) 液压马达制动回路

图 7-28　采用溢流阀的制动回路

图 7-28（b）所示为采用溢流阀的液压马达制动回路。在液压马达的回油路上串接一溢流阀 2。换向阀 4 电磁铁得电时，马达由泵供油而旋转，马达排油通过背压阀 3 回油箱，背

压阀调定压力一般为 0.3～0.7MPa。当电磁铁失电时，切断马达回油，马达制动。由于惯性负载作用，马达将继续旋转，马达的最大出口压力由溢流阀 2 限定，即出口压力超过阀 2 的调定压力时阀 2 打开溢流，缓和管路中的液压冲击。泵在阀 3 调定的压力下低压卸载，并在马达制动时实现有压补油，使其不致吸空。溢流阀 2 的调定压力不宜调得过高，一般等于系统的额定工作压力。溢流阀 1 为系统的安全阀。

7.4　多执行元件工作控制回路

如果由一个油源给多个执行元件供油，各执行元件会因回路中压力、流量的相互影响而在动作上受到牵制。可以通过压力、流量、行程控制来实现多执行元件预定动作的要求。

7.4.1　顺序动作回路

顺序动作回路的功用在于使几个执行元件严格按照预定顺序依次动作。按控制方式不同，分为压力控制和行程控制两种。

(1) 压力控制顺序动作回路

利用液压系统工作过程中的压力变化来使执行元件按顺序先后动作是液压系统独具的控制特性。图 7-29(a) 是用顺序阀控制的顺序回路。钻床液压系统的动作顺序为①夹紧工件→②钻头进给→③钻头退出→④松开工件。当换向阀 5 左位接入回路，夹紧缸活塞向右运动，夹紧工件后回路压力升高到顺序阀 3 的调定压力，顺序阀 3 开启，缸 2 活塞才向右运动进行钻孔。钻孔完毕，换向阀 5 右位接入回路，钻孔缸 2 活塞先退到左端点，回路压力升高，打开顺序阀 4，再使夹紧缸 1 活塞退回原位。

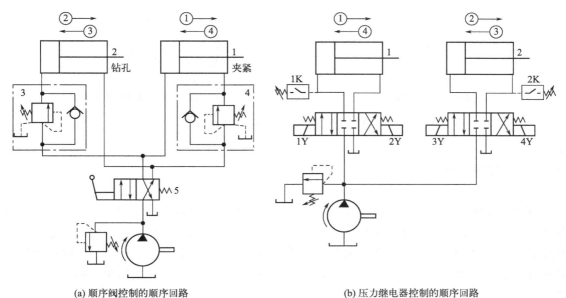

(a) 顺序阀控制的顺序回路　　　　　　(b) 压力继电器控制的顺序回路

图 7-29　压力控制顺序动作回路

151

图 7-29(b) 是用压力继电器控制电磁换向阀来实现顺序动作的回路。按启动按钮，电磁铁 1Y 得电，缸 1 活塞前进到右端点后，回路压力升高，压力继电器 1K 动作，使电磁铁 3Y 得电，缸 2 活塞前进。按返回按钮，1Y、3Y 失电，4Y 得电，缸 2 活塞先退回原位后，回路压力升高，压力继电器 2K 动作，使 2Y 得电，缸 1 活塞后退。

压力控制的顺序动作回路中，顺序阀或压力继电器的调定压力必须大于前一动作执行元件的最高工作压力的 10%~15%，否则在管路中的压力冲击或波动下会造成误动作，引起事故。这种回路只适用于系统中执行元件数目不多、负载变化不大的场合。

（2）行程控制顺序动作回路

图 7-30(a) 是采用行程阀控制的顺序回路。图示位置两液压缸活塞均退至左端点。电磁阀 3 左位接入回路后，缸 1 活塞先向右运动，当活塞杆上挡块压下行程阀 4 后，缸 2 活塞才向右运动；电磁阀 3 右位接入回路，缸 1 活塞先退回，其挡块离开行程阀 4 后，缸 2 活塞才退回。这种回路动作可靠，但要改变动作顺序较难。

图 7-30(b) 是采用行程开关控制电磁换向阀的顺序回路。按启动按钮，电磁铁 1Y 得电，缸 1 活塞先向右运动，当活塞杆上的挡块压下行程开关 2S 后，电磁铁 2Y 得电，缸 2 活塞才向右运动，直到压下 3S，使 1Y 失电，缸 1 活塞向左退回，而后压下行程开关 1S，使 2Y 失电，缸 2 活塞再退回。在这种回路中，调整挡块位置即可调整液压缸的行程，通过电控系统可任意地改变动作顺序，方便灵活，应用广泛。

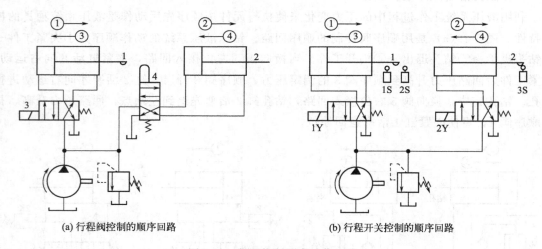

(a) 行程阀控制的顺序回路　　　　　　(b) 行程开关控制的顺序回路

图 7-30　行程控制顺序动作回路

7.4.2　同步回路

同步回路的功用是使系统中多个执行元件克服负载、摩擦阻力、泄漏、制造质量和结构变形上的差异，而保证在运动上的同步。同步运动分为速度同步和位置同步两类。速度同步是指各执行元件的运动速度相等，而位置同步是指各执行元件在运动中或停止时都保持相同的位移量。严格地做到每瞬间速度同步，则也能保持位置同步。实际上同步回路多数采用速度同步。

（1）用流量控制阀的同步回路

图 7-31(a) 中，在两个并联液压缸的进（回）油路上分别串接一个调速阀，仔细调整两个调速阀的开口大小，控制进入两液压缸或自两液压缸流出的流量，可使它们在一个方向上实现速度同步。这种回路结构简单，但调整比较麻烦，同步精度不高，不宜用于偏载或负载变化频繁的场合。如图 7-31(b) 所示，采用分流集流阀（同步阀）3 代替调速阀来控制两液压缸 5、6 的进入或流出的流量，可使两液压缸在承受不同负载时仍能实现速度同步。回路中的单向节流阀 2 用来控制活塞的下降速度，液控单向阀 4 是防止活塞停止时的两缸负载不同而通过分流阀的内节流孔窜油。由于同步作用靠分流集流阀自动调整，使用较为方便，但效率低，压力损失大，不宜用于低压系统。

（2）用串联液压缸的同步回路

有效工作面积相等的两个液压缸串联起来便可实现两缸同步，这种回路允许较大偏载，因偏载造成的压差不影响流量的改变，只导致微量的压缩和泄漏，因此同步精度较高，回路效率也较高。这种情况下泵的供油压力至少是两缸工作压力之和。由于制造误差、内泄漏及混入空气等因素的影响，经多次行程后，两缸将出现显著的位置差别。为此，回路中应具有位置补偿装置，如图 7-32 所示。1 为溢流阀，2 为换向阀。当两缸活塞同时下行时，若缸 5 活塞先到达行程端点，则挡块压下行程开关 1S，电磁铁 3Y 得电，换向阀 3 左位接入回路，压力油经换向阀 3 和液控单向阀 4 进入缸 6 上腔，进行补油，使缸 6 活塞继续下行到达行程端点。如果缸 6 活塞先到达端点，则行程开关 2S 使电磁铁 4Y 得电，换向阀 3 右位接入回路，压力油进入液控单向阀 4 的控制腔，打开阀 4，缸 5 下腔与油箱接通，使其活塞继续下行到达行程端点，从而消除积累误差。

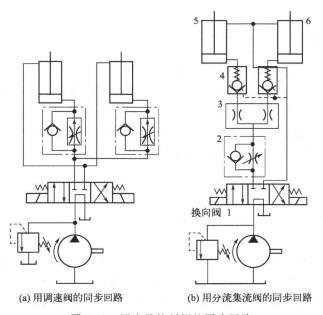

图 7-31　用流量控制阀的同步回路

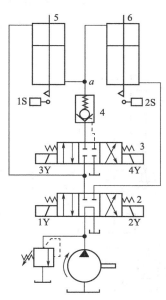

图 7-32　带补偿装置的串联缸同步回路

（3）用同步缸或同步马达的同步回路

图 7-33(a) 是同步缸的同步回路。同步缸 3 是两个尺寸相同的缸体和两个活塞共用一个

活塞杆的液压缸，活塞向左或向右运动时输出或接收相等容积的油液，在回路中起着配流的作用，使有效面积相等的两个液压缸实现双向同步运动。同步缸的两个活塞上装有双作用单向阀 4，可以在行程端点消除误差。

和同步缸一样，用两个同轴等排量双向液压马达 3 作配油环节，输出相同流量的油液亦可实现两缸双向同步。如图 7-33（b）所示，节流阀 4 用于在行程端点消除两缸位置误差。

这种回路的同步精度比采用流量控制阀的同步回路高，但专用的配流元件带来了系统复杂、制作成本高的缺点。

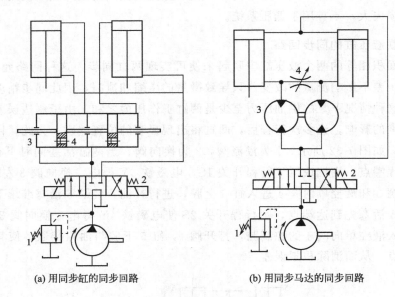

(a) 用同步缸的同步回路   (b) 用同步马达的同步回路

图 7-33 用同步缸、同步马达的同步回路

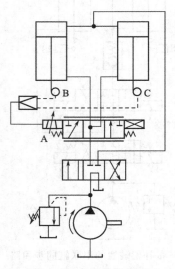

图 7-34 采用伺服阀的
同步回路

（4）用比例阀或伺服阀的同步回路

当液压系统有很高的同步精度要求时，必须采用比例阀或伺服阀的同步回路。图 7-34 示为一例，伺服阀 A 根据两个位移传感器 B、C 的反馈信号，持续不断地调整阀口开度，控制两个液压缸的输入或输出流量，使它们获得双向同步运动。

7.4.3 多路换向阀控制回路

多路换向阀是若干个单连换向阀、安全溢流阀、单向阀和补油阀等组合成的集成阀，具有结构紧凑、压力损失小、有多位性能等优点，主要用于起重运输机械、工程机械及其他行走机械多个执行元件的运动方向和速度的集中控制。其操纵方式多为手动操纵，当工作压力较高时，则采用减压阀先导操纵。按多路换向阀的连接方式分为串联、并联、串并联三种基本油路。

（1）串联油路

如图 7-35（a）所示，多路换向阀内第一连滑阀的回油为下一连的进油，依次下去直到最后一连滑阀。串联油路的特点是工作时可以实现两个以上执行元件的复合动作，这时泵的工作压力等于同时工作的各执行元件负载压力的总和。但外负载较大时，串联的执行元件很难实现复合动作。

（2）并联油路

如图 7-35（b）所示，从多路换向阀进油口来的压力油可直接通到各连滑阀的进油腔，各连滑阀的回油腔又都直接与总回油路相连。并联油路的多路换向阀既可控制执行元件单动，又可实现复合动作。复合动作时，若各执行元件的负载相差很大，则负载小的先动，复合动作成为顺序动作。

（3）串并联油路

如图 7-35（c）所示，按串并联油路连接的多路换向阀每一连滑阀的进油腔都与前一连滑阀的中位回油通道相通，每一连滑阀的回油腔则直接与总回油口相连，即各滑阀的进油腔串联，回油腔并联。当一个执行元件工作时，后面的执行元件的进油道被切断。因此多路换向阀中只能有一个滑阀工作，即各滑阀之间具有互锁功能，各执行元件只能实现单动。

当多路换向阀的连数较多时，常采用上述三种油路连接形式的组合，称为复合油路连接。无论多路换向阀是何种连接方式，在各个执行元件都处于停止位置时，液压泵可通过各连滑阀的中位自动卸载，而当任一执行元件要工作时，液压泵又立即恢复供应压力油。

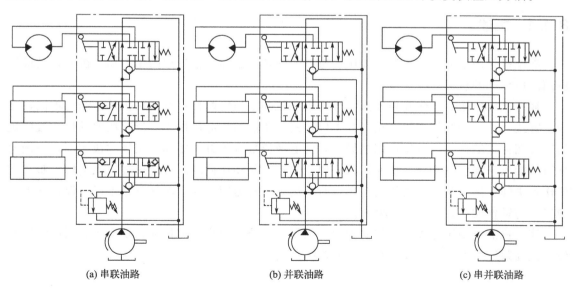

(a) 串联油路　　　　　　　　　　(b) 并联油路　　　　　　　　　　(c) 串并联油路

图 7-35　多路换向阀控制回路

第 8 章

成型设备液压系统实例

液压传动广泛应用在机械制造、冶金、工程机械、船舶、航空和航天等领域，不同领域的液压系统的组成、作用和特点不尽相同。本章通过几个典型的成型设备液压系统实例，介绍液压技术在材料成型设备中的应用，目的是使读者进一步理解各种液压元件和液压基本回路的功能及作用，学会阅读液压系统原理图，进而掌握分析液压系统的步骤和方法。

8.1 液压机液压系统

8.1.1 概述

液压机是用于锻压、冷挤、冲压、弯曲、粉末冶金等工艺过程的压力加工机械，是最早应用液压传动的机械之一。

液压机按所用的工作介质不同，分为水压机和油压机两种；按主机机体的结构不同，分为单臂式、柱式和框架式等类型。其中以柱式油压液压机应用最为广泛。典型的柱式液压机为三梁四柱式结构，上滑块由四柱导向，由上液压缸（主缸）驱动，实现"快速下行→慢速下行、加压→保压→卸压、快速回程→原位停止"的动作循环。下液压缸（顶出缸）布置在工作台中间孔内，驱动下滑块实现"上行顶出→下行退回"或"浮动压边下行→停止→上行顶出"的动作循环，如图 8-1 所示。

液压机液压系统是以压力控制为主的系统，系统压力高，流量大，功率大，因此特别要注意提高系统效率，而且要防止卸压时产生冲击。

8.1.2 3150kN 液压机液压系统工作原理及特点

8.1.2.1 液压系统工作原理

图 8-2 所示为 3150kN 液压机液压系统原理图。系统油源中主泵 1 是高压大流量压力补偿恒功率变量泵，最高工作压力由溢流阀 4 的远程调压阀 5 调定。辅助泵 2 是低压小流量

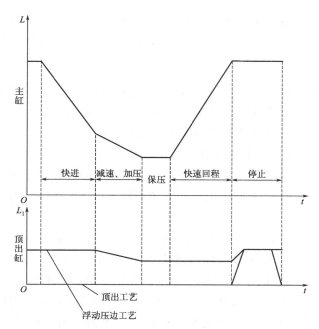

图 8-1　液压机动作循环图

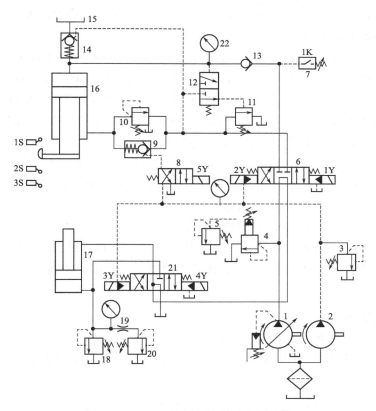

图 8-2　3150kN 液压机液压系统原理图

1—主泵；2—辅助泵；3,4,18—溢流阀；5—远程调压阀；6,21—电液换向阀；7—压力继电器；8—电磁换向阀；
9—液控单向阀；10,20—背压阀；11—顺序阀；12—液控滑阀；13—单向阀；14—充液阀；
15—油箱；16—主缸；17—顶出缸；19—节流器；22—压力表

泵，为电液换向阀、液控单向阀和充液阀提供控制油，其压力由溢流阀 3 调定。现以一般的定压成型压制工艺（图 8-1 所示的动作循环）为例，说明该液压机液压系统的工作原理。

(1) 主缸运动

① 快速下行。电磁铁 1Y、5Y 得电，电液换向阀 6 由中位换至右位，电磁换向阀 8 换至右位，控制油经阀 8 右位使液控单向阀 9 打开。此时油液流动情况为：

进油路：泵 1→换向阀 6 右位→单向阀 13→主缸 16 上腔。

回油路：主缸 16 下腔→液控单向阀 9→换向阀 6 右位→换向阀 21 中位→油箱。

主缸滑块在自重作用下迅速下降，压力补偿变量泵 1 虽处于最大流量状态，但仍不能满足主缸的流量要求，因而主缸上腔形成负压，液压机顶部油箱 15 的油液经充液阀 14 进入主缸上腔。

② 慢速下行、加压。当主缸滑块触动行程开关 2S 后，电磁铁 5Y 失电，阀 8 靠弹簧复位，液控单向阀 9 关闭。主缸下腔油液经背压阀 10、阀 6 右位、阀 21 中位回油箱。这时，由于主缸上腔压力升高，充液阀 14 关闭，主缸只在泵 1 供给的压力油作用下慢速接近工件。当主缸滑块接触工件后，阻力急剧增加，上腔压力进一步升高，泵 1 的输出流量自动减少。

③ 保压。当主缸上腔压力达到预定值时，压力继电器 7 发出信号，使电磁铁 1Y 失电，阀 6 回中位，主缸的上、下腔封闭，泵 1 经阀 6、阀 21 的中位卸荷。此时，由于单向阀 13 和充液阀 14 的阀芯锥面具有良好的密封性，主缸上腔处于保压状态，保压时间由压力继电器 7 控制的时间继电器调整。

④ 卸压、快速回程。保压过程结束，时间继电器发出信号，使电磁铁 2Y 得电，阀 6 换至左位。由于主缸上腔压力很高，液控滑阀 12 处于上位，压力油经阀 6 左位及阀 12 上位使外控顺序阀 11 开启。此时，泵 1 输出油液经顺序阀 11 回油箱。泵 1 在低压下工作，此压力不足以打开充液阀 14 的主阀芯，但是可以打开阀 14 主阀芯上的小卸载阀芯，使主缸上腔油液经此卸载阀芯开口泄回顶部油箱 15，压力逐渐降低。

当主缸上腔压力泄至一定值后，液控滑阀 12 靠弹簧复位，外控顺序阀 11 关闭，泵 1 供油压力升高，阀 14 完全打开，主缸快速回程。此时油液流动情况如下。

进油路：泵 1→换向阀 6 左位→液控单向阀 9→主缸下腔。

回油路：主缸上腔→充液阀 14→顶部油箱 15。

⑤ 原位停止。当主缸滑块上升至触动行程开关 1S 后，电磁铁 2Y 失电，阀 6 处于中位，液控单向阀 9 将主缸下腔封闭，主缸原位停止不动。泵 1 输出油经阀 6、阀 21 中位回油箱，泵 1 卸荷。

(2) 顶出缸运动

按一般顶出工艺要求的顶出缸运动如下。

① 上行顶出。电磁铁 3Y 得电，换向阀 21 由中位换至左位，顶出缸活塞上升，顶出工件。此时油液流动情况如下。

进油路：泵 1→换向阀 6 中位→换向阀 21 左位→顶出缸 17 下腔。

回油路：顶出缸 17 上腔→换向阀 21 左位→油箱。

② 下行退回。电磁铁 3Y 失电，4Y 得电，换向阀 21 换至右位，顶出缸活塞下降，退回。此时油液流动情况如下。

进油路：泵 1→换向阀 6 中位→换向阀 21 右位→顶出缸 17 上腔。

回油路：顶出缸 17 下腔→换向阀 21 右位→油箱。

作薄板拉伸压边时，要求顶出缸作为液压垫工作，即在主缸加压前顶出缸活塞先上升到一定位置停留，主缸加压时，顶出缸既要保持一定压力，又能随主缸滑块的下压而下降，这种按浮动压边工艺要求的顶出缸运动如下。

浮动压边下行：在主缸滑块下压时，顶出缸活塞随之被迫下行。此时换向阀 21 处于中位，顶出缸下腔油液经节流器 19 和背压阀 20 流回油箱，使顶出缸下腔保持所需的压边压力，浮动压边压力由背压阀 20 调定。顶出缸上腔则经阀 21 中位从油箱补油。溢流阀 18 为顶出缸下腔的安全阀。

上行顶出：与按一般顶出工艺要求的顶出缸上行顶出运动相同。

表 8-1 为 3150kN 液压机的电磁铁动作顺序表。

表 8-1　3150kN 液压机的电磁铁动作顺序表

	工况	1 Y	2 Y	3 Y	4 Y	5 Y
主缸	快速下行	+				+
	慢速下行、加压	+				
	保压					
	卸压、快速回程		+			
	原位停止					
顶出杠	上行顶出			+		
	下行退回				+	
	浮动压边下行	+				

注："＋"表示通电。

8.1.2.2　液压系统特点

① 利用主缸活塞、滑块自重的作用实现快速下行，并利用充液阀和充液油箱对主缸充液，从而减小了泵的规格，简化了油路结构。

② 采用压力补偿恒功率变量泵，可以根据系统不同工况自动调整供油量，从而可以免除溢流功率损失，节省能量。

③ 采用单向阀 13 保压及由顺序阀 11 和带卸载阀芯的充液阀 14 组成的卸压回路，结构简单，减小了由保压转换为快速回程的液压冲击。

8.2　塑料注射机液压系统

8.2.1　概述

塑料注射成型机（简称注塑机）是用于热塑性塑料的成型加工机械。它将颗粒状的塑料加热熔化至流动状态，用注射装置高压快速注入模具内，保压一段时间，经冷却凝固而制成成型的塑料制品。

注塑机的工艺流程一般为：

合模→注射座前移→注射→保压→预塑→防流涎→注射座后退→开模→顶出缸前进→顶出缸后退→合模

由于注射成型工艺顺序动作多、成型周期短、需要很大的注射压力和合模力，因此注塑机多采用液压传动。注塑机对液压系统的要求是要有足够的合模力、可调节的合模和开模速度、可调节的注射压力和注射速度、保压及可调的保压压力，系统还应设有安全联锁装置。

8.2.2 SZ-250A 型塑料注射机液压系统工作原理及特点

8.2.2.1 液压系统工作原理

SZ-250A 型注塑机属中小型注塑机，每次最大注射容量为 $250cm^3$。图 8-3 为 SZ-250A 型注塑机液压系统原理图，系统采用双泵供油，大流量泵 1 流量为 194L/min，最高压力由电磁溢流阀 3 控制。小流量泵 2 流量为 48L/min，其压力由电磁溢流阀 4 及溢流阀 18、19、20 和电磁换向阀 17、21 组成的多级调压回路控制。各执行元件的动作循环依靠行程开关切换电磁、电液换向阀来实现。现以上述一般的工艺流程说明该注塑机液压系统的工作原理，其中电磁铁动作顺序如表 8-2 所示。

表 8-2 SZ-250A 型注塑机电磁铁动作顺序表

动作循环		1Y	2Y	3Y	4Y	5Y	6Y	7Y	8Y	9Y	10Y	11Y	12Y	13Y	14Y
合模	慢速		+	+											
	快速	+	+	+											
	低压		+	+										+	
	高压		+	+											
注射座前移			+					+							
注射	慢速		+					+			+		+		
	快速	+	+					+	+		+		+		
保压			+					+			+				+
预塑		+	+									+			
防流涎			+							+					
注射座后退			+				+								
开模	慢速Ⅰ		+		+										
	快速	+	+		+										
	慢速Ⅱ	+			+										
顶出	顶出缸前进		+			+									
	顶出缸后退		+												
螺杆后退			+							+					

注："+"表示通电。

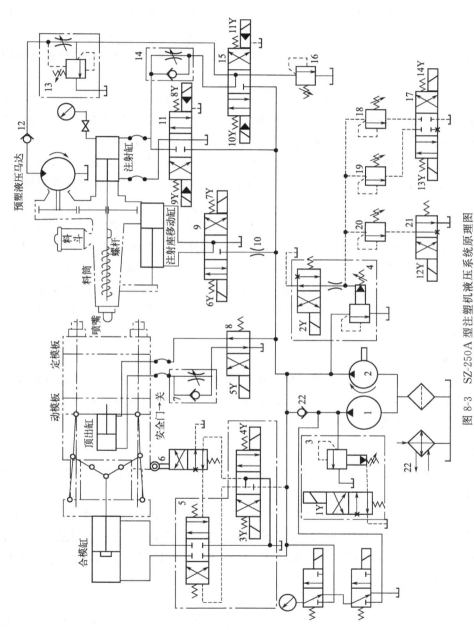

图 8-3　SZ-250A 型注塑机液压系统原理图

1—大流量泵；2—小流量泵；3、4—电磁溢流阀；5、11、15—电磁换向阀；6—行程阀；7—单向调节阀；8、9、17、21—电磁换向阀；10—不可调节节流阀；12、22—单向阀；13—旁通型调速阀；14—单向节流阀；16—背压阀；18、19、20—溢流阀；22—冷却器

（1）关安全门

为保证操作安全，注塑机都装有安全门。关安全门，行程阀 6 靠弹簧复位，整个动作循环才能开始。

（2）合模

在合模过程中，动模板慢速启动，快速前移，接近定模板时，液压系统转为低压，慢速控制。在确认模具内没有异物存在后，系统转为高压，使模具闭合。这里采用了液压-机械组合式合模机构，合模缸通过对称五连杆机构推动模板进行开模和合模，连杆机构具有增力和自锁作用。

① 慢速合模。电磁铁 2Y、3Y 带电，大流量泵 1 通过电磁溢流阀 3 卸荷，小流量泵 2 的最高压力由电磁溢流阀 4 调定，泵 2 输出油液经电液换向阀 5 右位进入合模缸左腔，推动活塞带动连杆慢速合模，合模缸右腔油液经 5 右位和冷却器 22 回油箱。

② 快速合模。当动模板触及慢速转快速行程开关时，电磁铁 1Y 得电，2Y、3Y 带电，泵 1 不再卸荷，其输出的全部油液经单向阀 22 与泵 2 的供油汇合，同时向合模缸左腔供油，实现快速合模。

③ 低压合模。当动模板接近闭合，触及低压保护行程开关时，电磁铁 1Y 失电，13Y 得电，2Y、3Y 带电，泵 1 卸荷，泵 2 单独供油，其压力由远程调压阀 18 控制。由于阀 18 所调压力较低，合模缸推力较小，即使两个模板间有硬质异物，也不致损坏模具表面。

④ 高压合模。当动模板超过低压保护区段，触及高压锁模行程开关时，电磁铁 13Y 断电，2Y、3Y 带电，泵 1 卸载，泵 2 单独供油。系统压力由高压溢流阀 4 控制，高压合模并使连杆产生弹性变形，牢固地锁紧模具。

（3）注射座前移

当动模板触及高压锁模结束行程开关时，电磁铁 3Y 失电，7Y 得电，2Y 带电，泵 1 卸载，泵 2 的压力油经电磁换向阀 9 右位进入注射座移动缸右腔，注射座前移使喷嘴与模具接触，注射座移动缸左腔油液经阀 9 右位回油箱。

（4）注射

此过程中，注射螺杆以一定的压力和速度将料筒前端的熔料经喷嘴注入模腔。分慢速注射和快速注射两种。

① 慢速注射。当注射座前移触及结束行程开关时，电磁铁 10Y、12Y 得电，2Y、7Y 带电，泵 1 卸载，泵 2 的压力油经电液换向阀 15 左位、单向节流阀 14 进入注射缸右腔，左腔油液经电液换向阀 11 中位回油箱，注射缸活塞带动注射螺杆慢速注射。注射速度由单向节流阀 14 调节，溢流阀 20 起定压作用。

② 快速注射。当注射缸触及慢速结束行程开关时，电磁铁 1Y、8Y 得电，2Y、7Y、10Y、12Y 带电，泵 1、泵 2 的压力油合并，经电液换向阀 11 右位进入注射缸右腔，左腔油液经阀 11 右位回油箱。由于两个泵同时供油，且不经过单向节流阀 14，注射速度加快。此时，溢流阀 20 起安全阀作用。

（5）保压

当注射缸触及注射结束行程开关时，电磁铁 14Y 得电。1Y、8Y、12Y 断电，2Y、7Y、

10Y 带电，泵 1 卸载，泵 2 单独供油，由于注射缸对模腔内的熔料实行保压并补塑，只需少量油液，所以多余的油液经溢流阀 4 溢回油箱。保压压力由溢流阀 19 控制。

(6) 预塑

此过程中，从料斗加入的物料随着螺杆的转动被带至料筒前端，进行加热塑化，并建立起一定压力。当螺杆头部熔料压力到达能克服注射缸活塞退回的阻力时，螺杆开始后退，后退到预定位置，即螺杆头部熔料达到所需注射量时，螺杆停止转动和后退，准备下一次注射。与此同时，在模腔内的制品冷却成型。螺杆转动由预塑液压马达通过齿轮机构驱动。

保压结束后，时间继电器发出信号，电磁铁 1Y、11Y 得电，10Y、14Y 失电，2Y、7Y 带电，泵 1 和泵 2 的压力油经电液换向阀 15 右位、旁通型调速阀 13 和单向阀 12 进入液压马达，液压马达的转速由旁通型调速阀 13 控制，电磁溢流阀 4 为安全阀。螺杆头部熔料压力迫使注射缸后退时，注射缸右腔油液经单向节流阀 14、电液换向阀 15 右位和背压阀 16 回油箱，其背压力由阀 16 控制。同时注射缸左腔产生局部真空，油箱的油液在大气压力作用下经阀 11 中位进入其内。

(7) 防流涎

采用直通敞开式喷嘴时，预塑加料结束，应使螺杆后退一小段距离，以减小料筒前端压力，防止喷嘴端部物料流出。

当注射缸活塞退回触及预塑结束行程开关时，电磁铁 9Y 得电，1Y、11Y 断电，2Y、7Y 带电，泵 1 卸荷，泵 2 压力油一方面经阀 9 右位进入注射座移动缸右腔，使喷嘴与模具保持接触，另一方面经阀 11 左位进入注射缸左腔，使螺杆强制后退。注射座移动缸左腔和注射缸右腔油液分别经阀 9 和阀 11 回油箱。

(8) 注射座后退

当注射缸活塞后退至触及防流涎结束行程开关时，电磁铁 6Y 得电，7Y、9Y 断电，2Y 带电，泵 1 卸荷，泵 2 压力油经阀 9 左位使注射座后退。

(9) 开模

开模速度一般为慢→快→慢。

① 慢速 I 开模。当注射座后退触及结束行程开关时，电磁铁 4Y 得电，6Y 断电，2Y 带电，泵 1 卸荷，泵 2 压力油经电液换向阀 5 左位进入合模缸右腔，合模缸以慢速 I 后退开模，左腔油液经阀 5 回油箱。

② 快速开模。当动模板触及快速开模行程开关时，电磁铁 1Y 得电，2Y、4Y 带电，泵 1、泵 2 压力油合并，经电液换向阀 5 左位进入合模缸右腔，左腔油液经阀 5 回油箱。

③ 慢速 II 开模。当动模板触及慢速 II 开模行程开关时，电磁铁 1Y 得电，2Y 断电，4Y 带电，泵 2 卸荷，泵 1 压力油经电液换向阀 5 左位进入合模缸右腔，合模缸以慢速 II 后退开模，左腔油液经阀 5 回油箱。

(10) 顶出

① 顶出缸前进。当动模板触及开模结束行程开关时，电磁铁 2Y、5Y 得电，1Y、4Y 断电，泵 1 卸荷，泵 2 压力油经电磁换向阀 8 左位、单向节流阀 7 进入顶出缸左腔，推动顶出杆顶出制品。其运动速度由单向节流阀 7 调节，溢流阀 4 为定压阀。

② 顶出缸后退。当顶出缸前进触及结束行程开关时，电磁铁 5Y 断电，2Y 带电，泵 1 卸荷，泵 2 的压力油经阀 8 常位使顶出缸后退。

8.2.2.2 液压系统特点

① 为保证足够的模具合模力，防止高压注射时模具离缝产生塑料溢边，系统采用了液压-机械组合式五连杆增力锁模机构。

② 根据塑料注射成型工艺，模具在启闭过程和塑料注射时各阶段速度不一样，快慢速比值较大，为此，系统采用了双泵供油方式，快速时双泵合流，慢速时一个泵供油，另一个泵卸载，系统功率利用比较合理。

③ 在注塑机整个动作循环过程中，按合模、注射、保压等动作的要求，液压系统需要有不同的压力，为此，系统采用了由多个并联的远程调压阀控制的多级调压回路。

④ 系统采用液压马达代替电动机驱动螺杆进行预塑，并采用调速阀旁路节流调速，使螺杆速度可无级调节，充分利用了液压传动的优点。

⑤ 系统采用了电液开关阀和行程开关控制方式，实现多缸顺序动作，灵活方便。

第 9 章

液压系统的设计计算

液压系统设计作为液压主机设计的重要组成部分，设计时必须满足主机工作循环所需的全部技术要求，且静动态性能好、效率高、结构简单、工作安全可靠、寿命长、经济性好、使用维护方便。为此，要明确与液压系统有关的主机参数的确定原则，要与主机的总体设计（包括机械、电气设计）综合考虑，做到机、电、液相互配合，保证整机的性能最好。

液压系统设计的步骤一般是：

① 明确液压系统使用要求，进行负载特性分析。

② 设计液压系统方案。

③ 计算液压系统主要参数。

④ 绘制液压系统工作原理图。

⑤ 选择液压元件。

⑥ 验算液压系统性能。

⑦ 设计液压装置结构。

⑧ 绘制工作图，编制文件，并提出电气系统设计任务书。

9.1 液压系统的设计步骤

9.1.1 液压系统使用要求及速度负载分析

(1) 使用要求

主机对液压系统的使用要求是液压系统设计的主要依据。因此，设计液压系统前必须明确下列问题：

① 主机的用途、总体布局、对液压装置的位置及空间尺寸的限制。

② 主机的工艺流程、动作循环、技术参数及性能要求。

③ 主机对液压系统的工作方式及控制方式的要求。

④ 液压系统的工作条件和工作环境。

⑤ 经济性与成本等方面的要求。

（2）速度负载分析

对主机工作过程中各执行元件的运动速度及负载规律进行分析的内容包括：

① 各执行元件无负载运动的最大速度（快进、快退速度）、有负载的工作速度（工进速度）范围以及它们的变化规律，并绘制速度图（v-t 图）。

② 各执行元件的负载是单向负载还是双向负载，是与运动方向相反的正值负载还是与运动方向相同的负值负载，是恒定负载还是变负载，负载力的方向是否与液压缸活塞轴线重合。对复杂的液压系统需绘制负载图（F-t 图）。

9.1.2 液压系统方案设计

（1）确定回路方式

一般选用开式回路，即执行元件的排油回油箱，油液经过沉淀、冷却后再进入液压泵的进口。行走机械和航空航天液压装置为减少体积和重量可选择闭式回路，即执行元件的排油直接进入液压泵的进口。

（2）选用液压油液

普通液压系统选用矿油型液压油作工作介质，其中室内设备多选用汽轮机油和普通液压油，室外设备则选用抗磨液压油或低凝液压油，航空液压系统多选用航空液压油。对某些高温设备或井下液压系统，应选用难燃介质，如磷酸酯液、水-乙二醇、乳化液。液压油液选定后，设计和选择液压元件时应考虑其相容性。

（3）初定系统压力

液压系统的压力与液压设备工作环境、精度要求等有关，常用的液压系统压力推荐如表 9-1。

表 9-1 各类设备的常用压力

设备类型	机床					农业机械、小型工程机械、工程机械辅助装置	液压机、重型机械、起重运输机械
	磨床	组合机床	车床铣床	齿轮加工机床	拉床龙门刨床		
工作压力 p /$\times 10^5$Pa	≪20	30～50	20～40	<63	<100	100～160	200～320

（4）选择执行元件

① 若要求实现连续回转运动，选用液压马达。如果转速高于 500r/min，可直接选用高速液压马达、如齿轮马达、双作用叶片马达或轴向柱塞马达；若转速低于 500r/min，可选用低速液压马达或高速液压马达加机械减速装置，低速液压马达有单作用连杆型径向柱塞马达和多作用内曲线径向柱塞马达。

② 要求往复摆动，可选用摆动液压缸或齿条活塞液压缸。

③ 若要求实现直线运动，应选用活塞液压缸或柱塞液压缸；如果是双向工作进给，应选用双活塞杆液压缸；如果只要求一个方向工作，反向退回，应选用单活塞杆液压缸；如果

负载力不与活塞杆轴线重合或缸径较大、行程较长,应选用柱塞缸,反向退回则采用其他方式。

（5）确定液压泵类型

① 系统压力 p ＜21MPa,选用齿轮泵或双作用叶片泵;p ＞21MPa,选用柱塞泵。

② 若系统采用节流调速,选用定量泵;若系统要求高效节能,应选用变量泵。

③ 若液压系统有多个执行元件,且各工作循环所需流量相差很大,应选用多台泵供油,实现分级调速。

（6）选择调速方式

① 中小型液压设备特别是机床,一般选用定量泵节流调速。若设备对速度稳定性要求较高,则选用调速阀的节流调速回路。

② 如果设备原动机是内燃机,可采用定量泵变转速调速,同时用多路换向阀阀口实现微调。

③ 采用变量泵调速,可以是手动变量调速,也可以是压力适应变量调速。

（7）确定调压方式

① 溢流阀旁接在液压泵出口,在进油和回油节流调速系统中为定压阀,保持系统工作压力恒定,其他场合为安全阀,限制系统最高工作压力。当液压系统在工作循环不同阶段的工作压力相差很大时,为节省能量消耗,应采用多级调压。

② 中低压系统为获得低于系统压力的二次压力可选用减压阀,大型高压系统宜选用单独的控制油源。

③ 为了使执行元件不工作时液压泵在很小输出功率下工作,应采用卸载回路。

④ 对垂直性负载应采用平衡回路,对垂直变负载则应采用限速锁,以保证重物平稳下落。

（8）选择换向回路

① 若液压设备自动化程度较高,应选用电动换向,此时各执行元件的顺序、互锁、联动等要求可由电气控制系统实现。

② 对行走机械,为工作可靠,一般选用手动换向。若执行元件较多,可选用多路换向阀。

（9）绘制液压系统原理图

液压基本回路确定以后,用一些辅助元件将其组合起来构成完整的液压系统。在组合回路时,尽可能多地去掉相同的多余元件,力求系统简单,元件数量、品种规格少。综合后的系统要能实现主机要求的各项功能,并且操作方便,工作安全可靠,动作平稳,调整维修方便。对于系统中的压力阀,应设置测压点,以便将压力阀调节到要求的数值,并可由测压点处压力表观察系统是否正常工作。

9.1.3 液压系统的参数计算

（1）执行元件主要结构尺寸计算

① 液压缸的主要尺寸确定。根据初定的系统压力 p_s,液压缸的最高工作压力 $p_{max} \approx$

$0.9p_s$。设液压缸回油背压为零，工作状态下液压缸的负载为 F_L，可得液压缸活塞作用面积

$$A = F_L / p_{max} \qquad (9\text{-}1)$$

对双活塞杆液压缸有 $A = \dfrac{\pi(D^2 - d^2)}{4}$，$D$ 为活塞直径，d 为活塞杆直径，一般取 $d = 0.5D$。

对单活塞杆液压缸有 $A = \dfrac{\pi D^2}{4}$，按往返速比要求一般取 $d = (0.5 \sim 0.7)D$。

对柱塞缸有 $A = \dfrac{\pi d_1^2}{4}$，d_1 为柱塞直径。

如在计算液压缸尺寸时需考虑背压，则可初定一参考数值，回路确定之后再修正。参考背压值见表 9-2。

表 9-2　液压缸参考背压值

系统类型	背压 $p_2 / \times 10^5 \, Pa$
回油路上有节流阀的调速系统	2~5
回油路上有调速阀的调速系统	5~8
回油路上装有背压阀的调速系统	5~15
带补油泵的闭式回路	8~15

若液压缸有低速要求时，已算出的有效作用面积 A 还应满足最低稳定速度的要求。即 A 应满足

$$\frac{q_{min}}{v_{min}} \ll A \qquad (9\text{-}2)$$

式中　q_{min}——流量控制阀或变量泵的最小稳定流量，由产品样本查出；

$\quad\quad\;\; v_{min}$——液压缸要求达到的最低工作速度。

计算出的活塞（液压缸）直径 D、活塞杆直径 d 或柱塞直径 d_1 需按国家标准 GB/T 2348—2018 圆整。在 D、d 确定后可求得液压缸所需流量 $q_1 = v_{max}A$。

② 液压马达的主要尺寸确定。为保证液压马达运转平稳，一般应设回油背压 $p_b = 0.5 \sim 1 MPa$。因此可由最大负载转矩 T_{Lmax}、最高转速 n_{Mmax} 及液压马达工作压力 p 计算液压马达的排量 V_M 及输入液压马达的最大流量 q_M

$$V_M = \frac{2\pi T_{Lmax}}{(p - p_b)\eta_{Mm}} \qquad (9\text{-}3)$$

$$q_M = \frac{n_{Mmax} V_M}{\eta_{MV}} \qquad (9\text{-}4)$$

式中　η_{MV}，η_{Mm}——液压马达的容积效率和机械效率，计算时可查手册或产品样本。

③ 作执行元件工况图。执行元件主要参数确定之后，根据设计任务要求，就可以算出执行元件在工作循环各阶段的工作压力、输入流量和功率，作出压力、流量和功率对时间（位移）的变化曲线，即工况图。当系统中包含多个执行元件时，其工况图就是各个执行元件工况图的综合。

液压执行元件的工况图是选择其他液压元件的依据，液压泵和各种阀的规格就是根据工况图中最大压力和最大流量确定的。

（2）液压泵的性能参数计算

① 确定液压泵的最大工作压力 p_P。

$$p_P \geqslant p_1 + \sum(\Delta p) \tag{9-5}$$

式中　p_1——执行元件的最高工作压力；

$\sum(\Delta p)$——执行元件进油路上的压力损失，如对夹紧、压制和定位等工况，在执行元件到终点时系统才出现最高工作压力，则 $\sum(\Delta p)=0$；其他工况，液压元件的规格和管路长度、直径未确定时，可初定简单系统 $\sum(\Delta p)=(2\sim 5)\times 10^5 Pa$，复杂系统 $\sum(\Delta p)=(5\sim 15)\times 10^5 Pa$。

② 确定液压泵的工作流量 q_P。

$$q_P \geqslant K \sum q_{max} \tag{9-6}$$

式中　$\sum q_{max}$——同时动作的各执行元件所需流量之和的最大值；

K——泄漏系数，一般取 $K=1.1\sim 1.3$，大流量时取小值，反之取大值。

对于节流调速系统，如果最大流量点处于溢流阀的工作状态，则泵的供油量须增加溢流阀的最小溢流量，一般为溢流阀的额定流量的 15%。当系统有蓄能器时，泵的最大供油量为一个工作循环中执行元件的平均流量与回路泄漏量之和。

③ 选择液压泵的规格型号。液压泵的规格型号按 p_P、q_P 值在产品目录中选取，并使液压泵有一定的压力储备，额定流量与泵的最大流量相符。

9.1.4　液压元件和装置的选择

（1）控制阀的选择

根据系统的最大工作压力和通过阀的实际最大流量，由产品样本确定阀的规格和型号，被选定阀的额定压力和额定流量应大于或等于系统的最大工作压力和阀的实际流量，必要时通过阀的实际流量可略大于该阀的额定流量，但不许超出 20%，以免压力损失过大，引起噪声和发热。选择流量阀时还应考虑最小稳定流量是否满足工作部件最低运动速度要求。

（2）辅助元件的选择

过滤器、蓄能器、管道和管接头等辅助元件可按照第 6 章中有关论述选用。选择油管和管接头的简便方法，是使它们的规格与它所连接的液压元件油口的尺寸一致。

油箱的有效容积的确定一般根据泵的额定流量 q_P 进行，对低压系统（$0\sim 2.5 MPa$），$V=(2\sim 4)q_P$；中压系统（$>2.5\sim 6.3 MPa$），$V=(5\sim 7)q_P$；高压系统（$>6.3 MPa$），$V=(6\sim 12)q_P$。

（3）液压阀配置形式的选择

对于固定式液压设备，常将液压系统的动力、控制与调节装置集中安装成独立的液压站，可使装配与维修方便，隔开动力源的振动，并减少油温的变化对主机工作精度的影响。液压元件在液压站上的配置有多种形式可供选择。配置形式不同，则液压系统的压力损失和元件类型不同。液压元件的配置形式目前采用集成化配置，具体有下面三种。

　　① 集成油路板式。集成油路板是一块较厚的液压元件安装板，集成油路板式连接的液压元件由螺钉安装在板的正面，管接头安装在板的反面，元件之间的油路全部由板内加工的孔道形成，如图9-1所示。

　　② 集成块式。集成块是一个通用化的六面体，四周除一面安装通向执行元件的管接头外，其余三面都可安装板式液压阀。元件之间的连接油路由集成块内部孔道形成。一个液压系统往往由多块集成块组成，见图9-2。进油口和回油口在底板上，通过集成块的公共孔直通顶盖。

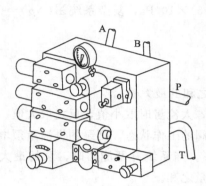

图9-1　集成油路板配置

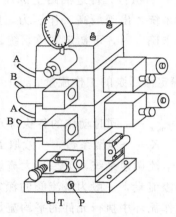

图9-2　集成块配置

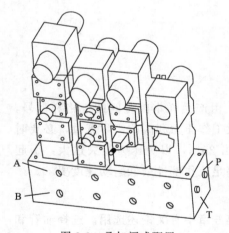

图9-3　叠加阀式配置

　　③ 叠加阀式。叠加阀是自成系列的元件，每个叠加阀既起控制阀作用，又起通道体的作用，因此它不需要另外的连接块，只需用长螺栓直接将各叠加阀叠装在底板上，即可组成所需的液压系统，见图9-3。这种配置形式的优点是：结构紧凑、油管少、体积小、重量小，不需设计专用的油路连接块。

(4) 泵-电机装置的选择

　　液压泵-电动机装置包括液压泵、电动机、泵用联轴器、传动底座及管路附件等，又称为泵组。图9-4所示为一种典型的泵组结构。

　　① 电机功率的计算。根据压力和流量选定液压泵的规格型号之后，驱动液压泵的电动机功率可按下式计算

$$P = p_P q_P / \eta_P \tag{9-7}$$

式中　P——电动机功率，W；

　　　p_P——液压泵最大工作压力，Pa；

　　　q_P——液压泵的输出流量，m^3/s；

　　　η_P——液压泵总效率，可由液压泵产品样本查出。此时必须注意，当泵的工作压力低于其额定压力，工作流量小于额定流量时，泵的总效率会下降很多。

　　根据式（9-7）选取电动机功率时最好有一定的功率储备，但允许短时超载25%。选定电动机后，电动机的转速、功率即已确定，但电动机的型号还与它的安装形式有关。

② 电动机的安装形式。可供选择的电动机的安装形式主要有三种：机座带底脚、端盖上无凸缘结构；机座不带底脚、端盖上带大于机座的凸缘结构；机座带底脚、端盖上带大于机座的凸缘结构。图 9-4 所示为机座带底脚、端盖上无凸缘的结构，一般用于水平放置的泵组。若泵组立式放置则应选用机座不带底脚、端盖上带大于机座的凸缘结构。机座带底脚且端盖上带凸缘的结构用于水平放置的泵组，此时液压泵通过法兰式支架支承在电动机上。

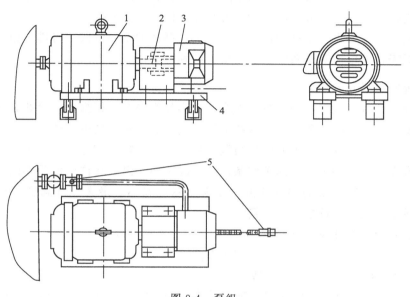

图 9-4　泵组

1—电动机；2—泵用联轴器；3—液压泵；4—底座；5—管路附件

③ 联轴器的选择。由于液压泵的传动轴不能承受径向载荷和轴向载荷，但又要求泵轴与电动机轴有很高的同轴度，因此一般采用弹性联轴器的连接形式。联轴器的规格按其传递的转矩最大值选取。

若选用特殊的轴端带内花键连接孔的电动机，则可选用主轴输入端为花键的液压泵，二者直接插入组装。这样既可保持两轴的同心，又可省去联轴器，使泵组的尺寸减小。

④ 泵组底座的形式。小功率泵组可以安装在油箱的上盖（上置式），功率较大时需单独安装在专用的平台上（非上置式）。泵组的底座应具有足够的强度和刚度，要便于安装和检修，同时在合适的部位设置泄油盘，以防止液压油液污染场地。

为减少噪声和振动，泵组与安装平台之间最好加弹性材料制成的防振垫。

⑤ 管路附件的选择。液压泵的吸油管一般选用硬管，管路尽可能短，过流面积尽可能大，以减少吸油阻力。安装吸油管时注意液压泵有吸油高度的限制。安装非上置式泵组，需在油箱与泵的吸油口之间加闸阀，以便于检修。

因吸油管采用硬管，因此应在吸油口设置橡胶补偿接管（隔振喉），起隔振、补偿作用。

9.1.5　验算液压系统性能

液压系统初步确定之后，就需对系统的有关性能加以验算，以判别系统的设计质量，并对液压系统进行完善和改进。根据液压系统的不同，需要验算的项目也有所不同，但一般的液压系统都要进行回路压力损失和发热温升的验算。

（1）系统压力损失的验算

选定系统的液压元件、安装形式、油管和管接头后，画出管路的安装图，然后对管路系统总的压力损失进行验算，压力损失包括管道内的沿程损失和局部损失，以及阀类元件的局部损失三项。如果算出的管路压力损失 Δp 与初算时假定值相差太大，则必须以此 Δp 值代替假定值，进行重新计算，或对原设计进行修改，以降低 Δp 值。

在对系统压力损失进行验算时，应按系统工作循环的不同阶段，对进油路和回油路分别进行计算，对于较简单的液压系统，压力损失的验算可以省略。

（2）系统发热温升的验算

液压系统工作时，液压泵和执行元件存在着容积损失和机械损失，管路和各种阀类元件通过液流时要产生压力损失和泄漏。这些损失所消耗的能量均转变成热能，使油温升高。连续工作一段时间后，系统所产生的热量与散发到空气中的热量相等，即达到热平衡状态，此后温度不再升高。不同的主机，因工作条件与工况不同，最高允许油温是不同的，系统发热温升的验算，就是计算系统的实际油温，如果实际油温小于最高允许温度，则系统满足要求。系统中散发热量的元件主要是油箱。

系统单位时间的发热量 Φ（kW）为

$$\Phi = P_1 - P_2 \tag{9-8}$$

式中　P_1——液压泵的输入功率，kW；

　　　P_2——系统的输出功率，kW，执行元件是液压缸时为液压缸的输出功率。

若在一个工作循环中有几个工作阶段，则可根据各阶段的发热量求出系统的平均发热量

$$\bar{\Phi} = \frac{1}{\tau} \sum_{i=1}^{m} (P_{1i} - P_{2i}) t_i \tag{9-9}$$

式中　τ——工作循环周期，s；

　　　t_i——第 i 工作阶段的持续时间，s；

　　　P_{1i}——第 i 工作阶段泵的输入功率；

　　　P_{2i}——第 i 工作阶段系统的输出功率。

油箱单位时间的散热量 Φ'（kW）为

$$\Phi' = C_T A \Delta T \tag{9-10}$$

式中　A——油箱散热面积，m^2；

　　　ΔT——系统温升，$\Delta T = T_1 - T_2$，℃，T_1 为系统达到热平衡时的油温，℃，T_2 为环境温度，℃；

　　　C_T——油箱散热系数，$kW/(m^2 \cdot ℃)$。当自然冷却通风很差时，$C_T = (8 \sim 9) \times 10^{-3} kW/(m^2 \cdot ℃)$；自然冷却通风良好时，$C_T = (15 \sim 17.5) \times 10^{-3} kW/(m^2 \cdot ℃)$；当油箱加专用冷却器时，$C_T = (110 \sim 170) \times 10^{-3} kW/(m^2 \cdot ℃)$。

液压系统达到热平衡时，$\Phi = \Phi'$，即

$$\Delta T = \frac{\Phi}{C_T A} \tag{9-11}$$

一般情况下当油面高度为油箱高度的 80% 时，其散热面积 A（m^2）近似为

$$A = 0.065 \sqrt[3]{V^2} \tag{9-12}$$

式中 V——油箱有效容积，L。

然后按下式验算

$$T_1 = T_2 + \Delta T \leqslant [T_1] \tag{9-13}$$

式中 $[T_1]$——最高允许油温。对于一般机床，$[T_1] = 55 \sim 70\,℃$；对粗加工机械、工程机械，$[T_1] = 65 \sim 80\,℃$。

如果油温超过最高允许油温，则必须采取降温措施。如改进液压系统设计、增加油箱散热面或加装冷却器等。

9.1.6 绘制工作图、编制技术文件

所设计的液压系统经过验算后，即可对初步拟定的液压系统进行修改，并绘制正式的工作图和编制技术文件。

正式工作图一般包括正式的液压系统工作原理图、液压系统装配图、各种非标准元件（如油箱、液压缸等）的装配图及零件图。

液压系统原理图，是对初步拟定的系统经反复修改完善，选定了液压元件之后，所绘制的液压系统图。图中应附有液压元件明细表，表中标明各液压元件的规格、型号和参数调整值；对于复杂的系统应按各执行元件的动作顺序绘制工作循环图和电气元件动作顺序表。

液压系统的装配图，是液压系统的安装施工图，应包括液压泵装置图、集成油路装配图和管路安装图。在管路安装图上应标示出各液压部件和元件在设备和工作地的位置和固定方式、油管的规格和分布位置、各种管接头的形式和规格等。在绘制装配图时应考虑安装、使用、调整和维修方便，管道尽量短，弯头和管接头尽量少。

编写技术文件，一般应包括：设计计算说明书，零部件目录表，标准件、通用件及外购件总表等。

9.2 液压系统的设计计算举例

设计一卧式单面多轴钻孔组合机床动力滑台的液压系统。动力滑台的工作循环是：快进→工进→快退→停止。液压系统的主要参数与性能要求如下：切削力 $F_t = 20000\text{N}$；移动部件总重力 $G = 10000\text{N}$；快进行程 $l_1 = 100\text{mm}$；工进行程 $l_2 = 50\text{mm}$；快进、快退的速度为 4m/min；工进速度为 0.05m/min；加速、减速时间 $\Delta t = 0.2\text{s}$；静摩擦系数 $f_s = 0.2$；动摩擦系数 $f_d = 0.1$。该动力滑台采用水平放置的平导轨，动力滑台可在任意位置停止。

9.2.1 负载分析

负载分析中，暂不考虑回油腔的背压力，液压缸的密封装置产生的摩擦阻力在机械效率中加以考虑。因工作部件是卧式放置，重力的水平分力为零，这样需要考虑的力有：切削

力、导轨摩擦力和惯性力。导轨的正压力等于动力部件的重力,设导轨的静摩擦力为 F_{fs},动摩擦力为 F_{fd},则

$$F_{fs}=f_s F_N=0.2\times10000N=2000N$$
$$F_{fd}=f_d F_N=0.1\times10000N=1000N$$

而惯性力

$$F_m=m\frac{\Delta v}{\Delta t}=\frac{G}{g}\times\frac{\Delta v}{\Delta t}=\frac{10000\times4/60}{9.8\times0.2}N=342N$$

如果忽略切削力引起的颠覆力矩对导轨摩擦力的影响,并设液压缸的机械效率 $\eta_M=0.95$,则液压缸在各运动阶段的总机械负载可以算出,见表 9-3。

表 9-3   液压缸各运动阶段负载表

运动阶段	计算公式	总机械负载 F/N
启动	$F=F_{fs}/\eta_m$	2105
加速	$F=(F_{fd}+F_m)/\eta_m$	1413
快进	$F=F_{fd}/\eta_m$	1053
工进	$F=(F_t+F_{fd})/\eta_m$	22105
快退	$F=F_{fd}/\eta_m$	1053

根据负载计算结果和已知的各阶段的速度,可绘出负载图 $(F\text{-}l)$ 和速度图 $(v\text{-}l)$,见图 9-5(a)、(b)。横坐标以上为液压缸活塞前进时的曲线,以下为液压缸活塞退回时的曲线。

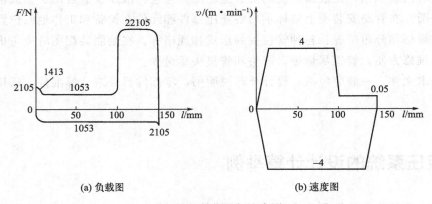

(a) 负载图   (b) 速度图

图 9-5   负载图与速度图

9.2.2   液压系统方案设计

(1) 确定液压泵类型及调速方式

参考同类组合机床,选用双作用叶片泵双泵供油、调速阀进油节流调速的开式回路,溢流阀作定压阀。为防止钻孔钻通时滑台突然失去负载向前冲,回油路上设置背压阀,初定背压值 $p_b=0.8MPa$。

(2) 选用执行元件

因系统动作循环要求正向快进和工作,反向快退,且快进、快退速度相等,因此选用单

活塞杆液压缸，快进时差动连接，无杆腔面积 A_1 等于有杆腔面积 A_2 的 2 倍。

（3）快速运动回路和速度换接回路

根据本例的运动方式和要求，采用差动连接与双泵供油两种快速运动回路来实现快速运动。即快进时，由大小泵同时供油，液压缸实现差动连接。

本例采用二位二通电磁阀的速度换接回路，控制由快进转为工进。与采用行程阀相比，电磁阀可直接安装在液压站上，由工作台的行程开关控制，管路较简单，行程大小也容易调整，另外采用液控顺序阀与单向阀来切断差动油路。因此速度换接回路为行程与压力联合控制形式。

（4）换向回路的选择

本系统对换向的平稳性没有严格的要求，所以选用电磁换向阀的换向回路。为便于实现差动连接，选用了三位五通换向阀。为提高换向的位置精度，采用死挡铁和压力继电器的行程终点返程控制。

（5）组成液压系统，绘制原理图

将上述所选定的液压回路进行组合，并根据要求作必要的修改补充，即组成如图 9-6 所示的液压系统图并绘制。为便于观察调整压力，在液压泵的进口处，背压阀和液压缸无杆腔进口处设置测压点，并设置多点压力表开关。这样只需一个压力表即能观测各点压力。

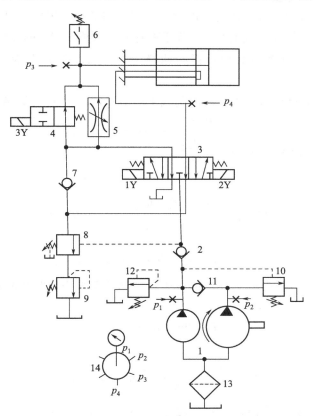

图 9-6　组合机床动力滑台液压系统原理图

1—双联叶片泵；2—单向阀；3—三位五通电磁阀；4—二位二通电磁阀；5—调速阀；6—压力继电器；
7,11—单向阀；8,10—液控顺序阀；9—背压阀；12—溢流阀；13—过滤器；14—压力表开关

液压系统中各电磁铁的动作顺序如表 9-4 所示。

表 9-4　电磁铁动作顺序表

运动阶段	1Y	2Y	3Y
快进	+	−	−
工进	+	−	+
快退	−	+	−
停止	−	−	+

注："+"表示通电，"−"表示断电。

9.2.3　液压系统的参数计算

9.2.3.1　液压缸参数计算

(1) 初选液压缸的工作压力

参考同类型组合机床，初定液压缸的工作压力为 $p_1 = 40 \times 10^5 \mathrm{Pa}$。

(2) 确定液压缸的主要结构尺寸

本例要求动力滑台的快进、快退速度相等，现采用活塞杆固定的单杆式液压缸。快进时采用差动连接，并取无杆腔有效面积 A_1 等于有杆腔有效面积 A_2 的 2 倍，即 $A_1 = 2A_2$。为了防止在钻孔钻通时滑台突然前冲，在回油路中装有背压阀，按表 9-2，初选背压 $p_b = 8 \times 10^5 \mathrm{Pa}$。

由表 9-3 可知最大负载为工进阶段的负载 $F = 22105\mathrm{N}$，按此计算 A_1，则

$$A_1 = \frac{F}{p_1 - \frac{1}{2}p_b} = \frac{22105}{40 \times 10^5 - \frac{1}{2} \times 8 \times 10^5}\mathrm{m}^2 = 6.14 \times 10^{-3}\mathrm{m}^2 = 61.4\mathrm{cm}^2$$

液压缸直径

$$D = \sqrt{\frac{4A_1}{\pi}} = \sqrt{\frac{4 \times 61.4}{\pi}}\mathrm{cm} = 8.84\mathrm{cm}$$

由 $A_1 = 2A_2$ 可知活塞杆直径

$$d = 0.707D = 0.707 \times 8.84\mathrm{cm} = 6.25\mathrm{cm}$$

按 GB/T 2348—2018 将所计算的 D 与 d 值分别圆整到相近的标准直径，以便采用标准的密封装置。圆整后得

$$D = 9\mathrm{cm}, d = 6.3\mathrm{cm}$$

按标准直径算出

$$A_1 = \frac{\pi}{4}D^2 = \frac{\pi}{4} \times 9^2\mathrm{cm}^2 = 63.6\mathrm{cm}^2$$

$$A_2 = \frac{\pi}{4}(D^2 - d^2) = \frac{\pi}{4}(9^2 - 6.3^2)\mathrm{cm}^2 = 32.4\mathrm{cm}^2$$

按最低工进速度验算液压缸尺寸，查产品样本，调速阀最小稳定流量 $q_{min} = 0.05\mathrm{L/min}$，因工进速度 $v = 0.05\mathrm{m/min}$ 为最小速度，则由式（9-2）得

$$A_1 \gg \frac{q_{\min}}{v_{\min}} = \frac{0.05 \times 10^3}{0.05 \times 10^2} \text{cm}^2 = 10 \text{cm}^2$$

本例 $A_1 = 63.6 \text{cm}^2 > 10 \text{cm}^2$，满足最低速度的要求。

（3）计算液压缸各工作阶段的压力、流量和功率

根据液压缸的负载图和速度图以及液压缸的有效面积，可以算出液压缸工作过程各阶段的压力、流量和功率，在计算工进时背压（回油压力）按 $p_b = 8 \times 10^5 \text{Pa}$ 代入，快退时背压按 $p_b = 5 \times 10^5 \text{Pa}$ 代入，计算公式和计算结果列于表 9-5 中。

表 9-5　液压缸所需的实际流量、压力和功率

工作循环	计算公式	负载 F/N	进油压力 p_j/Pa	背压 p_b/Pa	所需流量/(L/min)	输入功率 P/kW
差动快进	$p_j = \dfrac{F + A_2 \Delta p}{A_1 - A_2}$ $q = v(A_1 - A_2)$ $P = p_j q$	1053	8.5×10^5	13.5×10^5	12.5	0.174
工进	$p_j = \dfrac{F + p_b A_2}{A_1}$ $q = A_1 v$ $P = p_j q$	22105	38.8×10^5	8×10^5	0.32	0.021
快退	$p_j = \dfrac{F + p_b A_1}{A_2}$ $q = A_2 v$ $P = p_j q$	1053	13.1×10^5	5×10^5	12.9	0.281

注：1. 差动连接时，液压缸的回油口到进油口之间的压力损失 $\Delta p = 5 \times 10^5 \text{Pa}$，而 $p_b = p_j + \Delta p$。

2. 快退时，液压缸有杆腔进油，压力为 p_j，无杆腔回油，压力为 p_b。

9.2.3.2　液压泵的参数计算

由表 9-5 可知工进阶段液压缸进油压力最大，若取进油路总压力损失 $\sum(\Delta p) = 5 \times 10^5 \text{Pa}$，压力继电器可靠动作需要压力差为 $5 \times 10^5 \text{Pa}$，则液压泵最高工作压力可按式（9-5）算出

$$p_P = p_j + \sum(\Delta p) + 5 \times 10^5 \text{Pa} = (38.8 + 5 + 5) \times 10^5 \text{Pa} = 48.8 \times 10^5 \text{Pa}$$

因此泵的额定压力可取 $p_r \geqslant 1.25 \times 48.8 \times 10^5 = 61 \times 10^5 \text{Pa}$。

由表 9-5 可知，工进时所需流量最小是 0.32L/min，设溢流阀最小溢流量为 2.5L/min，则小流量泵的流量按式（9-6）应为 $q_{P1} \geqslant (1.1 \times 0.32 + 2.5) \text{L/min} = 2.85 \text{L/min}$，快进快退时液压缸所需的最大流量是 12.9L/min，则泵的最大流量为 $q_P \geqslant 1.1 \times 12.9 \text{L/min} = 14.2 \text{L/min}$。即大流量泵的流量 $q_{P2} \geqslant q_P - q_{P1} = (14.2 - 2.85) \text{L/min} = 11.35 \text{L/min}$。

根据上面计算的压力和流量，查产品样本，选用 YB-4/12 型的双联叶片泵，该泵额定压力 6.3MPa，额定转速 960r/min。

9.2.3.3　电动机的选择

系统为双泵供油系统，其中小泵的流量 $q_1 = (4 \times 10^{-3}/60) \text{m}^3/\text{s} = 0.0667 \times 10^{-3} \text{m}^3/\text{s}$，

大泵流量 $q_2 = (12 \times 10^{-3}/60) \text{m}^3/\text{s} = 0.2 \times 10^{-3} \text{m}^3/\text{s}$。差动快进、快退时两个泵同时向系统供油；工进时，小泵向系统供油，大泵卸载。下面分别计算三个阶段所需要的电动机功率 P。

(1) 差动快进

差动快进时，大泵的出口压力油经单向阀 11 后与小泵汇合，然后经单向阀 2、三位五通电磁阀 3、二位三通电磁阀 4 进入液压缸大腔，大腔的压力 $p_1 = p_j = 8.5 \times 10^5 \text{Pa}$，查样本可知，小泵的出口压力损失 $\Delta p_1 = 4.5 \times 10^5 \text{Pa}$，大泵出口到小泵出口的压力损失 $\Delta p_2 = 1.5 \times 10^5 \text{Pa}$。于是计算可得小泵的出口压力 $p_{P1} = 13 \times 10^5 \text{Pa}$（总效率 $\eta_1 = 0.5$），大泵出口压力 $p_{P2} = 14.5 \times 10^5 \text{Pa}$（总效率 $\eta_2 = 0.5$）。

电动机功率

$$P_1 = \frac{p_{P1}q_1}{\eta_1} + \frac{p_{P2}q_2}{\eta_2} = \left(\frac{13 \times 10^5 \times 0.0667 \times 10^{-3}}{0.5} + \frac{14.5 \times 10^5 \times 0.2 \times 10^{-3}}{0.5} \right) \text{W} = 753.42 \text{W}$$

(2) 工进

考虑到调速阀所需最小压力差 $\Delta p_1 = 5 \times 10^5 \text{Pa}$，压力继电器可靠动作需要压力差 $\Delta p_2 = 5 \times 10^5 \text{Pa}$，因此工进时小泵的出口压力 $p_{P1} = p_1 + \Delta p_1 + \Delta p_2 = 48.8 \times 10^5 \text{Pa}$。而大泵的卸载压力取 $p_{P2} = 2 \times 10^5 \text{Pa}$。（小泵的总效率 $\eta_1 = 0.565$，大泵总效率 $\eta_2 = 0.3$）。

电动机功率

$$P_1 = \frac{p_{P1}q_1}{\eta_1} + \frac{p_{P2}q_2}{\eta_2} = \left(\frac{48.8 \times 10^5 \times 0.0667 \times 10^{-3}}{0.565} + \frac{2 \times 10^5 \times 0.2 \times 10^{-3}}{0.3} \right) \text{W} = 709 \text{W}$$

(3) 快退

类似差动快进分析知：小泵的出口压力 $p_{P1} = 16.5 \times 10^5 \text{Pa}$（总效率 $\eta_1 = 0.5$）；大泵出口压力 $p_{P2} = 18 \times 10^5 \text{Pa}$（总效率 $\eta_2 = 0.51$）。电动机功率

$$P_1 = \frac{p_{P1}q_1}{\eta_1} + \frac{p_{P2}q_2}{\eta_2} = \left(\frac{16.5 \times 10^5 \times 0.0667 \times 10^{-3}}{0.5} + \frac{18 \times 10^5 \times 0.2 \times 10^{-3}}{0.51} \right) \text{W} = 926 \text{W}$$

综合比较，快退时所需功率最大。据此查样本选用 Y90L-6 异步电动机，电动机功率 1.1kW。额定转速 910r/min。

9.2.4 液压元件的选择

(1) 液压阀及过滤器的选择

根据液压阀在系统中的最高工作压力与通过该阀的最大流量，可选出这些元件的型号及规格。本例中所有阀的额定压力都为 $63 \times 10^5 \text{Pa}$，额定流量根据各阀通过的流量，确定为 10L/min，25L/min 和 63L/min 三种规格，所有元件的规格型号列于表 9-6 中。过滤器按液压泵额定流量的 2 倍选取吸油用线隙式过滤器。表中序号与系统原理图中的序号一致。

表 9-6　液压元件明细表

序号	元件名称	最大通过流量/(L/min)	型号
1	双联叶片泵	16	YB-4/12
2	单向阀	16	I-25B
3	三位五通电磁阀	32	$35D_1$-63BY
4	二位二通电磁阀	32	$22D_1$-63BH
5	调速阀	0.32	Q-10B
6	压力继电器		DP_1-63B
7	单向阀	16	I-25B
8	液控顺序阀	0.16	XY-25B
9	背压阀	0.16	B-10B
10	液控顺序阀(卸载用)	12	XY-25B
11	单向阀	12	I-25B
12	溢流阀	4	Y-10B
13	过滤器	32	XU-B32×100
14	压力表开关		K-6B

（2）油管的选择

根据选定的液压阀的连接油口尺寸确定管道尺寸。液压缸的进、出油管按输入、排出的最大流量来计算。由于本系统液压缸差动连接快进、快退时，油管内通油量最大，其实际流量为泵的额定流量的 2 倍，达 32L/min，则液压缸进、出油管直径 d 按产品样本，选用内径为 15mm、外径为 19mm 的 10 号冷拔钢管。

（3）油箱容积的确定

中压系统的油箱容积一般取液压泵额定流量的 5～7 倍，本例取 7 倍，故油箱容积为

$$V=(7×16)L=112L$$

9.2.5　验算液压系统性能

9.2.5.1　压力损失的验算及泵压力的调整

（1）工进时的压力损失验算和小流量泵压力的调整

工进时管路中的流量仅为 0.32L/min，因此流速很小，所以沿程压力损失和局部压力损失都非常小，可以忽略不计。这时进油路上仅考虑调速阀的压力损失 $\Delta p_1=5×10^5$Pa，回油路上只有背压阀的压力损失，小流量泵的调整压力应等于工进时液压缸的工作压力 p_1 加上进油路压差 Δp_1，并考虑压力继电器动作需要，则

$$p_P=p_1+\Delta p_1+5×10^5\text{Pa}=(38.8+5+5)×10^5\text{Pa}=48.8×10^5\text{Pa}$$

即小流量泵的溢流阀 12 应按此压力调整。

（2）快退时的压力损失验算及大流量泵卸载压力的调整

因快退时，液压缸无杆腔的回油量是进油量的 2 倍，其压力损失比快进时要大，因此必

须计算快退时的进油路与回油路的压力损失，以便确定大流量泵的卸载压力。

已知：快退时进油管和回油管长度均为 $l=1.8\text{m}$，油管直径 $d=15\times10^{-3}\text{m}$，通过的流量为进油路 $q_1=16\text{L/min}=0.267\times10^{-3}\text{m}^3/\text{s}$，回油路 $q_2=32\text{L/min}=0.534\times10^{-3}\text{m}^3/\text{s}$。液压系统选用 N32 号液压油，考虑最低工作温度为 15℃，由手册查出此时油的运动黏度 $\nu=1.5\text{cm}^2/\text{s}$，油的密度 $\rho=900\text{kg/m}^3$，液压系统元件采用集成块式的配置形式。

① 油流的流动状态。

$$Re=\frac{vd}{\nu}\times10^4=\frac{1.2732q}{d\nu}\times10^4$$

式中　v——平均流速，m/s；

　　　d——油管内径，m；

　　　ν——油的运动黏度，cm^2/s；

　　　q——通过的流量，m^3/s。

则进油路中液流的雷诺数为

$$Re_1=\frac{1.2732\times0.267\times10^{-3}}{15\times10^{-3}\times1.5}\times10^4\approx151<2300$$

回油路中液流的雷诺数为

$$Re_2=\frac{1.2732\times0.534\times10^{-3}}{15\times10^{-3}\times1.5}\times10^4\approx302<2300$$

由上可知，进回油路中的流动都是层流。

② 沿程压力损失 $\sum(\Delta p_\lambda)$。

在进油路上，流速 $v=\dfrac{4q_1}{\pi d^2}=\dfrac{4\times0.267\times10^{-3}}{3.14\times15^2\times10^{-6}}\text{m/s}\approx1.51\text{m/s}$，则沿程压力损失为

$$\sum(\Delta p_{\lambda1})=\frac{64}{Re_1}\times\frac{l}{d}\times\frac{\rho v^2}{2}=\frac{64\times1.8\times900\times1.51^2}{151\times15\times10^{-3}\times2}\text{Pa}=0.52\times10^5\text{Pa}$$

在回油路上，流速为进油路流速的 2 倍，即 $v=3.02\text{m/s}$，则沿程压力损失为

$$\sum(\Delta p_{\lambda2})=\frac{64\times1.8\times900\times(3.02)^2}{302\times15\times10^{-3}\times2}\text{Pa}=1.04\times10^5\text{Pa}$$

③ 局部压力损失。由于采用集成块式的液压装置，所以只考虑阀类元件和集成块内油路的压力损失，结果列于表 9-7 中。

表 9-7　阀类元件局部压力损失

序号	元件名称	额定流量 q_n /(L/min)	实际通过的流量 q /(L/min)	额定压力损失 Δp_n /$\times10^5$Pa	实际压力损失 Δp /$\times10^5$Pa
2	单向阀	25	16	2	0.82
3	三位五通电磁阀	63	16/32	4	0.26/1.03
4	二位二通电磁阀	63	32	4	1.03
11	单向阀	25	12	2	0.46

注：1. 快退时经过三位五通电磁阀的两油道流量不同，压力损失也不同。

2. 序号对应图 9-6 图注标号。

若取集成块进油路的压力损失 $\Delta p_{j1} = 0.3 \times 10^5 Pa$，回油路压力损失为 $\Delta p_{j2} = 0.5 \times 10^5 Pa$，则进油路和回油路总的压力损失为

$$\sum(\Delta p_1) = \sum(\Delta p_{\lambda 1}) + \sum(\Delta p_\xi) + \Delta p_{j1} = (0.52 + 0.82 + 0.26 + 0.46 + 0.3) \times 10^5 Pa$$
$$= 2.36 \times 10^5 Pa$$
$$\sum(\Delta p_2) = \sum(\Delta p_{\lambda 1}) + \sum(\Delta p_\xi) + \Delta p_{j2} = (1.04 + 1.03 + 1.03 + 0.5) \times 10^5 Pa$$
$$= 3.6 \times 10^5 Pa$$

查表 9-3 知快退时液压缸负载 $F = 1053N$；则快退时液压缸的工作压力为

$$p_1 = [F + \sum(\Delta p_2) A_1] / A_2 = (1053 + 3.6 \times 10^5 \times 63.6 \times 10^{-4}) / (32.4 \times 10^{-4}) Pa$$
$$p_1 = 10.32 \times 10^5 Pa$$

按式（9-5）可算出快退时泵的最大工作压力为

$$p_P \geqslant p_1 + \sum(\Delta p_1) = (10.32 \times 10^5 + 2.36 \times 10^5) Pa = 12.68 \times 10^5 Pa$$

因此，阀 10 的调整压力应大于 $12.68 \times 10^5 Pa$。

从以上验算结果可以看出，各种工况下的实际压力损失都小于初选的压力损失值，而且比较接近，说明液压系统的油路结构、元件的参数是合理的，满足要求。

9.2.5.2　液压系统的发热和温升验算

在整个工作循环中，工进阶段所占用的时间最长，所以系统的发热主要是工进阶段造成的，故按工进工况验算系统温升。

工进时液压泵的输入功率如前面计算

$$P_1 = 709W$$

工进时液压缸的输出功率

$$P_2 = Fv = (22105 \times 0.05/60)W = 18.4W$$

系统总的发热功率为：

$$\Phi = P_1 - P_2 = (709 - 18.4)W = 690.6W$$

已知油箱容积 $V = 112L(112 \times 10^{-3} m^3)$，则按式（9-12）得油箱散热面积 A 近似为

$$A = 0.065 \sqrt[3]{V^2} = 0.065 \sqrt[3]{112^2} m^2 = 1.51 m^2$$

假定通风良好，取油箱散热系数 $C_T = 15 \times 10^{-3} kW/(m^2 \cdot \text{℃})$，则利用式（9-11）可得油液系统温升为

$$\Delta T = \frac{\Phi}{C_T A} = \frac{690.6 \times 10^{-3}}{15 \times 10^{-3} \times 1.51} \text{℃} \approx 30.5 \text{℃}$$

设环境温度 $T_2 = 25\text{℃}$，则热平衡时油液温度为

$$T_1 = T_2 + \Delta T = 25\text{℃} + 30.5\text{℃} = 55.5\text{℃} \leqslant [T_1] = 55\text{℃}$$

所以油箱散热基本可达到要求。

▶▶ 第10章

气压传动理论基础

10.1 空气的物理性质

在空气的组成中，氮和氧是占比最大的两种成分，其次是氩和二氧化碳，其他成分包括氖、氦、氢、氪以及水蒸气和砂土等细小颗粒。组成成分的比例与空气所处的状态和位置有关，例如位于地表的空气和高空的空气有差别，但在距离地表 20km 以内，其组成可以看成均一不变。表 10-1 列出了在基准状态（0℃，0.1MPa，相对湿度为 0）时地表附近空气的组成。

表 10-1　空气组成成分的比例

空气的主要组成	氮(N_2)	氧(O_2)	氩(Ar)	二氧化碳(CO_2)	氢(H_2)	其他气体
体积分数/%	78.03	20.95	0.93	0.03	0.01	约占 0.05

空气在有污染的情况下，会含有二氧化硫、亚硝酸、碳氢化合物等物质。一般因为空气的组成中占比最大的氮气具有稳定性，不会自燃，所以，空气作为工作介质可用在易燃、易爆场合。但利用空气作为介质时必须了解当地空气的实际组成成分。

根据空气中是否含有水蒸气，可以将空气分为干空气和湿空气。

其中，干空气——完全不含有水蒸气的空气；湿空气——含有水蒸气的空气。湿空气中含有的水蒸气越多，则湿空气越潮湿。在一定的温度和压力条件下，含有的水蒸气量达到最大值时的湿空气被称为饱和湿空气。

10.1.1 空气的密度

单位体积空气的质量及重量，分别称为空气的密度及重度，气体密度与气体压力和温度有关：压力增加，密度增加；而温度上升，密度减少。在基准状态下，干空气的密度为 1.293kg/m^3，在任意温度、压力下干空气的密度由下式给出

$$\rho = \rho_0 \frac{273}{273+t} \times \frac{p}{1.013} = 348.46 \frac{p}{273+t} \tag{10-1}$$

式中 ρ_0——基准状态下的干空气密度，kg/m^3；

    p——绝对压力，MPa；

    ρ——干空气的密度，kg/m^3；

    t——温度，℃，$273+t$ 为绝对温度，K。

湿空气的密度可用下式计算

$$\rho' = \rho_0 \frac{273}{273+t} \times \frac{p - 3.78\Phi p_b}{1.013}$$

(10-2)

式中 ρ'——湿空气的密度，kg/m^3；

    p——湿空气的全压力，MPa；

    Φ——空气的相对湿度，%；

    p_b——温度为 t℃时饱和空气中水蒸气的分压力，MPa。

10.1.2 空气的压力

空气的压力是指单位面积上承受的垂直作用于作用面的力，其表达式为

$$p = \frac{F}{A}$$

(10-3)

式中 p——作用于作用面上的压力，Pa；

    F——垂直作用于作用面的力，N；

    A——作用面的作用面积，m^2。

压力一般分为绝对压力和相对压力，绝对压力是以完全真空为基准计算的压力；相对压力是以大气压力为基准计算的压力。通常压力表和真空表上显示的压力为相对压力，分别称为表压力和真空度。在运算公式中一般采用绝对压力。

10.1.3 空气的黏性

气体在流动过程中产生的内摩擦阻力的性质叫作气体的黏性，用黏度表示其大小。黏度大，内摩擦阻力大，气体流动相对容易；黏度小，内摩擦阻力小，气体流动相对困难。压力对空气黏度的影响甚微，通常可忽略不计。因此可以认为空气的黏度只随温度的变化而变化，并且随温度的升高，空气分子热运动加剧而略有增加。黏度随温度的变化关系见表 10-2。

表 10-2 空气的动力黏度 μ 和运动黏度 ν 随温度的变化值

温度/℃	$\mu/(Pa \cdot s)$	$\nu/(m^2/s)$	温度/℃	$\mu/(Pa \cdot s)$	$\nu/(m^2/s)$
0	0.0172×10^{-3}	13.7×10^{-6}	60	0.0201×10^{-3}	19.6×10^{-6}
10	0.0178×10^{-3}	14.7×10^{-6}	70	0.0204×10^{-3}	20.6×10^{-6}
20	0.0183×10^{-3}	15.7×10^{-6}	80	0.0210×10^{-3}	21.7×10^{-6}
30	0.0187×10^{-3}	16.6×10^{-6}	90	0.0216×10^{-3}	22.9×10^{-6}
40	0.0192×10^{-3}	17.6×10^{-6}	100	0.0218×10^{-3}	23.6×10^{-6}
50	0.0196×10^{-3}	18.6×10^{-6}			

10.1.4 空气的压缩性和膨胀性

空气的体积是易变的，它随压力和温度的变化而变化，即气体体积随温度和压力的变化规律遵循气体状态方程。

与液体和固体相比气体具有明显的压缩性和膨胀性。例如在压力不变、温度变化为 1℃时，空气体积变化 1/273，而水体积仅变化 1/20000，空气体积变化约是水的 73 倍。气体与液体体积变化如此悬殊，主要原因在于气体分子间的距离是分子直径的 9 倍左右，分子间的距离大，内聚力小，分子运动的平均自由通路大。

10.1.5 空气的湿度和含湿量

前面已经知道含有水蒸气的空气称为湿空气。由于湿空气中的水分对气动控制系统的稳定性和寿命有很大影响，因此对空气中的含水量应进行限定，气动系统也常常采取必要的措施防止带入水分。

空气的干湿程度、含水量的多少，常用湿度和含湿量来表示。

(1) 绝对湿度和饱和绝对湿度

单位体积的湿空气所含水蒸气的质量称为湿空气的绝对湿度，用 X 表示，即

$$X = \frac{m_s}{V} \tag{10-4}$$

式中 X——绝对湿度，kg/m^3；

m_s——湿空气中水蒸气的质量，kg；

V——湿空气的体积，m^3。

或由气体状态方程导出

$$X = \frac{p_s}{R_s T} = \rho_s \tag{10-5}$$

式中 p_s——水蒸气分压力，Pa；

R_s——水蒸气的气体常数，$J/(kg \cdot K)$；

T——绝对温度，K；

ρ_s——水蒸气的密度，kg/m^3。

当湿空气中水蒸气分压力达到该湿度、温度下蒸汽的饱和压力时，其绝对湿度称为饱和绝对湿度，用 x_b 表示，即

$$x_b = \frac{p_b}{R_s T} = \rho_b$$

式中 x_b——饱和绝对湿度，kg/m^3；

p_b——饱和水蒸气分压力，Pa；

ρ_b——饱和湿空气中水蒸气密度，kg/m^3。

（2）相对湿度

在一定温度下，绝对湿度和绝对饱和湿度之比或湿空气中水蒸气分压力和饱和水蒸气分压力的比值称为在该温度下的相对湿度，用 Φ 表示，即

$$\Phi = \frac{X}{x_b} = \frac{p_s}{p_b} \times 100\% \tag{10-6}$$

相对湿度反映了空气继续吸收水分的能力。Φ 值越小，湿空气吸收水蒸气的能力越强；值越大，湿空气吸收水分的能力越弱。相对湿度一般用百分率表示。

空气绝对干燥时，$p_s = 0$，$\Phi = 0$。

湿空气达到饱和时，$p_s = p_b$，$\Phi = 100\%$。

可见，Φ 值在 0～1 之间变化，Φ 为 60%～70% 时，是人体感觉舒适的湿度。气动系统中，工作介质适用的相对湿度不得超过 90%。

（3）含湿量

湿空气含量可用每千克质量的干空气中所混合的水蒸气质量表示，称为质量含湿量。即

$$d = \frac{m_s}{m_g} \tag{10-7}$$

式中　d——含湿量；

　　　m_s——水蒸气的质量，kg；

　　　m_g——干空气的质量，kg。

含湿量也可用单位体积干空气中混合的水蒸气的质量来表示，称之容积含湿量，以 d' 表示，即

$$d' = \frac{m_s}{V_g} = \frac{dm_g}{V_g} = d\rho_g \tag{10-8}$$

式中　d'——容积含湿量，kg/m^3；

　　　ρ_g——干空气的密度，kg/m^3；

　　　V_g——干空气体积，m^3。

（4）露点

空气中的饱和容积含湿量随温度变化而变化。当气温下降时，饱和容积含湿量下降；气温上升时，饱和容积含湿量增加。未饱和空气，保持水蒸气压力不变而降低温度，使之达到饱和状态时的温度叫作露点。温度降至露点温度以下，湿空气便有水滴析出。如果减少进入气动设备中空气的水分，必须降低空气的湿度。气动系统中采用的清除湿空气水分的降温法，就是利用此原理。

在标准大气压下，饱和水蒸气分压力 p_b、饱和绝对湿度 x_b、饱和容积含湿量 d'_b 与温度的关系见表 10-3。

从表 10-3 看出，空气中的水蒸气分压力和含湿量都随温度的降低而明显降低，所以降低进入气动系统装置的空气温度，对于减少空气中的含湿量非常有利。

表 10-3 标准大气压下 p_b、x_b、d'_b 与温度的关系

温度 $t/℃$	饱和水蒸气分压力 p_b/MPa	饱和绝对湿度 $x_b/(\text{g}\cdot\text{m}^{-3})$	饱和容积含湿量 $d'_b/(\text{g}\cdot\text{m}^{-3})$	温度 $t/℃$	饱和水蒸气分压力 p_b/MPa	饱和绝对湿度 $x_b/(\text{g}\cdot\text{m}^{-3})$	饱和容积含湿量 $d'_b/(\text{g}\cdot\text{m}^{-3})$
100	0.1013		597.0	21	0.0025	18.3	18.3
80	0.0473	290.8	292.9	20	0.0023	17.3	17.3
70	0.0312	197.0	197.9	19	0.0022	16.3	16.3
60	0.0199	129.8	130.1	18	0.0021	15.4	15.4
50	0.0123	82.9	83.2	17	0.0019	14.5	14.5
40	0.0074	51.0	51.2	16	0.0018	13.6	13.6
39	0.0070	48.5	48.8	15	0.0017	12.8	12.8
38	0.0066	46.1	46.3	14	0.0016	12.1	12.1
37	0.0063	43.8	44.0	13	0.0015	11.3	11.4
36	0.0059	41.6	41.8	12	0.0014	10.6	10.7
35	0.0056	39.5	39.6	11	0.0013	10.0	10.0
34	0.0053	37.5	37.6	10	0.0012	9.4	9.4
33	0.0050	35.6	35.7	8	0.0011	8.27	8.37
32	0.0048	33.8	33.8	6	0.0009	7.26	7.30
31	0.0045	32.0	32.0	4	0.0008	6.14	6.40
30	0.0042	30.3	30.4	2	0.0007	5.56	5.60
29	0.0040	28.7	28.7	0	0.0006	4.85	4.85
28	0.0038	27.2	27.2	−2	0.0005	4.22	4.23
27	0.0036	25.7	25.8	−4	0.0004	3.66	3.50
26	0.0034	24.3	24.4	−6	0.00037	3.16	3.00
25	0.0032	23.0	23.0	−8	0.00030	2.73	2.6
24	0.0030	21.8	21.8	−10	0.00026	2.25	2.2
23	0.0028	20.6	20.6	−16	0.00015	1.48	1.3
22	0.0026	19.4	19.4	−20	0.00010	1.07	0.9

10.2 气体状态方程

10.2.1 理想气体状态方程

理想气体是指对空气的分子体积和分子间的作用力忽略不计的气体。理想气体状态方程是描述理想气体状态参数之间关系的方程。一定质量的理想气体，在状态变化的某一平衡状态的瞬时，有

$$pv = RT \tag{10-9}$$

$$\frac{pV}{T} = 常数 \tag{10-10}$$

$$\frac{p}{\rho} = RT \tag{10-11}$$

式中 p——绝对压力，Pa；

v——比体积，质量体积，m^3/kg；

V——气体体积，m^3；

ρ——气体的密度，kg/m^3；

T——热力学温度，又称为绝对温度，K；

R——气体常数，$J/(kg \cdot K)$。

其中，干空气的气体常数 $R=287.1J/(kg \cdot K)$，水蒸气的气体常数 $R=462.05J/(kg \cdot K)$。理想气体状态方程表明了一定质量的气体在状态变化的某一稳定瞬时，压力和体积的乘积与其绝对温度之比保持不变的规律。

实际气体是有黏性的，严格地说并不遵守理想气体法则。但在压力不超过 20MPa、绝对温度不低于 253K 时，用理想状态方程的计算结果，与实际值只有 4% 的误差。所以，在气压传动所遇到的压力和温度范围内，空气可以作为理想气体处理，将理想气体的状态方程加以修正即可。气体状态参数 p、v、T 的变化取决于气体不同的状态过程，不同的状态过程，气体状态方程也不同。

10.2.2　气体状态变化过程

气体作为气动系统的工作介质，在能量传递过程中其状态（压力 p、比体积 v、温度 T）是要发生变化的。若对变化过程加以条件限制，就会出现定容、定压、定温和绝热过程；而不附加条件限制的状态变化过程，称为多变过程。

（1）定容过程

某一质量的气体，在容积保持不变时，从某一状态变化到另一状态的过程，称为定容过程。

由式（10-10）和式（10-11）可得

$$\frac{p_1}{T_1}=\frac{p_2}{T_2}=\frac{R}{v}=常数 \tag{10-12}$$

或

$$\frac{p}{T}=常数 \tag{10-13}$$

式（10-12）和式（10-13）说明在气体容积不变时，压力与绝对温度是正比的。

在定容积过程中，气体对外所做的功为

$$W=\int_{v_1}^{v_2} p\,dv=0 \tag{10-14}$$

（2）定压过程

某一质量的气体，在压力保持不变时，从某一状态变化到另一状态的过程，称为定压过程。由式（10-9）和式（10-10）可得

$$\frac{v_1}{T_1}=\frac{v_2}{T_2}=\frac{R}{p}=常数 \tag{10-15}$$

或

$$\frac{V}{T}=常数 \tag{10-16}$$

式（10-15）和式（10-16）说明，压力不变时，体积（或质量体积）和温度成正比。气体温度上升，体积膨胀；温度下降，体积缩小。

定压过程中，单位质量气体体积发生变化所做的膨胀功为

$$W = \int_{v_1}^{v_2} p \, \mathrm{d}v = p(v_2 - v_1) = R(T_2 - T_1) \tag{10-17}$$

式中　W——膨胀功，J/kg。

单位质量气体获得或放出的热量为

$$Q_p = c_p(T_2 - T_1) \tag{10-18}$$

式中　c_p——定压比热容，J/(kg·K)，空气 $c_p = 1005$J/(kg·K)；

　　　Q_p——热量，J/kg。

(3) 定温过程

一定质量的气体在温度保持不变时，从某一状态变化到另一状态的过程，称为定温过程。由气体状态方程可得

$$p_1 v_1 = p_2 v_2 = RT = 常数 \tag{10-19}$$

定温过程中，气体压力与比容成反比。由于温度不变，所以气体的内能无变化，加入的热量全部变成气体所做的功。

单位质量气体做的膨胀功为

$$W = \int_{v_1}^{v_2} p \, \mathrm{d}v = RT \int_{v_1}^{v_2} \frac{\mathrm{d}v}{v} = RT \ln \frac{v_2}{v_1} \tag{10-20}$$

(4) 绝热过程

在绝热过程中，气体状态参数 p、v、T 均为变量，输入系统的热量 $\mathrm{d}q = 0$。由理想状态方程 $pv = RT$ 微分，并代入热力学第一定律，整理得

$$pv^k = 常数 \tag{10-21}$$

或

$$p\rho^k = 常数 \tag{10-22}$$

式（10-21）和式（10-22）为绝热过程的绝热方程式。式中 k 为绝热指数，对不同的气体有不同的值，对于空气，$k = 1.4$。

绝热过程气体所做的功为

$$W = \int_{v_1}^{v_2} p \, \mathrm{d}v = \int_{v_1}^{v_2} \frac{p_1 v_1^k}{v^k} \mathrm{d}v = \frac{p_1 v_1}{1-k} \left[\left(\frac{v_1}{v_2} \right)^{k-1} - 1 \right] = \frac{p_1 v_1}{k-1} \left[1 - \left(\frac{v_1}{v_2} \right)^{k-1} \right] \tag{10-23}$$

因

$$\frac{T_2}{T_1} = \left(\frac{p_2}{p_1} \right)^{\frac{k-1}{k}} = \left(\frac{v_1}{v_2} \right)^{k-1} \tag{10-24}$$

故

$$W = \frac{R}{k-1}(T_2 - T_1) \tag{10-25}$$

(5) 多变过程

前面所述的定容过程、定压过程、定温过程和绝热过程只是热力学过程中的特殊情况，不加任何限制条件的变化过程，称为多变过程。实际上大多数变化过程为多变过程。多变过程的状态方程为

$$pv^n = 常数 \tag{10-26}$$

式中　n——多变指数。

① 当 $n = 0$ 时，$p = $ 常数，等压过程。

② 当 $n = 0$ 时，$v = $ 常数，等容过程。

③ 当 $n=1$ 时，$pv=$ 常数，等温过程。

④ 当 $n=k$ 时，$pv^k=$ 常数，绝热过程。

⑤ 当 $1<n<k$ 时，$pv^n=$ 常数，多变过程。

多变过程气体做功，推导方法与绝热过程相同，其结果为

$$W=\frac{R}{k-1}(T_2-T_1)$$ (10-27)

最后需要说明的是，在等压、等温或绝热过程中，状态变化均是可逆的，因而它们的压缩功与膨胀功的值是相等的。

10.3　气体的流动规律

气体流动遵循能量守恒与转换、质量守恒和其他运动定律。在气压传动系统中，气体在管内的流动可视为一维定常流动（或稳定流动）。

10.3.1　气体流动的基本方程

确定一维定常流场，即求解气流的速度、压力、密度和温度，需要连续性方程、动量方程、能量方程和状态方程，状态方程为式 $pV=mRT$。

（1）连续性方程

气体在管道内做定常流动时，根据质量守恒定律，通过管道任意截面的气体质量流量都相等，即

$$\rho_1 v_1 A_1=\rho_2 v_2 A_2$$ (10-28)

式中　ρ_1，ρ_2——截面 1 和 2 处气体的密度，kg/m^3；

v_1，v_2——截面 1 和 2 处气体的流动速度，m/s；

A_1、A_2——截面 1 和 2 的管道截面积，m^2。

（2）动量方程（欧拉运动方程）

动量方程是把牛顿第二定律和动量定律应用于运动流体所得到的数学表达式。其微分形式为

$$v\,dv+\frac{dp}{\rho}=0$$ (10-29)

式中　v——气体的流速，m/s；

p——气体的压力，Pa；

ρ——气体的密度，kg/m^3。

（3）能量方程（伯努利方程）

根据能量守恒定律，在流管的任意截面上，推导出的伯努利方程为

$$\frac{v^2}{2}+gz+\int\frac{dp}{d\rho}+gh_w=常量$$ (10-30)

式中　z——位置高度，m；

h_w——摩擦阻力损失水头，m；

g——重力加速度，m/s³；

其他参数定义与式（10-30）相同。

因为气体流动一般都很快，基本上来不及和周围环境进行热交换，故可忽略，认为气体是绝热流动。考虑气体的可压缩性（$\rho \neq$ 常数），则有

$$\frac{v^2}{2} + gz + \frac{k}{k-1} \times \frac{p}{\rho} + gh_w = 常量 \tag{10-31}$$

因为气体的黏度很小，再忽略摩擦阻力和位置高度的影响，则有

$$\frac{v^2}{2} + \frac{k}{k-1} \times \frac{p}{\rho} = 常量 \tag{10-32}$$

在低速流动时，气体可认为是不可压缩的（$p =$ 常数），则有

$$\frac{v^2}{2} + \frac{p}{\rho} = 常量 \tag{10-33}$$

10.3.2 声速和马赫数

(1) 声速

声波在介质中的传播速度称为声速。声波的传播速度很快，在传播过程中来不及和周围的介质进行热交换，其变化过程为绝热过程。对理想气体，声音在其中传播的相对速度只与气体的温度有关，可用下式计算

$$c = \sqrt{KRT} \approx 20\sqrt{T} = 20\sqrt{273+t} \tag{10-34}$$

式中 c——声速，m/s；

K——等熵指数，$K = 1.4$；

R——气体常数，J/(kg·K)，干空气 $R = 278.1$ J/(kg·K)；

T——气体的热力学温度，K；

t——气体的摄氏温度，℃。

从式（10-34）可见，当介质温度升高时，声速 c 将显著地增加。气体的声速 c 是随气体状态参数变化而变化的。

(2) 马赫数

将气流速度 v 和当地声速 c 之比称为马赫数，用符号 Ma 表示

$$Ma = \frac{v}{c} \tag{10-35}$$

当 $Ma < 1$ 时，即 $v < c$，气体的流动状态为亚声速流动；

当 $Ma > 1$ 时，即 $v > c$，气体的流动状态为超声速流动；

当 $Ma = 1$ 时，即 $v = c$，气体的流动处于临界流动状态。

马赫数 Ma 是气流流动的重要参数，它反映了气流的压缩性。马赫数越大，气流密度的变化越大。当气体 $v = 50$ m/s，气体密度变化仅 1%，可不考虑气体的压缩性。当 $v = 140$ m/s，气体密度变化为 8%，一般要考虑气体的压缩性。在气压传动系统中，气体流速一般较低，且已经被压缩过，因此可以认为是不可压缩流体（指流动特性）的流动。

（3）气体在管道中的流动特性

气体在截面积变化的管道中流动，在马赫数大于 1 和小于 1 两种情况下，气体的流速 v、密度 ρ、压力 p、温度 t 等参数随管道截面积 A 变化的规律截然不同。当马赫数等于 1，即气流处于临界流动状态时，气流将收缩于变截面管道的最小截面上以声速流动。表 10-4 所示为管道截面积变化对气体流动参数的影响。

表 10-4　管道截面积变化对气体流动参数的影响

流动区域	几何条件	气体流动截面积变化	结论
亚声速流动 $Ma<1$	收缩管 A 减小	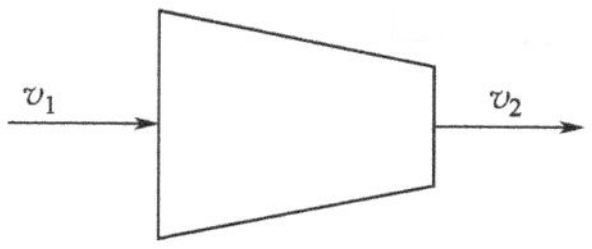 $v_1 \rightarrow v_2$	v、Ma 增加 ρ、p、t 减小
	扩散管 A 增加	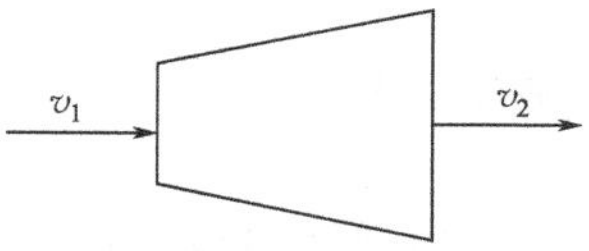 $v_1 \rightarrow v_2$	v、Ma 减小 ρ、p、t 增加
超声速流动 $Ma>1$	收缩管 A 减小	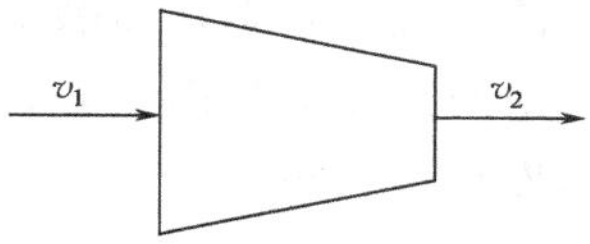 $v_1 \rightarrow v_2$	v、Ma 减小 ρ、p、t 增加
	扩散管 A 增加	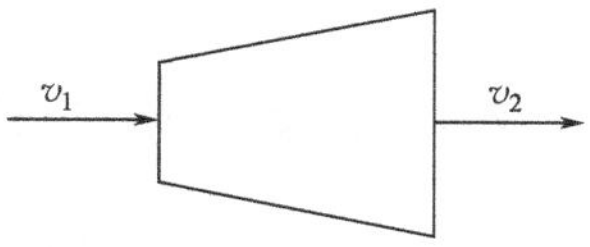 $v_1 \rightarrow v_2$	v、Ma 增加 ρ、p、t 减小
声速处于临界流动 状态 $Ma=1$	等截面 A 不变	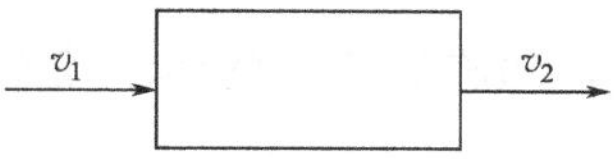 $v_1 \rightarrow v_2$	各参数不变

10.3.3　气体通过收缩喷嘴的流动

收缩喷嘴是用来将气体的压力能转换为动能的元件。

如图 10-1 所示，大容器中的气体经收缩喷嘴流出。设喷嘴出口处压力为 p_e，喷嘴出口截面积为 A_e，流速为 v_e；容器内流速 $v_0 \approx 0$，压力为 p_0，温度为 T_0。

当 $p_e = p_0$ 时，图 10-2 所示喷嘴的流速为零。

如果 p_e 减小，容器中的气体将经喷嘴流出。p_e 改变，导致喷嘴两端的压力差改变，而影响整个流动状态。在 p_e 减小到临界压力之前（$p_e > 0.528p_0$），气体的流动状态为亚声速流动状态。此时通过喷嘴的质量流量为

$$q_m = A_e p_0 \sqrt{\frac{2K}{R(K-1)T_0}} \sqrt{\left(\frac{p_e}{p_0}\right)^{\frac{2}{K}} - \left(\frac{p_e}{p_0}\right)^{\frac{K+1}{K}}} \tag{10-36}$$

p_e 继续降低至临界压力时（$p_e = 0.528p_0$），喷嘴出口截面上的气流速度达到声速。气体通过喷嘴的质量流量为

$$q_{m} = \left(\frac{2}{1+K}\right)^{\frac{1}{K-1}} A_{e} p_{0} \sqrt{\frac{2K}{R(K+1)T_{0}}} \qquad (10\text{-}37)$$

式中　q_{m}——质量流量，kg/s。

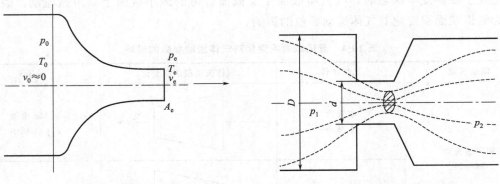

图 10-1　气体通过收缩喷嘴的流动　　　　图 10-2　节流孔的有效截面积

若 p_{e} 继续降低，由于喷嘴截面出口气流速度已经达到声速，同样以声速传播的背压 p_{e} 扰动波将不能影响喷嘴内部的流动状态，喷嘴出口截面的流速保持为声速，压力保持为临界压力。所以，当喷嘴出口截面流速达到声速后，不论背压如何降低，喷嘴出口截面始终保持为声速流动，称此为超临界流动状态。

式（10-36）和式（10-37）在工程使用中不太方便，为简单起见将质量流量转化为基准状态下的体积流量。

当 $p_{e} > 0.528 p_{0}$ 时，亚声速流动的体积流量为

$$q_{x} = 3.9 \times 10^{-3} A_{e} \sqrt{\Delta p\, p_{0}} \sqrt{\frac{273}{T_{0}}} \qquad (10\text{-}38)$$

当 $p_{e} \leqslant 0.528 p_{0}$ 时，超临界流动的体积流量为

$$q_{x} = 1.89 \times 10^{-3} A_{e} p_{0} \sqrt{\frac{273}{T_{0}}} \qquad (10\text{-}39)$$

式中　q_{x}——基准状态下的体积流量，m^{3}/s；

　　　A_{e}——喷嘴的截面积，m^{2}；

　　　Δp——喷嘴前后压差，Pa，$\Delta p = p_{0} - p_{e}$，p_{e} 为喷嘴出口的绝对压力，Pa；

　　　p_{0}——容器中的绝对压力，Pa；

　　　T_{0}——容器中的热力学温度，K。

收缩喷嘴的流量式（10-36）、式（10-37）、式（10-38）、式（10-39）也适用于节流小孔，如阀口等。

10.3.4　气动元件和管道的有效截面积

气动元件和管道的流通能力可以用流量表示，还可以用有效截面积 A 来描述。

如图 10-2 所示，气体通过面积 A_{0} 的孔口流动。由于孔口具有尖锐的边缘，而流线又不可能突然转折，经孔口后流束发生收缩，其最小截面积称为有效截面积，以 A 表示。有效

截面积 A 与孔口实际截面积 A_0 之比，称为收缩系数，以 α 表示，即

$$\alpha = A/A_0 \qquad (10\text{-}40)$$

（1）圆形节流孔的有效截面积

如图 10-2 所示圆形节流孔，设节流孔直径为 d，节流孔上游直径为 D，节流孔口面积 $A_0 = \pi d^2/4$，令 $\beta = (d/D)^2$，根据 β 值可以从图 10-3 中查到收缩系数 α 值，据此计算有效截面积 A。

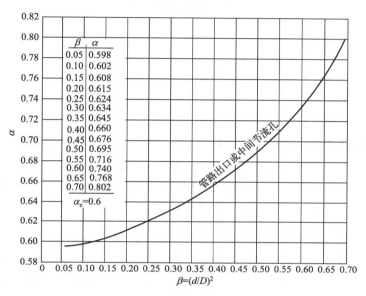

β	α
0.05	0.598
0.10	0.602
0.15	0.608
0.20	0.615
0.25	0.624
0.30	0.634
0.35	0.645
0.40	0.660
0.45	0.676
0.50	0.695
0.55	0.716
0.60	0.740
0.65	0.768
0.70	0.802

$\alpha_c = 0.6$

图 10-3　节流孔的收缩系数 α

（2）管道的有效截面积

对于内径为 d、长为 l 的管道，其有效截面积仍按式（10-40）计算。此时的 A_0 为管道的实际截面积，式中收缩系数由图 10-4 查得。

（3）多个元件组合后的有效截面积

系统中有若干元件并联，合成有效截面积 A 为

$$A = A_1 + A_2 + \cdots + A_n = \sum_{i=1}^{n} A_i \qquad (10\text{-}41)$$

系统中有若干元件串联，合成有效截面积 A 由下式计算：

$$\frac{1}{A^2} = \frac{1}{A_1^2} + \frac{1}{A_2^2} + \cdots + \frac{1}{A_n^2} = \sum_{i=1}^{n} \frac{1}{A_i^2} \qquad (10\text{-}42)$$

式中，A_1，$A_2 \cdots A_n$ 分别为各元件的有效截面积。

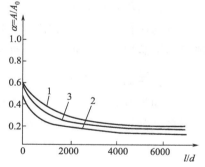

图 10-4　管道的收缩系数 α

1—$d = 11.6 \times 10^{-3}$ m 的具有涤纶编织物的乙烯软管；2—$d = 2.52 \times 10^{-3}$ m 的尼龙管；3—$d = 1/4 \sim 1$ m 的瓦斯管

第 11 章

气动元件

气压传动与控制也称为气动技术，是指以压缩空气为工作介质进行传递动力和控制信号的系统。空气作为工作介质具有防火、防爆、防电磁干扰，抗振动、冲击、辐射，系统结构简单等优点，因此近几年来，气压传动成为实现生产过程自动化的一个重要手段。

一般，气压传动及控制系统由如下三部分组成。

(1) 气源装置及其辅件
气源装置是获得具有一定能量的压缩空气的能源装置，其主体部分为空气压缩机、冷却器及气罐（或储气罐）等，辅件包括气源净化、元件润滑、元件间连接和消声等装置，例如过滤器、油雾器、管接头和消声器等元件。

(2) 气动执行元件
气动执行元件以压缩空气为工作介质产生机械运动，并将气体的压力能转变为机械能的能量转换装置。直接做直线运动的是气缸，做旋转运动的元件为摆动缸和气动马达等。

(3) 气动控制元件
气动控制元件是控制工作介质的压力、流量和流动方向，使执行元件完成所需运动规律的元件，如压力、流量和方向控制阀以及各种逻辑元件等。

11.1 气源装置及其辅件

11.1.1 气源装置

气压传动系统的气源，即为其能源或动力源。其工作介质为压缩空气，主要是由大气压缩而成，大气中混有灰尘和水蒸气等杂质，经过压缩后混在压缩空气中，压缩机输出的压缩空气必须进行净化与干燥处理，即除去压缩空气中混入的灰尘、水分、油分等杂质后才能作为气动系统的动力源使用。气压传动系统对其工作介质——压缩空气的主要要求如下。

① 具有一定的压力和足够的流量。

② 具有一定的净化程度，所含杂质粒径一般不超过以下数值：

气缸、叶片式和截止式气动元件——不大于 $50\mu m$。

气动马达、硬配滑阀——不大于 $25\mu m$。

射流元件——$10\mu m$ 左右。

产生、处理和储存压缩空气的设备称为气源装置，由气源装置组成的系统称为气源系统。典型的气源系统如图 11-1 所示。

下面对于主要的气源装置元件及其辅件进行介绍。

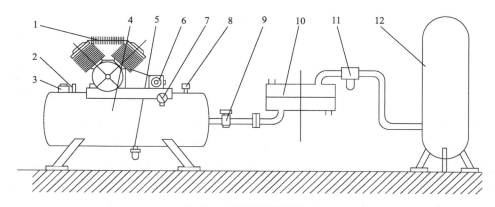

图 11-1　气源系统的组成

1—空气压缩机；2—安全阀；3—单向阀；4—小气罐；5—自动排水器；6—电动机；
7—压力开关；8—压力表；9—截止阀；10—后冷却器；11—油水分离器；12—气罐

11. 1. 1. 1　空气压缩机

（1）空气压缩机分类

空气压缩机（空压机）是将电能转换成气体压力能的装置，其种类很多。空气压缩机按排气压力大小可分为如下三类。

① 低压型 $0.2\sim1.0MPa$。

② 中压型 $>1.0\sim10MPa$。

③ 高压型 $>10MPa$。

按工作原理可分为如下两类。

① 容积型空气压缩机。其按结构原理又可分为往复式空气压缩机，例如活塞式和叶片式空气压缩机，旋转式空气压缩机，例如滑片式和螺杆式空气压缩机。

② 速度型空气压缩机。例如离心式和轴流式空气压缩机。

按排气量大小可分为如下四类。

① 微型 $q<1m^3/min$。

② 小型 $q=1\sim10m^3/min$。

③ 中型 $q = 10 \sim 100\text{m}^3/\text{min}$。

④ 大型 $q > 100\text{m}^3/\text{min}$。

(2) 空气压缩机工作原理

由于空气压缩机的种类较多，现仅介绍往复活塞式压缩机、滑片式空气压缩机和螺杆式空气压缩机的工作原理。并在表 11-1 中列出了活塞式空压机与螺杆式空压机的性能比较。

表 11-1　活塞式空压机与螺杆式空压机的性能比较

类型	输出压力 /MPa	吸入流量 /(m³/min)	功率/kW	振动	噪声	排气压力 脉动	价格	排气方式
活塞式	1.0	0.1~30	0.75~220	大	大	大	较低	断续排气，需设气罐
螺杆式	1.0	0.2~67	1.5~370	小	小	无	高	连续排气，不需气罐，排出气体可不含油

① 往复活塞式空压机。气压传动系统中最常用的空气压缩机为往复活塞式空压机，当活塞向右移动时，气缸内活塞左腔的压力低于大气压力，吸气阀 2 开启，外界空气由于大气压的作用，进入气缸内部，即进行吸气过程；当活塞向左移动时，吸气阀在缸体内部气体的作用下关闭，缸体内部的气体随着活塞的不断左移，压力逐渐升高，这个过程称为压缩过程。当气缸内的气体压力增高到高于输气管道内的压力后，排气阀被打开，压缩空气排入管道内，这个过程称为排气过程。活塞的往复运动是由电动机带动曲柄转动，通过连杆、滑块、活塞杆转化成直线往复运动而产生。图 11-2 所示为单级往复活塞式空压机，常用于需要 $0.3 \sim 0.7\text{MPa}$ 压力范围的系统。单级的压缩机压力过高时，产生的热量过大，压缩机的工作效率降到最低，这时可以使用两级活塞式空压机，若最终压力为 1.0MPa，其 1 级通常压缩到 0.3MPa。为了降低 1 级压缩空气出口的温度，以提高空压机的工作效率，在 1 级和 2 级之间设置中间冷却器。一般活塞式空压机的功率为 2.2kW 和 7.5kW 时，其出口空气温度在 70℃左右；功率为 15kW 或以上时，其出口空气温度在 180℃左右。

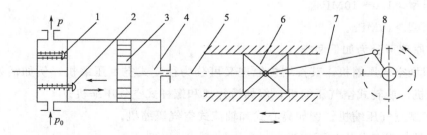

图 11-2　单级往复活塞式空压机工作原理

1—排气阀；2—吸气阀；3—活塞；4—气缸；5—活塞杆；6—滑块；7,8—连杆

② 滑片式空压机。图 11-3 所示为滑片式空压机工作原理，如图所示，转子安装在定子内，并且转子与定子有一定的偏心，一组滑片插在转子的放射状槽内。当转子旋转时，各滑片主要依靠离心力的作用紧贴于定子内壁。转子回转过程中，左半部（输入侧）吸气，右半部（输出侧）输出压缩空气，在输出侧，滑片逐渐被定子内表面压进转子沟槽内，滑片、转子和定子内壁围成的封闭容积逐渐缩小，吸入的空气逐渐被压缩，最后以较高的压力从输出侧排出。由于在输入侧附近，需向气流喷油，对滑片及定子内部进行润滑、冷却和密封，故输出空气中含有大量油分，所

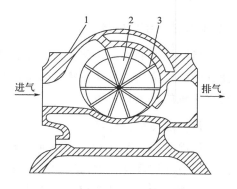

图 11-3　滑片式空压机工作原理
1—机体；2—转子；3—滑片

以必须在输出侧设置油雾分离器和冷却器，以便把油从压缩空气中分离出来，冷却后循环再用。

③ 螺杆式空压机。两个啮合的螺旋转子以相反方向转动，它们当中自由空间的容积沿轴向方向逐渐减小，从而使两转子间的空气逐渐被压缩。若转子和机壳之间相互不接触，则不需润滑，这种空压机可输出不含油的压缩空气，可连续输出无脉动的大流量的压缩空气，出口温度为 60℃ 左右。

(3) 空气压缩机的选择计算

首先根据空气压缩机的特性要求进行类型选择，再根据气动系统所需的工作压力和流量两个参数，确定空气压缩机的输出压力 p_c 和吸入流量 q_r，如果整个气压系统中的各个执行机构对空压机的工作压力有不同要求，可按其中最大压力来考虑。最终选取空气压缩机的型号。

空气压缩机的输出压力 p_c

$$p_c = p + \sum(\Delta p) \tag{11-1}$$

空气压缩机的吸入流量 q_r 计算如下

不设气罐时
$$q_r = q_b = g_{max} \tag{11-2}$$

设气罐时
$$q_b = g_{sx} \tag{11-3}$$

$$q_r = aq_b$$

式中　　p——气动执行元件的最高使用压力，MPa；

$\sum(\Delta p)$——气动系统的总压力损失，MPa，一般情况下，令 $\sum(\Delta p) = (0.15 \sim 0.2)$MPa；

q_b——向气动系统提供的流量，m^3/min；

g_{max}——气动系统的最大耗气量，m^3/min；

g_{sx}——气动系统的平均耗气量，m^3/min；

a——修正系数，主要考虑气动元件、管节头等各处的漏损以及其他因素，可令 $a = 1.3 \sim 1.5$，风动工具的磨损泄漏较大时，供气量应增加 30％～50％，相应的 a 多取大值。

11.1.1.2 后冷却器

后冷却器的作用是将空气压缩机排出的压缩空气温度由 140～170℃降至 40～50℃，促使其中的水蒸气、变质油雾大部分凝聚成水滴和油滴，以便将其析出，因此后冷却器必须紧随空压机的排出口设置。

(1) 后冷却器分类

后冷却器按其冷却介质不同，分为风冷式后冷却器和水冷式后冷却器。

风冷式后冷却器通过将风扇产生的冷空气吹向带散热片的热气管道来降低压缩空气的温度，一般不需要冷却水设备，不用担心断水或水冻结。其占地面积小、重量轻，但适用面较小，只适合于入口温度低于 160℃并且排气量较小的场合。

水冷式后冷却器是靠输入的冷却水沿热空气反向流动，加大冷却水与热空气的交流，来降低压缩空气的温度。在水冷式后冷却器的出口处，一般冷却水的出口温度要比风冷式后冷却器的空气出口温度低 8℃左右。水冷式后冷却器的散热面积是风冷式后冷却器的 25 倍，热交换均匀，适合于入口温度低于 200℃并且处理空气量较大的场合。

气源系统采用后冷却器时一般用水冷式后冷却器。

水冷式后冷却器结构形式有：列管式、散热片式、套管式和蛇管式等。最常用的是蛇管式和列管式后冷却器。列管式后冷却器适用于低中压、大容量的压缩空气冷却；蛇管式后冷却器适用于排气量较小的任何压力范围的空气冷却，目前普遍采用蛇管式。蛇管式后冷却器的结构（见图 11-4）主要由一只蛇状空心管和一只盛装此管的圆筒组成。蛇状空心管可以用铜管或钢管弯制而成，蛇状空心管的表面积即为该冷却器的散热面积。由空气压缩机排出的热空气由蛇状空心管上部进入，通过管外壁与管外的冷却水进行热交换，冷却后，由蛇状空心管下部输出。这种冷却器结构简单，使用和维护方便，因此广泛应用于流量较小的场合。

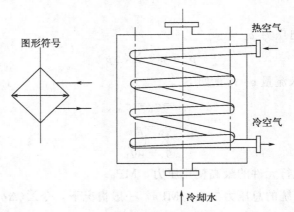

图 11-4　蛇管式冷却器原理

(2) 后冷却器的选用

后冷却器型号的选择依据为系统的使用压力、后冷却器的空气入口温度、环境温度或冷却器的空气出口温度及需要进行处理的空气流量。一般推荐冷却水放出的温度比入口温度高 10℃左右，以此来计算其散热面积。

在使用后冷却器时应注意：后冷却器的最低处应设有自动或手动排水器，用以排出冷凝水和油滴等杂质。

11.1.1.3 储气罐

储气罐的作用是消除排出气流的脉动，保证输出气流的连续性；储存一定数量的压缩空气，调节用气量或以备发生故障和临时需要应急使用。此外可以进一步冷却压缩空气的温度，分离压缩空气中的水分和油分。

（1）储气罐的结构

一般的储气罐采用立式圆筒形，由钢板焊接而成，具体结构如图 11-5 所示，储气罐设有排放过高压力的安全阀 2、指示内部压力的压力表 1、排放污物的阀门 4 及用作检查的出口 3 等。

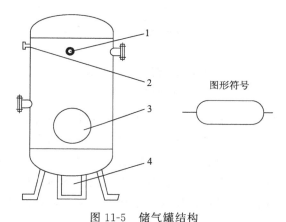

图 11-5 储气罐结构

1—压力表；2—安全阀；3—检查的出口；4—阀门

（2）储气罐的选用

储气罐的容积大小是设计和选用的主要内容。其确定应考虑以下几方面。

以消除压力波动为目的时，可参考经验公式

$$q < 0.1 \mathrm{m^3/s} \ 时，V = 12q \, (\mathrm{m^3})$$

$$q = 0.1 \sim 0.5 \mathrm{m^3/s} \ 时，V = 9q \, (\mathrm{m^3})$$

$$q > 0.5 \mathrm{m^3/s} \ 时，V = 6q \, (\mathrm{m^3})$$

式中　q——空压机的自由排气量，$\mathrm{m^3/s}$；

　　　V——储气罐的容积，$\mathrm{m^3}$。

以储存压缩空气、调节用气量为目的时，容积应按实际所需储存的调气量来设计。储气罐的高度可为内径的 2～3 倍。

11.1.2 辅件

（1）消声器

由空气压缩机产生的压缩空气，必须经过降温、净化、减压等一系列处理，才能供给控制元件及执行元件使用。而用过的压缩空气排向大气时会产生噪声，应使用消声器消声，以改善劳动条件。

常用的消声器有三种类型：吸收型、膨胀型和吸收膨胀型。

吸收型消声器是依靠吸声材料来消声的。吸声材料有玻璃纤维、毛毡、泡沫塑料和烧结材料等，将这些材料装在消声器中，使气流通过时受到阻力，声波被吸收一部分，图11-6所示的消声器是一个简单的吸收型消声器。这种消声器主要靠消声罩2来消声，消声罩一般由多孔的吸音材料组成，其消声原理为：当压缩气体通过消声罩时，气流受到阻力，声能量被部分吸收而转化为热能，从而降低噪声强度。

图形符号

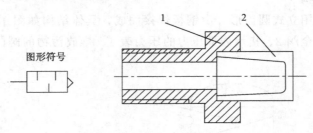

图 11-6　消声器结构原理
1—连接螺杆；2—消声罩

膨胀型消声器的结构比较简单，相当于一段比排气孔口径大的管件，当气流通过时，让气流在其内部扩散、膨胀、碰壁撞击、反射、互相干涉进而消声。

吸收膨胀型消声器是上述两种的结合。气流由斜孔引入，气流束互相撞击、干涉，进一步减速，再通过设在消声器内表面的吸声材料消声，最后排向大气。

选择消声器的主要依据是排气孔直径的大小和噪声范围，设计要求消声器的有效面积大于排气管道的有效面积。

（2）管道

气动系统管道种类有软管和硬管两种，其中软管包括聚氨酯气管、半尼龙管；硬管有无缝钢管、镀锌钢管、不锈钢管、黄铜管、紫铜管等。

管道的选择原则如下。

① 从空气压缩机的排气口至冷却器、油水分离器、储气罐、空气干燥器的压缩空气管道称为空气压缩机站管道，从空气压缩机站输出到气动设备之间的管道称为空气输送管道，这两种管道均以无缝钢管作为输送管道。

② 硬管适用于高温、高压和固定的场合。在小范围之内高等级的镀锌焊接管经过耐压试验以后也可以使用。虽然紫铜管道价格昂贵，抗振能力较弱，但比较容易弯曲和安装，因此固定部分的安装可以选择。

③ 软管用于工作压力不高、温度较低的场合。软管拆装方便，密封性能好，适用于气动元件之间的连接。

当工厂中的各种气动设备对压缩空气的工作压力有多种要求时，气源系统的管道必须保证最高压力的要求。为避免压缩空气在管道内流动时的损失过大，应对管内的气体流速进行限制，一般管道内径为

$$d = \sqrt{\frac{4q}{\pi v}}$$

式中　d——管道内径，m；

　　　q——压缩空气在管道内的流量，m^3/s；

　　　v——压缩空气在管道内的流速，m/s。

一般压缩空气在大范围输送的管道内的流速为 8～10m/s，在小范围输送管道内的流速为 10～15m/s，为避免过大的压力损失，限定压缩空气的流速在 25m/s 以内。

用上述公式计算管道直径后，应验算压缩空气以此流速通过时产生的压力损失是否在允许的范围之内。一般在大范围输送之内的压力损失不应超过供气压力的 8%，小范围输送之内的压力损失不应超过供气压力的 5%。

（3）管接头

管接头为连接管路与管路、元件与管路的可以拆装的连接件。管接头应使连接后的管路密封性能好，流动阻力小，装卸方便。

常用的管接头形式有：卡套式、插入式、扩口式、卡箍式、快速接头和回转接头（见表 11-2）。管接头的连接方式有过渡接头、异径接头以及内外压力表接头等。目前管接头的螺纹形式有管螺纹、锥螺纹和锥管螺纹等。

卡套式管接头用于连接紫铜管、尼龙管等，材料为黄铜，其工作原理为：当拧紧螺母时，铜质的卡套发生变形，卡套的外圆、接头体以及螺母的内外锥面行程密封，卡套的两端由于螺母的拧紧而产生径向收缩，也起到密封的作用。

表 11-2　管接头的形式

插入式管接头一般用于微型气压元件、逻辑元件的小直径软管连接，使用时将软管插入接头体，插到头后向外拉动，卡头便立即将管子卡紧，实现管子的快速连接。

扩口式管接头在拧紧螺母的作用下，压紧圈压迫接管内壁，使之紧贴于接头体的外锥面上，形成密封。

卡箍式管接头用于硬管与软管的连接，最大工作压力为 1MPa，其工作原理为：在连接处用卡箍固定。

快速接头分为带单向阀和不带单向阀两种结构，表 11-2 中所示的快速接头不带单向阀，其工作原理为：在连接处用钢球进行定位，连接快速并可以经常拆卸。

回转接头的气管可在 360°范围内任意转动，适用于现场工作位置需要经常变化的场合，例如气动喷枪、气动工具的管路连接，其工作原理为：接头的横向螺母用于固定硬管，纵向螺母用于连接其他部件。

（4）气液转换器

气液转换器是一种把空气压力转换成相同液体压力的气动元件，根据气与油之间接触的状况分为隔离式与非隔离式两种结构。图 11-7 所示为非隔离式气液转换器的结构原理，它是一个垂直放置的油筒，其油面处于静压状态，上部接气源，下部与液压缸相连。压缩空气直接作用于油面上，为防止空气混入液压油中而造成传动不稳定，在非隔离式气液转换器的进气口和出油口安装有缓冲板 4。

气液转换器一般用于气液控制回路中，使气缸获得无脉动的低速平稳运动，速度可以小于 40mm/min。选用气液转换器时应注意如下事项。

① 气缸的负载率应小于 50%，转换器内的液面上升的最大速度应低于 12m/min，给油量以不超过转换器容积的 80% 为限。

② 使用的压缩空气的工作压力为 0.3～0.7MPa，液压油为 20～40 号液压油，不允许使用煤油、汽油等易燃或含有有机溶剂的油料，工作用油每半年更换一次，使用中如果发现液压油减少，可以从加油口补充新油。

③ 安装时应注意气液转换器必须垂直安装，并注意油面最低高度，同时必须排除气缸进出油腔一端的空气。

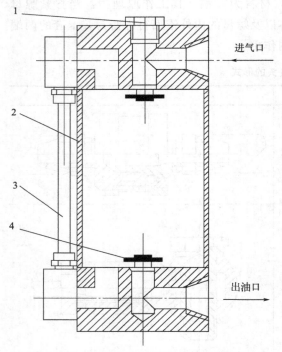

进气口

出油口

图 11-7 非隔离式气液转换器的结构原理
1—加油口螺塞；2—缸体；3—油位管；4—缓冲板

（5）油水分离器

油水分离器的作用是分离压缩空气中凝聚的水分和油分等杂质，使压缩空气得到初步净化。其结构形式有：环形回转式、撞击并折回式、离心旋转式、水浴式以及以上形式组合使用等。撞击并折回式分离器主要是利用回转离心、撞击、水洗等方法使水滴、油滴、其他杂质颗粒从压缩空气中分离出来，具体结构如图 11-8 所示。

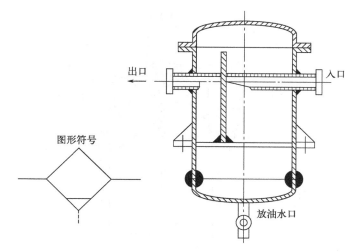

图 11-8　油水分离器结构原理

为保证较好的分离效果，必须使气流回转后上升速度缓慢，其速度应小于 $0.3 \sim 0.5 \text{m/s}$，同时应保证其具有足够的上升空间。

油水分离器必须保证

内径 $$D \geqslant \sqrt{v} d \qquad (11\text{-}4)$$

高度 $$H \geqslant (3.5 \sim 4) D \qquad (11\text{-}5)$$

式中　　D——油水分离器的内径，m；

　　　　v——空气入口速度，m/s；

　　　　d——入口直径，m；

　　　　H——油水分离器的高度，m。

(6) 油雾器

油雾器有一次油雾器（普通油雾器）和二次油雾器之分，一次油雾器的应用很广，润滑油在油雾器中只经过一次雾化，油雾颗粒直径为 $20 \sim 35 \mu m$ 左右，一次输送距离在 5m 以内，适用于一般气压元件的润滑。

图 11-9 所示为普通油雾器，压缩空气从输入口进入。在油雾器的气流通道中有一立杆 3，立杆 3 有两个通道口，上面背向气流的是喷油口 B，下面正对气流的是油面加压通道口 A。一小部分进入油面加压通道口 A 的气流经过加压通道流到截止阀 4。在压缩空气刚进入时，钢球被压在阀座上，但钢球与阀座密封不严，有点漏气，可使储油杯 5 上腔的压力逐渐升高，将截止阀 4 打开，使杯内油面受压，迫使储油杯内的液压油经吸油管 6 和调节针阀 1 滴入透明的视油器 2 内，然后从喷油口 B 被主气道中的气流引射出来，油滴在气流的气压力作用下雾化后随气流从输出口排出。

油雾器的选用主要根据气压系统所需的气体流量及油雾粒径大小来确定。

油雾器一般安装在分水滤气器、减压阀之后，尽量靠近换向阀，与阀的距离不应超过 5m。油雾器和换向阀之间的管道容积应为气缸行程容积的 80% 以下，当通道中有节流装置时上述容积比例应减半。

安装时注意进、出口不能装错，垂直设置，不可倒置或倾斜，保持油面正常，不应过高

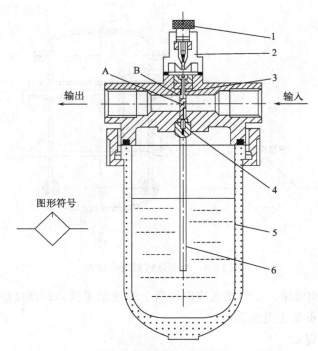

图 11-9　油雾器结构原理

1—调节针阀；2—视油器；3—立杆；4—截止阀；5—储油杯；6—吸油管

或过低。

（7）干燥器

压缩空气经后冷却器、油水分离器、储气罐的初步净化后已经满足一般气压传动系统的要求，对于某些要求较高的气动仪表、射流装置等，还必须经过干燥、过滤等装置进一步净化。

目前使用的干燥方法主要是吸附法、冷冻法和膜式干燥器干燥。其中冷冻法是潮湿的热压缩空气进入制冷设备后，利用制冷设备使空气冷却到一定的露点温度，析出空气中超过饱和水蒸气压部分的水分，降低其含湿量，增加空气的干燥程度。在此过程中，冷凝水滴经自动排水器排出。

图 11-10 所示为吸附式干燥器的工作原理，其利用具有吸附性能的吸附剂来吸附压缩空气中的水分，达到使压缩空气干燥的目的。按这种吸附式原理制成的干燥器是气源系统中使用最多的一种。图中的 01、02 表示单向节流阀，图中所示状态下，01 未工作，02 正在工作。

（8）过滤器

从压缩机输出的压缩空气，流经管网最终到达执行元件的过程中，要通过减压阀和控制阀内的微小间隙和节流孔。若在压缩空气中混入尘埃和水分等杂质，在流过这些元件时就有产生误动或动作不良等故障的危险。因此在压缩空气进入控制回路之前，应设置空气过滤器以清除这些有害杂质。

压缩空气中含有的杂质，包括与空气一起吸入压缩机的固体尘粒及从管道内壁脱落的水锈等固体杂质，如果它们卡在方向控制阀的滑动间隙或压力控制阀的阀座上，就会引起动作不良。另外，吸入压缩机的空气被压缩、升压后，经后冷却器、储气罐被送出。当空气温度下降时，就会析出过饱和的水。这些水大部分由后冷却器来分离，还有一小部分进入控制回

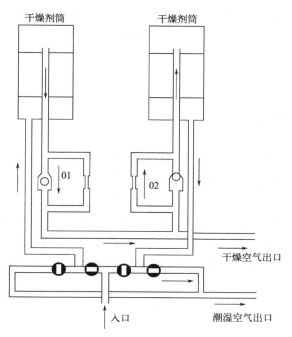

图 11-10　吸附式干燥器的工作原理

路和元件内，使零件产生锈蚀，破坏润滑油膜。同时，压缩空气中还含有变质的有害油雾，其悬浮在空气中容易黏附在滑动部件上，与其他杂质混合形成油泥，往往堆积在狭窄的间隙内，导致装置不能正常动作。

图 11-11 所示为分水过滤器结构原理，从输入口流入的压缩空气通过导流片 1 后，形成旋转气流。在离心力的作用下，压缩空气中所含的液态水、油和杂质被甩到滤杯 4 的内壁

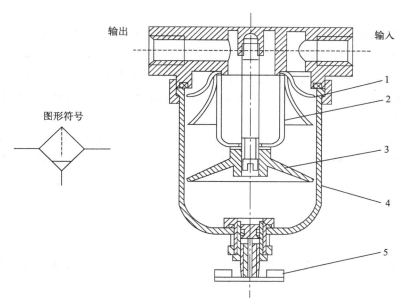

图 11-11　分水过滤器结构原理

1—导流片；2—滤芯；3—挡水板；4—滤杯；5—手动放水阀

上，并沿着杯壁流到底部。已去除液态油、水和杂质之后的压缩空气，通过滤芯 2 进一步清除其中微小的固态粒子，然后从输出口流出。挡水板 3 可防止已积存在滤杯底部的液态油、水再混入气流中。

11. 2　气动执行元件

同液压系统相似，气动系统的执行元件定义为将压缩空气的能量转变为机械能的零部件，气动执行元件能驱动机构实现直线往复运动、摆动、旋转运动或夹持动作。

由于气动的工作介质是气体，其具有可压缩性，因此，用气动执行元件来实现气动伺服定位。它的重复精度可控制在 0.2mm 之内，此时它的低速运行特性（10mm/s 左右时）不如常规气动控制的低速平稳。对于低速气缸而言，它的低速运行速度可控制在 3～5mm/s，平稳运行。当要求以更慢的速度或高速位置控制时，一般采用液压气动联合装置来实现。

气动执行元件与液压执行元件相比，气动执行元件运动速度快，工作压力低，适用于低输出力的场合。

气动执行元件的分类见表 11-3。

表 11-3　气动执行元件的分类

种类	气动马达	气缸	摆动马达
样式	叶片式马达 活塞式马达 齿轮式马达	活塞式气缸分为单作用气缸和双作用气缸 非活塞式气缸分为膜盒式气缸和膜片式气缸	叶片式马达 齿轮式马达 齿轮齿条式马达

气动执行元件的特点如下。

① 与液压执行元件相比，气动执行元件的运动速度快，工作压力低，适用于低输出力的场合。能正常工作的环境温度范围宽，一般可在 −35～80℃ 的环境下正常工作。

② 相对机械传动来说，气动执行元件的结构简单，制造成本低，维修方便，便于调节其输出力和速度的大小。另外，其安装方式、运动方向和执行元件的数目可以根据机械装置的要求由设计者自由选择。

③ 由于气体的可压缩性，气动执行元件在速度控制、抗负载影响等方面的性能不如液压执行元件。当需要较精确地控制运动速度，减少负载变化对运动的影响时，常需要借助气动-液压联合装置来实现。

11. 2. 1　气动马达

气动马达是把压缩空气的压力能转换成机械能的一个能量转换装置，输出力矩和转速来驱动机构转动。

（1）叶片式气动马达

① 结构。叶片式气动马达主要由叶片 1、定子 2、转子 3 等零件组成（见图 11-12）。定

子与转子同宽度，定子上有进、排气用的配气槽孔，转子
上铣有长槽，槽内装有叶片。定子两端有密封盖，密封盖
上有弧槽与三个进/排气孔 A、B、C，和各叶片底部相通。
转子与定子偏心安装，偏心距为 e，这样转子的外表面、
定子的内表面、叶片及两端密封盖就形成了若干个密封工
作空间。

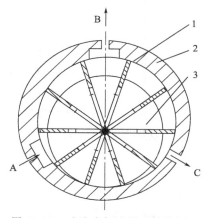

图 11-12　叶片式气动马达结构原理
1—叶片；2—定子；3—转子

　　② 工作原理。叶片式气动马达与叶片式液压马达的原
理相似。压缩空气由 A 孔输入时，分为两路：一路经定子
两端密封盖的弧形槽进入叶片底部，将叶片推出，此时叶
片就是靠此气压推力及转子转动时的离心力的综合作用而
较紧密地压在定子内壁上；压缩空气另一路经 A 孔进入相
应的密封工作空间，在叶片 1 上产生相反方向的转矩，由
于叶片 1 伸出长，作用面积大，产生的转矩大于相邻叶片产生的转矩，因此转子在两叶片上
产生的转矩差作用下按顺时针方向旋转。做功后的气体由定子的孔 B 排出，剩余气体经孔 C
排出。若改变压缩空气输入方向，即可改变转子的转向。图 11-12 所示的气动马达采用了保
持压缩空气膨胀行程的结构形式。当转子转到排气口 B 位置时，工作室内的压缩空气进行
一次排气，随后其余压缩空气继续膨胀直至转子转到排气口 C 位置进行二次排气。气动马
达采用这种结构能有效利用部分压缩空气膨胀时的能量，提高输出功率。

　　如果封闭排气口 B，则马达工作时压缩空气不膨胀，马达转子转动一圈后，压缩空气只
进行一次排气，输出功率较低。

　　③ 计算。当外加负载转矩为零时，即为空转，此时转速达最大值，此时气动马达的输
出功率为零。当外加负载转矩等于气动马达的最大转矩时，气动马达停转，转速为零，此时
输出功率也为零。当外加负载转矩约等于气动马达最大转矩 T_{max} 的一半$\left(\dfrac{1}{2}T_{max}\right)$时，其转
速为最大转速 n_{max} 的一半$\left(\dfrac{1}{2}n_{max}\right)$，此时气动马达输出功率达最大值，一般来说，这就是
所要求的气动马达额定功率。

　　a. 转速与空气压力的关系。单纯就转速而言，气动马达的转速只跟空气流量直接发生关
系，但是流量-压力之间为有机联系，尤其对可压缩性的空气而言，气动马达的转速与空气
压力有一定的关系。当空气压力降低时，气动马达的转速也降低，转速 n 可用下式进行
概算

$$n = n_x \sqrt{\frac{p}{p_x}} \tag{11-7}$$

式中　n——实际供给空气压力下的转速，r/min；
　　　　n_x——设计空气压力下的转速，r/min；
　　　　p——实际供给的气源压力，MPa；
　　　　p_x——设计供给的空气压力，MPa。

　　b. 转矩与空气压力的关系。气动马达的转矩，大体上是随空气压力的升降成比例地升
降。其数值可用下式进行概算

$$T = T_x \frac{p}{p_x} \tag{11-8}$$

式中　T——实际供给空气压力下的转矩，N·m；

　　　T_x——设计供给的空气压力下的转矩，N·m；

　　　p——实际供给的空气压力，MPa；

　　　p_x——设计供给的空气压力，MPa。

　　c.功率与空气压力的关系。从上述分析中，可以求出气动马达的功率

$$N = \frac{Tn}{9.54} \tag{11-9}$$

式中　T——转矩，N·m；

　　　n——转速，r/min。

　　由于空气压力的变化，转矩、转速的变动而导致气动马达功率发生变化，最终气动马达的效率为

$$\eta = \frac{N_{实}}{N_{理}} \times 100\% \tag{11-10}$$

式中　$N_{实}$——气动马达输出的有效功率，即实际输出功率，W；

　　　$N_{理}$——气动马达理论输出功率，W。

（2）活塞式气动马达

　　① 结构和工作原理。活塞式气动马达是依靠作用于气缸底部的气压推动气缸动作来实现气动马达功能的。活塞式气动马达一般有 4～6 个气缸，气缸可配置在径向和轴向位置上，可分为径向活塞式气动马达和轴向活塞式气动马达两种。图 11-13 所示为五缸径向活塞式气动马达结构原理图。五个气缸均匀分布在气动马达壳体的圆周上，压缩空气顺序推动各活塞，从而带动曲轴连续旋转。但是这种气缸无论如何设计都存在一定量的力矩输出脉动和速度输出脉动。

　　如图 11-13 所示，五个气缸呈星形分布，缸内的活塞 4 通过连杆组件与曲轴 6 的偏心圆柱面连接，圆柱面的几何中心与曲轴中心有一定的偏心。2 配气阀与曲轴 6 的偏心圆柱连接在一起进行同步旋转。配气阀套 1 固定在星形缸体 3 上。在图示位置，配气阀 2 正好把配气阀套 1 的内腔分割成左右两个气室，右气室通过中心区附近的两个轴向孔与马达的进（排）气口相通，左气室则通过与之相应的另外两个轴向孔与马达的排（进）气口相通。在图示的位置，右气室正向缸 A 和 B 供气，这两个气缸的活塞在气压的作用下通过各自的连杆推动偏心圆柱面，驱动曲轴连同配气阀一起绕曲轴中心做逆时针方向转动；同时，缸 D 和缸 E 内的活塞被偏心圆柱面通过连杆推向缸底，缸内的废气经配气阀套内的左气室和相应的与马达排（进）气口相通的两个轴向孔排出到大气。曲轴 6 继续转动，配气阀也跟着转动，同时连续不断地依次向缸 C、D、E 等供气，其余相应的气缸也依次排气，维持曲轴继续旋转、输出转矩。改变进、排气口的供、排气状态，便可使马达反向旋转。

　　活塞式气动马达转速比叶片式的低，一般是 100～1300r/min，最高是 6000r/min，但输出的转矩要比叶片式的大得多。活塞式气动马达结构复杂，但维护与保养比叶片式的容易。

　　② 工作特性。活塞式气动马达的最大输出功率即额定功率，在功率输出最大的工况下，气动马达的输出转矩为额定输出转矩，速度为额定转速。

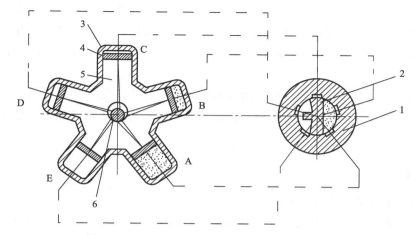

图 11-13　五缸径向活塞式气动马达结构原理图

1—配气阀套；2—配气阀；3—星形缸体；4—活塞；5—气缸；6—曲轴

活塞式气动马达主要用于低速、大转矩的场合。其启动转矩和功率都比较大，但是结构复杂、成本高、价格贵。

活塞式气动马达一般转速为 250～1500r/min，功率为 0.1～50kW。

(3) 齿轮式气动马达

① 工作原理。齿轮式气动马达结构原理如图 11-14 所示，压缩空气作用在齿面上时，两齿轮上就分别产生了作用力使两齿轮旋转，并将空气排到低压腔。齿轮式气动马达的结构与齿轮泵基本相同，区别在于气动马达要正反转，进排气口相同，内泄漏单独引出。

同时，为减少启动静摩擦力，提高启动转矩，常做成固定间隙结构，但也有间隙补偿结构。

② 特点。齿轮式气动马达与其他类似的气动马达相比，具有体积小、重量轻、结构简单、工艺性能好、对气源要求低、耐冲击及惯性小等优点。但转矩脉动较大、效率较低、启动转矩较小、低速稳定性差，只能在要求不高的场合应用。

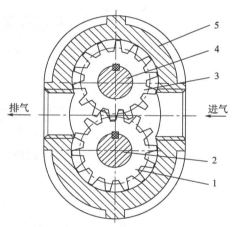

图 11-14　齿轮式气动马达结构原理图

1—主动齿轮；2—主动轴；3—从动齿轮；

4—从动轴；5—外壳体

如果采用直齿轮，则供给的压缩空气通过齿轮时不膨胀，因此其效率低。如果采用人字齿轮或斜齿轮，压缩空气膨胀 60%～70%，为提高效率，要使压缩空气在气动马达体内充分膨胀，气动马达的容积就要大。但直齿轮气动马达大都可以正反转动，采用人字齿轮的气动马达则不能反转。

11.2.2　气缸

用压缩空气作为动力源，产生直线往复运动，输出力或动能的执行元件称为气缸。

一般气缸按作用方式分为双作用气缸和单作用气缸，其中双作用气缸活塞的往复运动均由压缩空气来驱动；而单作用气缸的运动为压缩空气只从一腔进入气缸来推动活塞向一个方向运动，活塞的返回是靠弹簧或膜片张力的作用；按活塞杆的数目气缸又分为单、双活塞杆气缸；按固定方式分为活塞杆固定和缸体固定两种；按气缸的功能分为普通气缸和特殊气缸。

一般常用的气缸为单活塞杆双作用的气缸和单活塞杆单作用的气缸。由于它只在活塞的一端有活塞杆，活塞两侧压缩空气作用的面积不等，因此活塞杆伸出时的推力大于退回时的拉力。

11.2.2.1 普通气缸

(1) 单活塞杆双作用气缸

单活塞杆双作用气缸一般由缸筒、前后缸盖、活塞、活塞杆、密封件和紧固件等组成。图 11-15 所示为双作用气缸结构原理，其工作原理同双作用液压缸，当左侧无杆腔进气时，右侧有杆腔排气，活塞杆伸出；反之，活塞杆缩回。

活塞杆行程可根据实际情况选定，在相同的输入下气缸的双向作用力和速度不等。

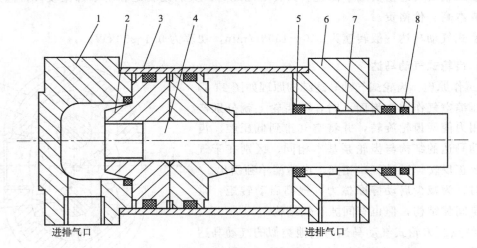

图 11-15 双作用气缸结构原理

1—后缸盖；2—活塞；3—缸筒；4—活塞杆；5—密封圈；6—前缸盖；7—导向套；8—防尘圈

(2) 单作用气缸

单作用气缸分为柱塞式、活塞式和膜片式三种。压缩空气驱动柱塞、活塞或膜片伸出，借助外力（一般为弹簧力）和重力复位。通常单作用气缸用于耗气量小、行程短的场合，因为其输出力必须克服弹簧的反作用力，行程越大，其弹簧的压缩量越大，对其输出力影响越大，因此，通常 $\phi25$ 气缸的行程小于 150mm，$\phi40$ 气缸的行程小于 200mm。

11.2.2.2 特殊气缸

(1) 制动气缸

带有制动装置的气缸称为制动气缸，也称为锁紧气缸。制动装置一般安装在普通气缸的前端，其结构有卡套锥式、弹簧式和偏心式等多种形式。图 11-16 所示为弹簧式制动气缸结构原理图。

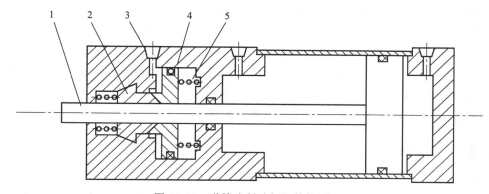

图 11-16 弹簧式制动气缸结构原理

1—活塞杆；2—制动闸瓦；3—控制口；4—制动活塞；5—弹簧

制动气缸在工作时其制动装置有两个工作状态，即放松状态和制动夹紧状态。

① 放松状态。气缸运动时，在控制口 3 输入气压，使制动活塞 4 受压右移，则制动机构处于放松状态，气缸活塞可以自由运动。

② 制动夹紧状态。当气缸由运动状态进入制动夹紧状态时，控制口 3 迅速排气，压缩弹簧 5 迅速使制动活塞 4 复位并压紧制动闸瓦 2。此时制动闸瓦 2 紧抱活塞杆 1 使之停止运动。

由制动气缸的工作原理可以知道，制动装置是靠压缩弹簧力使活塞杆停止在任意位置，因此，在工作过程中即使动力气源出现故障，仍能锁紧活塞杆，使其固定不动。这种制动气缸夹紧力大，动作可靠。

（2）冲击气缸

冲击气缸是一种较新型的气动执行元件，它把压缩空气的能量转化为活塞、活塞杆高速运动的能量，最大速度可以达到 10m/s 以上。利用此能量做功，可完成型材下料、打印、铆接、弯曲、折边、压套、破碎、高速切割等多种作业。与同尺寸的普通气缸相比，其冲击能要大上百倍。

冲击气缸有普通型和快排型两种，它们的工作原理相同，差别为快排型冲击气缸在普通型的基础上增加了快速排气结构，以获得更大的能量，图 11-17 所示为普通冲击气缸的结构原理图。

如图 11-17 所示，冲击气缸在结构上分为头腔 5、尾腔 4 和储能腔 1 三个工作腔，以及带有排气小孔 3 的中盖 2。冲击气缸的工作过程一般分为如下三步。

① 压缩空气进入冲击气缸头腔，储能腔与尾腔通大气，活塞上移至上限位置，封住中盖上的喷嘴，中盖与活塞间的环形空间经排气小孔与大气相通。

② 储能腔进气，其压力逐渐上升，在与中盖喷嘴口相密封接触的活塞面上，其承受的向下推力逐渐增大，与此

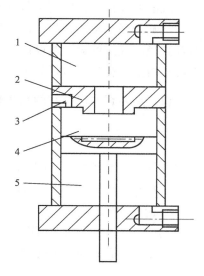

图 11-17 普通冲击气缸结构原理

1—储能腔；2—中盖；3—排气小孔；
4—尾腔；5—头腔

同时，头腔排气，其压力逐渐变小，使作用在头腔侧活塞面上的力逐渐减小。

③ 当活塞上侧推力大于下侧的推力时，活塞立即离开喷嘴口向下运动，在喷嘴打开的瞬间，尾腔与储能腔立刻连通，活塞上端的承压面突然增大为整个活塞面，于是活塞在巨大的压力差作用下，加速向下运动，使活塞、活塞杆等运动部件在瞬间加速达到很高的速度，在冲程一定时，获得最大冲击速度和能量。

冲击气缸经过以上三步之后，便完成一个工作循环。

11.2.2.3　气缸的设计与计算

气缸的结构一般与液压缸相同，可以按照液压缸设计步骤、分析方法和计算公式来进行计算和校核，唯一不同之处为气缸常用的活塞杆伸出端的密封不同于液压缸，其密封形式如图 11-18 所示。

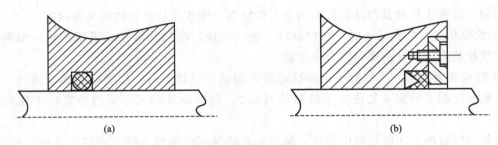

图 11-18　活塞伸出端密封形式

图 11-18(a) 的密封为 O 形密封圈密封，结构简单，密封可靠，但磨损后无法补偿；图 11-18(b) 的密封为 Y 形密封圈密封，具有较高的耐磨性、强度和弹性，能自封和自动补偿，寿命长。

气缸的设计计算中要进行有别于液压缸的气缸耗气量计算。

气缸的耗气量通常用自由空气耗气量来表示，可以用其选择空气压缩机，它与缸径、活塞杆直径、气缸的运动速度以及工作压力有关。对于一个单活塞杆双作用气缸，全程往复一次的自由空气耗气量包括如下几方面。

(1) 活塞杆伸出行程的耗气量 q_1

$$q_1 = \frac{\pi D^2 L(p+p_a)}{4t_1 p_a} \tag{11-11}$$

式中　D——气缸的内径，m；

L——气缸的行程，m；

p——气缸的工作压力，MPa；

p_a——大气压力，MPa；

t_1——活塞杆伸出的时间，s。

(2) 活塞杆缩回行程的耗气量 q_2

$$q_2 = \frac{\pi(D^2+d^2)L(p+p_a)}{4t_2 p_a} \tag{11-12}$$

式中　d——气缸活塞杆的直径，m；

　　　t_2——活塞杆缩回的时间，s。

考虑到换向阀与气缸之间的管路容积在气缸动作时需要消耗空气且管路中存在泄漏损失，实际的耗气量要比以上两项之和大一些，即自由空气耗气量 q 为

$$q = k(q_1 + q_2) \tag{11-13}$$

式中　k——耗气系数，一般取 1.3。

11.2.3　摆动马达

摆动马达是一种在一定角度范围内做往复摆动的气动执行元件。它将压缩空气的压力能转换成机械能，输出转矩使机构实现往复摆动。常用摆动马达的最大摆动角度分别为 90°、180°和 270°三种规格。

摆动马达按结构特点可以分为叶片式摆动马达、齿轮式摆动马达和齿轮齿条式摆动马达。

使用摆动马达时应注意如下事项。

① 做回转运动的物体停止时的动能对马达输出轴的冲击影响，要比做直线运动的物体对普通气缸活塞杆的影响大得多。并且摆动马达输出轴对冲击的承受力小，当摆动马达输出轴受到轴向和横向的直接载荷时，会引起工作不良，因此在安装摆动马达时应注意它的受载方式。

② 摆动马达的容积比较小，速度的控制比较困难。低速工作时会产生爬行现象，使回转不平稳，此时可使用气液系统进行低速控制；高速工作时，回转叶片外侧的线速度很高，会产生摩擦升温，使密封件发生异常磨损，应予以注意。

(1) 叶片式摆动马达

① 工作原理。叶片式摆动马达分为单叶片式和双叶片式两种。单叶片式输出轴摆动角度大，一般小于 360°，双叶片式输出轴摆动角小于 180°。它是由叶片轴转子（输出轴）、定子、缸体和前后端盖等组成的。图 11-19 所示为叶片式摆动马达的结构原理，其定子和缸体固定在一起，叶片和转子连在一起，叶片轴密封圈整体硫化在叶片轴上，前后端盖装有滑动轴承。这种摆动马达输出效率低，因此，在应用上受到限制，一般只用在安装受到限制的场合，如夹具的回转、阀门开闭及工作转位等。

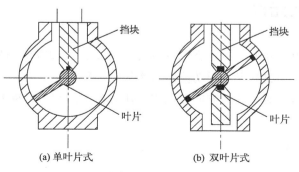

(a) 单叶片式　　　　　　(b) 双叶片式

图 11-19　叶片式摆动马达的结构原理

② 计算。在定子上有两条气路。单叶片、双叶片右路进气时，左路排气，压缩空气推动叶片带动转子顺时针摆动；反之，做逆时针摆动。通过换向阀可以改变进排气。因为单叶片式摆动马达的供气压力 p 是均匀分布在叶片上的，所以产生的转矩即理论输出转矩 T 为

$$T=\frac{p\times 10^6 b}{8}(D^2-d^2) \tag{11-14}$$

式中 p——供气压力，MPa；

d——输出轴直径，m；

b——叶片轴向长度，m；

D——缸体内径，m。

在输出转矩相同的摆动马达中，叶片式体积最小，重量最轻，但制造精度要求高，较难实现理想的密封，防止叶片棱角部分泄漏是非常困难的，而且动密封接触面积大，阻力损失较大，故输出效率 η 低，小于80%。

（2）齿轮齿条式摆动马达

齿轮齿条式摆动马达的动作是把连接在活塞上的齿条的往复直线运动转变为齿轮的回转摆动。活塞仅做往复直线运动，摩擦损失小，齿轮的效率较高。如果制造质量好，效率可以达到95%。

如图 11-20 所示，齿轮齿条式摆动马达有两种结构，一种为单齿条式，另一种为双齿条式。两种结构形式马达的工作原理相同，当马达右腔进气、左腔排气，活塞推动齿条向左运动时，齿条推动齿轮和轴做逆时针方向旋转运动，输出转矩。反之，如果左腔进气、右腔排气，活塞向右运动时，齿条推动齿轮和轴做顺时针方向旋转运动，输出转矩。

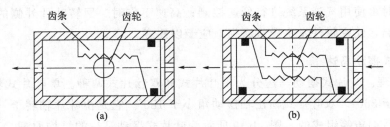

图 11-20 齿轮齿条式摆动马达结构及工作原理

11.3 气动控制元件

气动控制元件是控制和调节压缩空气的压力、流量、流动方向和发送信号的重要元件。这些元件有序结合，可构成具有不同功能的基本气动回路。

气动控制元件根据功能可分为方向控制阀、压力控制阀和流量控制阀三大类。

11.3.1 方向控制阀

方向控制阀是改变压缩空气流动方向和气流通断状态，使气动执行元件的动作或状态发

生变换的控制阀，其通常可分为单向型控制阀和换向型控制阀两类。

（1）单向型控制阀

① 单向阀。单向阀是指气流只能向一个方向流动而不能反向流动通过的阀，是最简单的单向型方向阀。选用的重要参数为最低动作压力（阀前后压差）、阀关闭压力（压差）和流量特性等。

在气动系统中，单向阀除单独使用之外，还经常与流量阀、换向阀和压力阀组合成只能单向控制的气动控制阀。其工作原理与液压系统中的单向阀（见图 11-21）相似，当 P 口来气流时，如果气流的压力大于弹簧力的作用，则阀芯向左移动，气流可以在阀体内部通过，从 A 口排出；反之则气流不能从阀体内部通过。

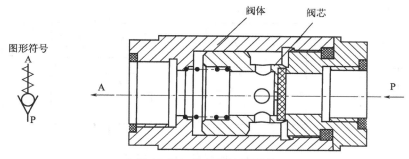

图 11-21　单向阀结构原理

② 梭阀。梭阀相当于两个单向阀组合而成，有两个输入口和一个输出口，如图 11-22 所示。无论是 A、B 哪个入口进气，输出口 C 都有输出。当 A 口进气时，阀芯被推向右侧，输出口 C 有输出；当 B 口进气时，阀芯被推向左侧，输出口 C 有输出；当 A、B 入口同时进气时，如果 B 入口端的压力高，阀芯活塞推向另一端——A 入口，反之亦然。一般梭阀在气动系统中多用于控制回路中，特别是逻辑回路。

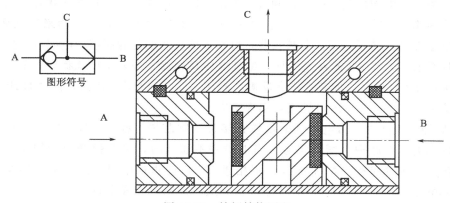

图 11-22　梭阀结构原理

③ 双压阀。双压阀相当于两个单向阀组合而成，如图 11-23 所示，有两个输入口和一个输出口。当 A 入口进气时，阀芯向左运动，A 入口与输出口 C 不通；当 B 入口进气时，阀芯向右运动，B 入口与输出口 C 不通；当且仅当 A、B 口同时进气，输出口 C 才有输出。当 A、B 口同时进气，但进气压力不同时，气压高的一端将自身的输出通道封闭，气压低的一端与输出口 C 相通。双压阀在气动系统中多用于控制回路中，特别是逻辑回路。

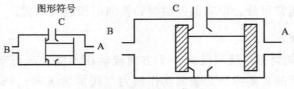

图 11-23　双压阀工作原理

④ 快速排气阀。快速排气阀用来加快气缸排气腔排气，以提高气缸动作速度。快速排气阀的工作原理如图 11-24 所示，当 P 口进气时，阀芯活塞向上移动，关闭快排口 2，A 口输出；当 P 口停止进气时，在 A 口和 P 口压差的作用下，阀芯活塞快速下降，关闭阀口 1，气体由 A 口经快排口 2，从 O 口快速输出。

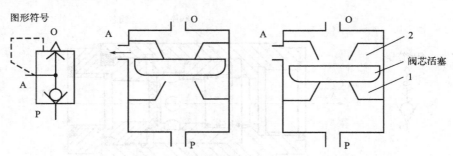

图 11-24　快速排气阀工作原理
1—阀口；2—快排口

(2) 换向型控制阀

换向型控制阀的种类较多，分类方法有控制方式、密封方式、阀芯结构和阀的通路数等。其中比较普遍的是按控制方式分类，此时方向控制阀分为气压控制、电磁控制、机械控制和人力控制四大类，气压控制换向型控制阀（气压控制换向阀）又分为加压、卸压、差压和延时气压控制；电磁控制换向型控制阀（电磁控制换向阀）分为直动式和先导式两类。

① 气压控制换向阀（见图 11-25）。是利用气体的压力推动阀芯运动来实现换向功能。一般它比电磁控制换向阀的寿命要长一些，可与电磁控制的先导阀组成电控电气换向阀。如图中的原理图所示，当 K2 通入气体时，A 口与 O 口相通，阀处于排气状态，A 口与 P 口不相通；当 K1 通入气体时，阀芯被推向反侧，封闭 A 口与 O 口的通路，同时打开 A 口与 P 口相通的流路，P 口进气，A 口排气，实现换向。

② 电磁控制换向阀。由电磁铁的衔铁直接推动阀芯进行换向。图 11-26 所示为单电磁铁控制换向阀的工作原理与图形符号。当电磁铁不通电时，由于弹簧力的作用，A 口与 P 口相通，阀处于进气状态，A 口与 O 口不相通；当电磁铁通电时，阀芯被推向左侧，封闭 A 口与 P 口相通的路，同时打开 A 口与 O 口相通的流路，实现换向。

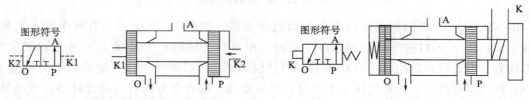

图 11-25　气压控制换向阀工作原理　　　　图 11-26　电磁控制换向阀工作原理

③ 人力控制换向阀。包括手动换向阀和脚踏换向阀，手动换向阀的阀芯运动是由操作人员手动控制的，如图 11-27 所示，当需要换向阀换向时，操作人员拨动手柄，阀芯实现换向功能。

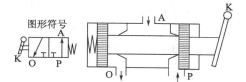

图 11-27　手动换向阀工作原理图

11.3.2　压力控制阀

压力控制阀主要用来控制系统中压缩气体的压力，以满足系统对不同压力的需要。气动压力控制阀有很多类型，常用的有减压阀、顺序阀和溢流阀等。

11.3.2.1　减压阀

减压阀是用来调节或控制气压的变化，将出口压力调节在比进口压力低的调定值上，并保持稳定不变的压力控制阀。

气动系统一般由空气压缩机先将空气压缩储存在储气罐内，然后经管路输送给各气动装置使用。储气罐输出的压力通常比较高，同时压力波动比较大，只有经过减压，降至每台装置实际所需的压力，并使压力稳定下来才可使用。因此减压阀是气动系统中必不可少的一种调压元件。

（1）减压阀的分类

减压阀的分类方法很多，按调压范围分，减压阀分为低压减压阀（0～0.25MPa）、中压减压阀（0～1MPa）和高压减压阀（0.05～2.5MPa）；按压力调节方式分为直动式、先导式，其中先导式又分为内部先导式和外部先导式两种；按调节精度分为普通型和精密型；按排气方式分为溢流式和非溢流式。

溢流式减压阀在减压的过程中从溢流口排出多余的气体，维持其输出压力不变，非溢流式减压阀没有溢流孔，使用时其回路要安装一个放气阀来排除输出侧的部分气体，一般适用于调节压缩空气为有害气体的场合。

（2）减压阀的工作原理

减压阀实际上是一个简单的压力调节器，图 11-28 是一个简单常用的直动式减压阀结构原理图。阀在原始状态时，进气阀门在复位弹簧 8 作用下处于关闭状态，输出和输入不通，输出口无气压输出。如果顺时针调节调节螺钉 1，调压弹簧 2 被压缩，推动阀杆 5 下移，进气阀口被打开，在输出口有气压输出。同时，输出气压经反馈导管 6 作用在膜片 4 上产生向上的推力。该推力与调压弹簧 2 作用力相平衡时，减压阀便有稳定的压力输出。

输出压力超过调定值时，膜片 4 离开平衡位置向上变形，使得溢流阀口 3 和阀杆 5 脱开，多余的空气经溢流阀口 3 排入大气；输出压力降到调定值时，溢流阀口 3 关闭，膜片 4 上的受力保持平衡状态。如果逆时针旋转调节螺钉 1，调节弹簧放松，作用在膜片 4 上的气压力大于弹簧力，溢流阀口 3 打开，输出压力下降。

反馈导管 6 的作用是提高减压阀的稳压精度，同时改善减压阀的动态性能。当负载突然改变或变化不定时，反馈导管起阻尼作用，避免振荡现象发生。

当减压阀的配管口的直径很大或输出压力的给定值较高时，相应的膜片等结构随之增大。因此当减压阀配管口的直径很大（在 20mm 以上）或输出压力的给定值较高，一般宜采用先导式结构。在需要远距离控制时，可采用遥控先导式减压阀。气动遥控先导式减压阀的工作原理类似于液压遥控先导式减压阀。

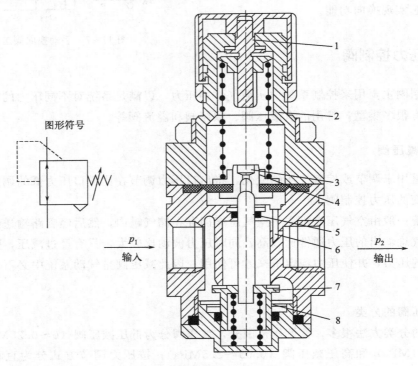

图形符号

p_1 输入

p_2 输出

图 11-28 直动式减压阀结构原理
1—调节螺钉；2—调压弹簧；3—溢流阀口；4—膜片；5—阀杆；
6—反馈导管；7—进气阀口；8—复位弹簧

图 11-29 所示为外部先导式减压阀的主阀，阀的工作原理与直动式减压阀相同，在主阀的外部还有一个小型直动溢流式减压阀，由它来控制主阀，所以外部先导式减压阀又称远距离控制式减压阀。先导式与直动式相比，对于出口压力变化时的响应速度稍慢，但流量特性、调压特性好。外部先导式减压阀的调压操作力小，可调整大口径如通径在 20mm 以上或压力适用于要求远距离调压的场合。如图所示，A 口接外部小减压阀，当压缩空气的压力达到一定大时，克服弹簧力的作用使阀芯向下运动，进口、出口相通，减压阀开始工作。

对于减压阀的进口压力 p_1，气压传动回路中使用的压力多为 0.25～1.00MPa，因此规定该最大进口压力为 1MPa。

（3）减压阀的性能参数
减压阀的调压范围是指减压阀出口压力 p_2 的可调范围，在此范围内，要求达到规定的调压精度。一般出口压力应在进口压力的 80% 范围内。调压精度主要与调压弹簧的刚度和膜片的有效面积有关。在使用减压阀时，应尽量避免使用调压范围的下限值，最好使用上限值的 30%～80%，并希望选用符合这个调压范围的压力表，压力表读数应超过上限值的 20%。

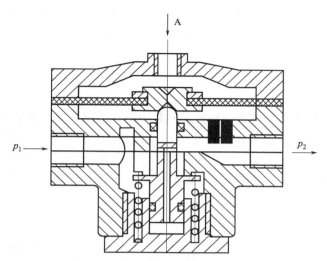

图 11-29　外部先导式减压阀结构原理

减压阀的流量特性（也叫动特性）是指减压阀在公称进口压力下，其出口空气流量和出口压力之间的函数关系，当出口空气流量增加，出口压力就会下降，这是减压阀的主要特性之一。减压阀的性能好坏，就是看当要求出口流量有变化时，所调定的出口压力是否在允许的范围内变化。

减压阀的压力特性（调压特性或静特性）表示当减压阀的空气流量为定值时，由于进口压力的波动而引起出口压力波动的情况。出口压力波动越小，说明减压阀的压力特性越好。从理论上讲，进口压力变化时，出口压力应保持不变。实际上出口压力只有比进口压力低约 0.1MPa，才能基本上不随进口压力波动而波动。一般出口压力波动量为进口压力波动量的百分之几。出口压力随进口压力变化的值不应超过 0.05MPa。

减压阀开度最大时的流量为最大流量，在此值附近，出口压力急剧下降，而在连续负荷情况下，应在此值的 80% 之内使用。

（4）减压阀的选用

① 根据气动控制系统最高工作压力来选择减压阀，气源压力应比减压阀最大工作压力大 0.1MPa。

② 减压阀的出口压力波动小时，如出口压力波动不大于工作压力最大值的 ±0.5%，选用精密型减压阀。

③ 如需遥控式或通径大于 20mm 时，应尽量选用外部先导式减压阀。

（5）减压阀的安装

① 一般气动系统安装的次序是：按气流的流动方向首先安装空气过滤器，其次是减压阀，最后是油雾器。

② 注意气流方向，要按减压阀所示的箭头方向安装，不得把输入口、输出口接反。

③ 减压阀可在任意位置安装，但最好是垂直方向安装，即手柄或调节帽放在顶上，以便操作。每个减压阀一般装一只压力表，压力表安装方向以方便观察为宜。

④ 为延长减压阀的使用寿命，减压阀不用时，应旋松手柄，以免膜片长期受压引起翘曲变形，过早变质，影响减压阀的调压精度。

减压阀的装配前应把管道中铁屑等脏物吹洗掉，并洗去阀上的矿物油，气源应净化处理。装配时滑动部分的表面要涂薄层润滑油。要保证阀杆与膜片同心，以免工作时，阀杆卡住而影响工作性能。

11.3.2.2 顺序阀

顺序阀又称压力联锁阀，它是一种依靠回路中的压力变化来实现各种顺序动作的压力控制阀，常用来控制气缸的顺序动作。如果将顺序阀和单向阀组装成一体，则称为单向顺序阀。顺序阀常用于气动装置中安装机控阀不便于发送行程信号的场合。

图 11-30 所示的顺序阀为直接通过压缩弹簧来平衡的压力控制阀，即靠调压弹簧预压量来控制其开启压力的大小。

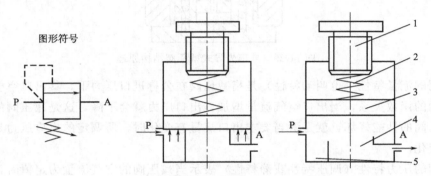

图 11-30　顺序阀工作原理

1—调节手轮；2—弹簧；3—活塞；4—工作腔；5—进气腔

其工作原理：压缩空气由 P 口进入阀后，作用在阀芯下面的环形活塞面积上，与调压弹簧的力相平衡。当空气压力超过调定压力值时，阀芯被顶起，气压立即作用于阀芯的全面积上，使阀达到全开状态，压缩空气便从 A 口输出。当 P 口的压力低于调定压力时，阀再次关闭。

一般，气动回路中多用单向顺序阀（见图 11-31），其工作原理为：压缩空气由 P 口进入阀后，作用在阀芯下面的环形活塞面积上，与调压弹簧的力相平衡。当空气压力超过调定压力值时，阀芯被顶起，压缩空气便进入工作腔，从 A 口输出，此时，单向阀处于关闭状态。当气流反向流动时，压缩空气由 A 口进入阀，阀体的活塞在弹簧的作用下，处于最低位置，即阀关闭，当气流的压力足够大，可以打开单向阀时，气流通过单向阀后从 P 口流出。

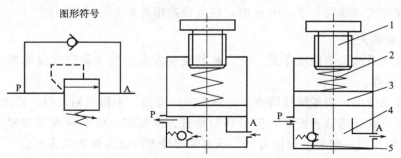

图 11-31　单向顺序阀工作原理

1—调节螺钉；2—调节弹簧；3—阀芯；4—工作腔；5—单向阀

11.3.2.3 溢流阀

溢流阀和安全阀在结构和功能方面往往相类似,有时可不加以区分。它们的作用是当气动回路和容器中的压力上升到超过调定值时,把超过调定值的压缩空气排入大气,以保持进口压力的调定值稳定。实际上,溢流阀是一种用于维持回路中空气压力恒定的压力控制阀;而安全阀是一种防止系统过载、保证安全的压力控制阀。

(1) 溢流阀的分类

① 按开启高度分类有微启式和全启式。

微启式:开启高度为阀座通径的 1/40～1/20。通常做成开启高度随压力变化而逐渐变化的渐开式结构。

全启式:开启高度等于或大于阀座通径的 1/4。通常做成突开式(阀芯在开启过程中的某一瞬间突然跳起,达到全开高度)结构。

② 按加载结构分类有杠杆重锤式、弹簧式及先导式。

杠杆重锤式:重锤通过杠杆加载于阀芯上,载荷不随开启高度而变化。

弹簧式:弹簧力加载于阀芯,载荷随开启高度而变化。

先导式:由主阀和直动式先导阀组成。介质压力和弹簧力同时加载于主阀芯,超压时先导阀先开启,进而导致主阀开启。

(2) 溢流阀的工作原理

图 11-32 所示为直动式溢流阀的结构原理,图中的溢流阀在初始工作位置时,预先调整手柄使调压弹簧压缩,阀门关闭。当气动系统中的空气压力在规定范围内时,由于气压作用在活塞上的力小于调压弹簧的预压力,活塞处于关闭状态。当气动系统中的压力升高,作用于活塞上的气压超过了弹簧的预压力,活塞上移开启阀门排气,直到系统中的压力降到规定压力以下时,阀门重新关闭。阀门的开启压力大小靠调压弹簧的预压缩量大小来实现。

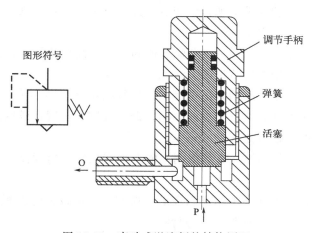

图 11-32 直动式溢流阀的结构原理

(3) 溢流阀的选用

① 根据需要的溢流量来选择溢流阀的通径。

② 对溢流阀来说,希望气动回路刚一超过调定压力,阀门便立即排气,而且当压力稍

稍低于调定压力时可以立即关闭阀门。这种从阀门打开到阀门关闭的过程中，气动回路的压力变化越小，溢流阀的溢流特性越好。在一般情况下，应选用调定压力接近最高使用压力的溢流阀。

11.3.3 流量控制阀

流量控制阀是通过改变阀的流通面积来实现流量控制，达到控制气缸等执行元件运动速度的气动元件。从流体力学角度看，流量控制是在气动回路中利用某种装置造成一种局部阻力，并通过改变局部阻力的大小，来调节流量。实现流量控制的方法有两种：一种是设置固定的局部阻力装置，如毛细管、孔板等；另一种是设置可调节的局部阻力装置，如节流阀。

常用的流量控制阀包括节流阀、排气节流阀等。

(1) 流量控制阀的作用
① 可以对气缸的活塞运动速度进行调节。
② 对延时换向阀，可调节信号延时时间的长短。
③ 对气信号传递快慢可以进行调节。
④ 可以进行油量（如油雾器）调节。

(2) 流量控制阀的选择和使用
① 选择。
a. 根据气动系统或执行元件的进、排气口通径来选择；
b. 根据调节流量范围来选用；
c. 根据使用条件（如普通气动控制系统或逻辑控制系统）选用。
② 使用。用流量控制的方法调节气缸活塞的速度比调节液压缸活塞的速度困难，特别是在超低速的调节中用气动很难实现，但如能充分注意下面各点，则在大多数场合，可使气缸调节速度达到比较满意的程度。

a. 调节气缸活塞的速度一般有进气节流调速和排气节流调速两种，但通常采用后者，因为用排气节流调速方法比用进气节流的方法稳定、可靠。

b. 采用流量控制阀调节气缸活塞的速度时，气缸的速度不得小于 30mm/s。若小于这个速度，由于空气的可压缩性和气缸阻力的影响，调节气缸的速度比较困难，此时应采用专用低速气缸，其活塞速度最低可达 3～5mm/s。

c. 要彻底防止管道中的漏损。有漏损则不能期望有正确的速度控制，越是低速这种倾向越显著。

d. 要特别注意气缸内表面加工精度和表面粗糙度，尽量减少内表面的摩擦力。在低速场合，往往使用聚四氟乙烯等材料制作的密封圈。

e. 要始终使气缸内表面保持一定的润滑状态。因为当润滑状态改变时，滑动阻力会随之改变，速度调节不可能稳定。

f. 加在气缸活塞杆上的载荷必须稳定。若这种载荷在行程中途有变化，则进行速度调节相当困难，甚至不可能进行。在不能消除载荷变化的情况下，必须借助于液压力，有时在外部也使用平衡锤或连杆等，这样能得到某种程度上的补偿。

g. 必须注意调速阀应设在气缸管接口附近。

11. 3. 3. 1　节流阀

节流阀是安装在气动回路中，通过调节阀的开口大小来改变流量的控制阀。节流阀要求流量的调节范围较宽，能进行微小流量调节，调节精确、性能稳定，阀芯开口量与通过的流量成正比。

图 11-33 所示为节流阀结构原理，改变调节杆的上下位移量可改变阀芯的开度，使通流面积相应呈近似线性关系改变，从而控制通过的流体流量。

一般在气动系统中常用的是单向节流阀，即节流阀与单向阀组合，常用于气缸调速和延时回路中。单向节流阀通常安装在换向阀和执行机构之间进行速度控制，控制方式有出口节流和进口节流两种。出口节流是调节从执行元件出来的排气量；进口节流是调节从换向阀出来，供给执行元件的供气量。

图 11-34 所示为直动式单向节流阀结构原理，其工作原理为：当气流从 P 口流入时，流体的流量可以通过改变锥杆位置进行调节，当气流从 A 口流入时，压缩空气首先打开单向阀，因此，气体直接从下面回路中流出，而不进行节流调节，即满流通过。

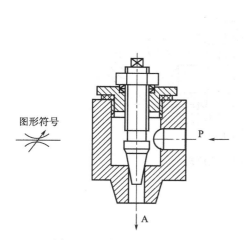

图 11-33　节流阀结构原理

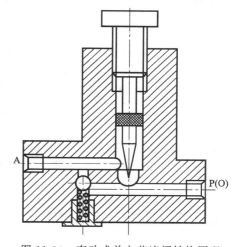

图 11-34　直动式单向节流阀结构原理

图 11-35 所示为先导式单向节流阀结构原理，当阀的控制口 C 没有输入信号时，气流沿 A→B 流动被节流；当输入控制信号后，活塞在 C 口控制气压作用下，通过阀杆将单向阀打开，使气流沿 A→B 方向满流通过。但当阀处于反向流动状态即 B→A 时，无论控制口 C 是否有信号，气流沿 B→A 方向满流通过。

11. 3. 3. 2　排气节流阀

排气节流阀的节流原理与节流阀一样，是靠调节通流面积来改变通过阀的流量。它们的区别是：节流阀通常是安装在系统中间调节气流的流量，而排气节流阀只能安装在排气口处，调节排入大气的气流的流量，以调节气动执行元件的运动速度。其由于结构简单，安装方便，能简化线路，在气动系统中应用较为普遍。

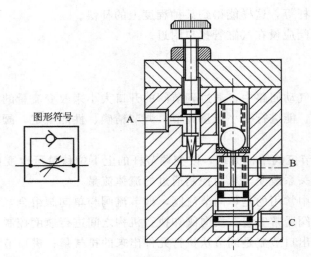

图 11-35　先导式单向节流阀结构原理

图 11-36 所示为排气节流阀结构原理，此节流阀通过节流孔开启面积的大小来调节排气流量。当阀芯相对阀套向右旋转时，节流口面积减小，排气流量减小；反之，排气流量增大。

现在有一种带消声器的排气节流阀，即将排气节流阀和消声器组合在一起的控制阀。

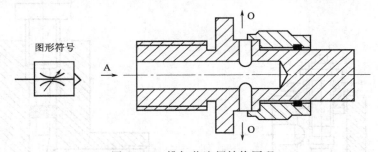

图 11-36　排气节流阀结构原理

11.3.4　气动逻辑元件与射流元件

气动逻辑元件是以压缩空气为工作介质，带有可动部件的流体逻辑控制元件，即其为一种使用流体介质，有可动部件和采用流体逻辑技术的自动化元件；射流元件是一种无机械可动部件，仅利用流体流动的物理效应来完成控制的元件。它们在系统中均能完成检测、运算、放大和直接执行等功能。

11.3.4.1　气动逻辑元件

现代气动系统的逻辑控制已经大多数采用 PLC（可编程逻辑控制器）控制，但在有些防爆防火要求特别高的场合，经常应用一些气动逻辑元件。这类元件均以压缩空气为工作介质，通过元件内部可动部件的动作来改变气流方向，从而实现逻辑控制功能。

气动逻辑元件的分类方法很多，按工作压力可分为高压元件（0.2～0.8MPa）、低压元件（0.02～0.2MPa）和微压元件（＜0.02MPa）；按逻辑功能可分为是门、或门、与门、非门、禁门和双稳元件；按结构形式分为截止式、膜片式和滑阀式逻辑元件。

高压截止逻辑元件的动作是依靠气压信号推动阀芯或通过膜片变形推动阀芯动作，改变气流的通路以实现一定的逻辑功能，其按逻辑功能可分为或门、是门、与门、非门等。

（1）或门

图 11-37 所示为或门元件工作原理与图形符号。A 和 B 为信号输入口，C 为信号输出口。当 A 有输入时，阀芯下移封住 B 口，C 有输出；当 B 有输入时，阀芯上移封住 A 口，C 有输出；当 A、B 同时输入时，阀芯可上、可下，也可居中，但 C 都有输出，故 C＝A＋B。

（2）是门、与门

图 11-38 所示为是门、与门元件的工作原理与图形符号。A 为信号输入口，C 为信号输出口，中间孔接气源 P 时为是门，接信号 B 时为与门。作为是门元件，当 A 无输入时，C 无输出；当 A 有输入时，膜片推动阀芯下移，使 P 与 C 相通，C 便有输出。该元件输出与输入始终保持一致，成为"是门"，即 C＝A。若将中间孔不接气源而换成另一输入信号 B，则只有当 A、B 同时输入时，C 才有输出，这就是"与门"，即 C＝A·B。

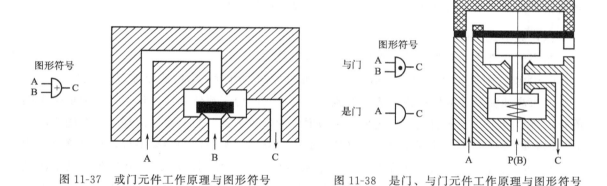

图 11-37　或门元件工作原理与图形符号　　图 11-38　是门、与门元件工作原理与图形符号

（3）非门、禁门

图 11-39 所示为非门、禁门元件工作原理与图形符号。A 为信号输入口，C 为信号输出口，中间口接气源 P 时为非门，接信号 B 时为禁门。A 无输入时，P 进气推开阀芯，P 与 C 导通，C 有输出；A 有输入时，膜片推动阀杆，使阀芯下移，封住 P 口，C 便无输出，可见 C＝$\overline{A}$，即"非门"。若将气源换为另一信号 B 接中孔，则 B 能否输出完全由 A 反向控制，A 输入信号对 B 起禁止作用，即 C＝$\overline{A}$·B，这称为"禁门"。

（4）双稳元件

图 11-40 所示为双稳元件的工作原理与图形符号。双稳元件具有记忆功能。A、B 为两个信号输入口，但不能同时有信号输入，S1、S2 为两个信号输出口，位于它们中间的为排气口，P 为气源输入口。当 A 口有输入时，阀芯被推向右端，P 通 S1，S1 有输出，S2 接排气口；当 A 信号消失而 B 还未输入时，阀芯保持原位不动，处于稳定驻留状态；直到 B 口有输入时，阀芯才被推向左端，P 通 S2，S2 有输出，S1 接排气口；同样，当 B 信号消失而没有 A 输入时，该阀仍保持原导通状态，不会改变。该元件具有两个稳定的停留位置，故称为双稳元件。

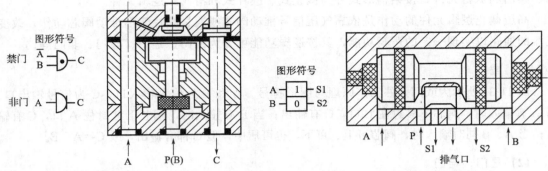

图 11-39　非门、禁门元件工作原理与图形符号　　　图 11-40　双稳元件的工作原理与图形符号

11.3.4.2　射流元件

射流元件按其控制功能分为数字式元件和模拟式元件。数字元件用于实现系统的数字逻辑控制，元件的输出为两种对立的状态，通常用"1"和"0"来表示。模拟式元件的特点是输出信号与输入信号成比例变化，可用以完成系统的连续控制。

（1）数字式元件

数字式元件主要有附壁式、聚壁式和动量交换式。

① 附壁式射流元件。附壁式射流元件是通过控制自由射流附壁的原理而工作的。

一束高速流动的流体称为射流，射流在向前运动时由于流体黏性的作用，它要携带周围静止的流体分子一起向前运动，这种现象为射流的卷吸现象。当一束射流进入一个固定的容器内时，因卷吸的作用其两侧的压力降低，如果喷嘴到两侧壁面的距离不等，且喷嘴离右侧近一些，则射流右侧压力低于左侧压力，射流两侧的压差使射流稳定地附着在右侧壁面流动，这种现象为射流的附壁现象。希望改变射流的附着状态时只需改变两侧压差即可。例如在右侧壁面上开一个小孔，引入流体补充到低压区域，当输入的流体压力、流量足够大时，就可以使附壁射流改变方向。

根据附壁射流方向的改变而输出不同信号的射流元件称为附壁式射流元件，附壁式射流元件主要有无源或门、有源或门和非门。

a.无源或门。在图 11-41 中，C1、C2 为输入口，O 为输出口。当输入口（C1 和 C2）无流体输入时，输出口 O 无流体输出；当一个输入口（C1 或 C2）有流体输入时，输出口 O 有流体输出；当两个输入口（C1 和 C2）同时有流体输入时，输出口 O 有流体输出。

b.有源或门。在图 11-42 中，S 口为输入口，C1、C2 为控制口，O1、O2 为输出口。在 S 口有射流输入的情况下，当控制口（C1 和 C2）无输入流体时，射流束从 O1 口输出，输出口 O2 无流体输出，当一个控制口（C1 或 C2）有流体输入时，输出口 O2 有流体输出；当两个控制口（C1 和 C2）同时有流体输入时，输出口 O2 有流体输出。

c.非门。在图 11-43 中，S 口为输入口，C1 为控制口，O1 为输出口。在 S 口有射流输入的情况下，当控制口 C1 无输入流体时，输出口 O1 有流体输出；当控制口 C1 有流体输入时，输出口 O1 无流体输出。

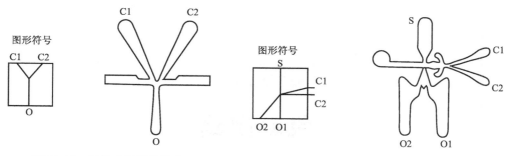

图 11-41　无源或门结构示意　　　　图 11-42　有源或门结构示意

② 动量交换式射流元件。当两束自由射流相互作用时，它们会产生动量交换，产生一束新的射流。动量交换式射流元件是利用这个新的射流来实现逻辑功能的元件。

图 11-44 所示的动量交换射流元件又称与门元件，C1、C2 为输入控制口，O 为输出口。当一个输入控制口（C1 或 C2）有流体输入时，输出口 O 没有流体输出；当两个输入控制口（C1 和 C2）同时有流体输入时，输出口 O 有流体输出。

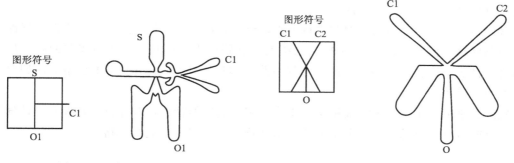

图 11-43　非门结构示意　　　　　　图 11-44　动量交换射流元件结构示意

（2）模拟式元件

模拟式射流元件输出的流体为连续性流体信号，一般分为偏流型、涡流型和冲流型三种类型，其中偏流型放大元件较为常用。

第 12 章

气动回路

任何机械设备的气压系统都是由一些基本回路组成的。所谓基本回路，就是由相关元件组成的用来完成特定功能的典型管路结构。它是气压传动系统的基本组成单元，就是说气压传动系统由若干个基本回路组成。

气压传动回路一般按功能对其进行分类，例如，用来控制执行元件运动方向的回路——方向控制回路（换向回路），用来控制系统或某支路压力的回路——压力控制回路，用来控制执行元件运动速度的回路——速度控制回路（调速回路），用来控制多缸运动的回路——多缸回路，等等。

熟悉并掌握基本回路的组成结构、工作原理及其性能特点，对分析、掌握和设计气压传动系统是非常有必要的。本章分别介绍基本回路和一些特定功能的回路。

12.1 基本回路

基本回路是指对压缩空气的压力、流量、方向等进行控制的气动回路。一般包括换向回路、调速回路和压力控制回路等。

12.1.1 换向回路

换向回路即通过控制换向阀的工作位置来使执行元件改变运动方向。

(1) 单作用气缸换向回路

单作用气缸活塞杆运动时，其伸出的方向靠压缩空气驱动，另一个方向则靠外力，例如重力、弹簧力等驱动。回路简单，一般可选用两位三通换向阀来控制换向。

图 12-1 所示为用二位三通电磁阀控制的单作用气缸换向回路，在此回路中，换向阀为中间封闭型的电磁换向阀。当右侧电磁铁通电时，换向阀右腔处于工作位置，气缸的无杆腔与气源相通，活塞杆伸出；当左侧电磁铁通电时，换向阀左腔处于工作位置，气缸的无杆腔与排气口相通，活塞杆靠弹簧力返回；左、右侧电磁铁同时断电时，活塞可以停止在任意位

置，但定位精度不高。

（2）双作用气缸的换向回路

一般双作用气缸的活塞杆伸出或缩回都靠压缩空气驱动，通常选用二位五通换向阀来控制，图 12-2 所示为用电磁控制的双作用气缸换向回路。在此回路中，换向阀为中间封闭型电磁换向阀，左侧电磁铁通电时，换向阀左腔处于工作位置，气缸的无杆腔接通气源，气缸的有杆腔接通消声排气口，活塞杆伸出；右侧电磁铁通电时，换向阀右腔处于工作位置，气缸的有杆腔接通气源，气缸的无杆腔接通消声排气口，活塞杆缩回；左、右侧电磁铁同时断电时，活塞可以停止在任意位置，但定位精度不高。

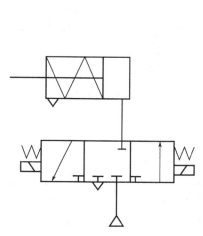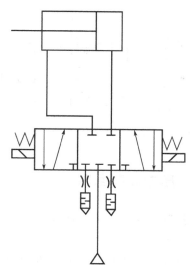

图 12-1　单作用气缸的换向回路　　　　图 12-2　双作用气缸的换向回路

12.1.2　调速回路

调速回路是通过节流阀的作用，使流入或流出执行元件的流量发生改变，从而改变执行元件的运动速度。

同液压系统相同，气动系统的进气节流调速回路中，气缸排气腔压力很快降至大气压力的情况下，进气腔压力的升高比排气腔压力的降低缓慢，这种调速回路的运动平稳性很差，一般用于垂直安装的气缸；进气节流调速回路中排气腔压力与负载相适应，在保持负载不变的情况下，运动比较平稳。

（1）双作用气缸的调速回路

图 12-3 所示为双作用气缸的调速回路，在此图中，调速回路由双电控制换向阀控制，换向信号可为短脉冲信号，因此电磁铁的发热比较少，并具有断电保持功能。

当回路的换向阀处于图示位置时，气缸的有杆腔进气。由于本回路中使用的节流阀为单向节流阀，因此在换向阀与气缸有杆腔之间的单向节流阀不起作用，气体通过单向阀进入气缸，而换向阀与气缸无杆腔之间的单向阀不能打开，因此此单向节流阀起作用；当换向阀换向之后换向阀与气缸无杆腔之间的单向节流阀不起作用，而换向阀与气缸有杆腔之间的单向节流阀起作用。因此本回路为出口节流调速回路。

(2) 单作用气缸的调速回路

图 12-4 所示为由一个二位三通电磁换向阀来控制换向的速度调节回路，当二位三通换向阀的 A 侧通电时，换向阀处于左工作位置，无杆腔排气，活塞靠弹簧力缩回，不进行节流调速，活塞杆的速度较大；当二位三通换向阀的 B 侧通电时，换向阀处于右工作位置，无杆腔进气，活塞伸出，进行节流调速；当位于图示位置时，由于控制气缸的换向阀带有全封闭性中间位置，气缸的活塞可以停止在任意位置。

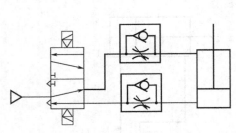

图 12-3　双作用气缸的调速回路

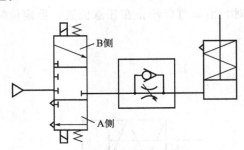

图 12-4　单作用气缸的调速回路

12.1.3　压力控制回路

压力控制回路中加入的减压阀可以改变某些支路的压力，使之低于气源的供气压力。

气动系统中，压力控制不仅是维持系统正常工作所必需的条件，并且也关系到系统的经济性、安全性。压力控制的方法可分为一次压力控制、二次压力控制以及多次压力控制。一次压力控制为整个回路的运行中压力均为气源压力；二次压力控制为系统中有两个减压阀在工作，使系统的各动作由两个不同的压力控制；多次压力控制为系统中有多个减压阀在工作，使系统的各动作由多个不同的压力控制。

(1) 单向减压阀调压回路

图 12-5 所示为单向减压阀调压回路，在本回路中，换向阀处于图示位置时，气缸有杆腔进气，活塞杆缩回，无杆腔排气，单向减压阀不工作，气缸排出的气体经节流阀和单向阀排到大气中；当电磁铁通电时，换向阀换位，气缸无杆腔进气，有杆腔排气，活塞杆伸出，单向减压阀工作。采用此方法后，可以减少空气的消耗量，并减少冲击。

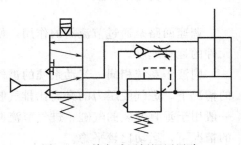

图 12-5　单向减压阀调压回路

(2) 高低压转换回路

气压传动多数用气缸作执行元件，把压力能转换成机械能。气缸输出力是由供（排）气压力和活塞面积来决定的，因此可以通过改变压力和受压面积来控制气缸力。一般情况下，对于已选定的气缸，可通过改变进气腔的压力来实现气缸输出力控制。图 12-6 所示为由两个减压阀和换向阀构成的高低压转换回路，控制气缸输出两种大小不同的力。当回路处于图示位置时，二位五通换向阀和二位三通换向阀均处于图示工作位置，气缸的有杆腔进气，活塞缩回，进气压力为减压阀 1 所调定的压力；如果在此基础上，二位五通换向阀换向，则气缸的无杆腔进气，活塞伸出，进气压力为减压阀 1 所调定的压力；若改变二位三通换向阀的状态，则得到与上述相反的结果，进气压力为减压阀 2 所调定的压力。

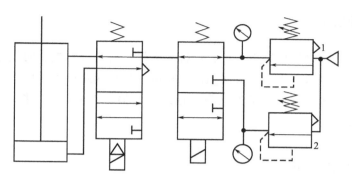

图 12-6　高低压转换回路

12.2　其他回路

在生产实践中，基本回路不一定能满足要求，因此根据具体的情况可以由基本回路组合或变换而开发出不同功能的回路，以下是几个具有不同功能的回路举例。

12.2.1　过载保护回路

图 12-7 为过载保护回路，此回路是当活塞杆伸出过程中遇到故障而造成气缸过载时使活塞自动返回的回路。

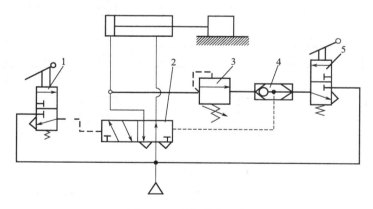

图 12-7　过载保护回路

1,5—手动换向阀；2—二位五通换向阀；3—顺序阀；4—梭阀

如图 12-7 所示，手动换向阀 1 为二位五通换向阀 2 的控制阀，当操作手动换向阀 1 使二位五通换向阀 2 处于左端工作位置时，活塞的无杆腔进气，气体推动活塞向右伸出。若汽

缸的活塞杆遇到故障则气缸左腔的压力增高，如果压力值超过预定值，顺序阀 3 打开，压缩气体可以通过梭阀 4 将二位五通换向阀 2 变成右位工作，压缩空气进入气缸的有杆腔，活塞退回，气缸左腔的空气经阀 2 排出，因此可以防止系统过载。

12.2.2 消声回路

在气动系统中，用过的压缩空气可直接排入大气，这是气动控制的优点。但是，排气时排出的雾化油分和噪声对环境的污染必须加以控制。气动回路产生噪声的主要原因有压缩机吸入侧和气动元件的排气噪声。降低噪声可通过安装消声器来解决，图 12-2 所示为换向阀的分散排气消声回路。

12.2.3 气压互锁回路

图 12-8 所示为气压互锁回路，该回路主要是防止各缸的活塞同时动作，保证在某一个时刻只有一个活塞动作。此回路主要是利用梭阀 1、2、3 和二位五通换向阀 4、5、6 进行互锁。当二位三通换向阀 7、8、9 处于图示位置时，二位五通换向阀 4、5、6 在梭阀 1、2、3 排出的压缩空气的作用下位于图示位置。如果换向阀 7 被切换，则换向阀 4 同时被切换，气缸 A 的活塞伸出。与此同时，气缸 A 进气管路内的气体使梭阀 1、3 动作，换向阀 5、6 还处于图示位置，即使此时换向阀 8、9 有信号，气缸 B 和 C 也不能动作。如果希望改变气缸的动作，必须把前动作气缸的气控阀复位。

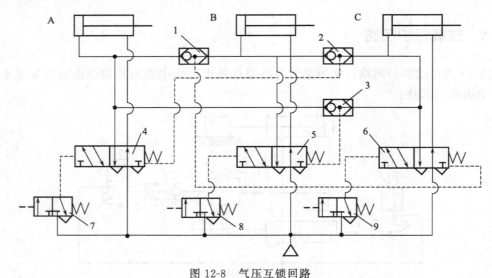

图 12-8　气压互锁回路

1,2,3—梭阀；4,5,6—二位五通换向阀；7,8,9—二位三通换向阀

12.2.4 自动往复回路

图 12-9 所示为一次自动往复回路，手动换向阀 1 动作之后，双气控换向阀 3 左端的

压力下降，右端的压力大于左端的压力，双气控制换向阀 3 处于图示位置，气缸无杆腔进气，活塞伸出，当活塞杆伸出至压下行程阀 2 时，双气控制换向阀 3 右端的压力下降，双气控制换向阀 3 再次换向，活塞杆缩回，完成一次往复。

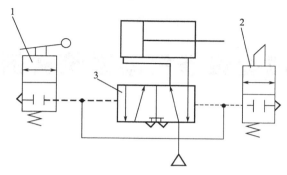

图 12-9　一次自动往复回路

1—手动换向阀；2—行程阀；3—双气控制换向阀

12.2.5　任意位置停止回路

图 12-10 所示为任意位置停止回路，调节减压阀 5 的压力使之与负载平衡。活塞的上升与下降由手动换向阀来控制，先导气控三位四通换向阀用于在气缸空气泄漏和活塞移动时供气和排气。溢流阀用于使气缸输出力与机构的重力平衡。节流阀的作用是在无负载时保证三位四通换向阀处于中位状态。

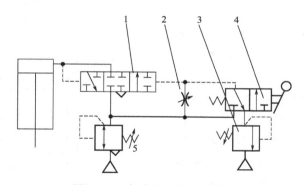

图 12-10　任意位置停止的回路

1—三位四通换向阀；2—节流阀；3—溢流阀；4—手动换向阀；5—减压阀

第13章

成型设备气动系统实例

气动系统的组成与液压系统类似，主要包括气源装置执行元件、控制元件和辅助元件等。气压传动是实现工业机械化、自动化的主要传动方式。由于气压传动系统使用安全、可靠，特别是在振动、易燃、易爆、腐蚀、有毒、多尘、强磁、高温、放射性等恶劣环境下工作尤显其优势，所以应用愈来愈广泛。本章通过几个典型的成型设备气压系统实例，介绍气压技术在材料成型设备中的应用。

13.1 压力机气动系统

由于气动控制具有动作迅速、反应灵敏、使用安全和易于集中或远距离控制等优点，越来越多的压力机改用气动控制。

图 13-1 为 JA31-160B 的气动系统图，从气源 1 来的压缩空气经阀门 2 进入压力机气动系统，由分水滤气器 4 将压缩空气净化、干燥后，经减压阀 5 减压，分两路输出：一路经单向阀 12、平衡缸储气罐 14，进入平衡缸 15；另一路经过离合器储气罐 8、油雾器 9、空气分配阀 10，进入离合器气缸 11。由于离合器与制动器采用机械系统联锁，所需气体流量不大，采用了一只滑阀式电磁空气分配阀控制对离合器气缸的供气，压力继电器 6 的作用是保证系统运行的最低气压值，即当气压值低于设定正常工作值时，将使系统的控制部分断电，从而不能进行冲压工作，否则活

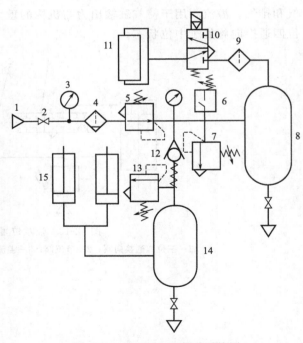

图 13-1　JA31-160B 气动系统图

1—气源；2—阀门；3—压力表；4—分水滤气器；5—减压阀；
6—压力继电器；7,13—溢流阀；8—离合器储气罐；
9—油雾器；10—空气分配阀；11—离合器气缸；
12—单向阀；14—平衡缸储气罐；15—平衡缸

塞压力不够会使离合器打滑，或平衡缸的平衡力太小而造成事故。溢流阀 7、13 的作用是当系统压力过大时进行减压排气。

13.2　射芯机气动系统

13.2.1　概述

射芯机是铸造生产中广泛采用的一种制造砂芯的机器，它有许多种类型。这里介绍国产 2ZZ8625 型两工位全自动热芯盒射芯机主机部分（射芯工位）的气压系统。该机由一台热芯盒射芯机（主机）和两台取芯机（辅机）组合而成，有射芯和取芯两个工位。射芯工位动作程序是工作台上升→芯盒夹紧→射砂→排气→工作台下降→打开加砂闸门→加砂→关闭加砂闸门并停止加砂。芯盒进出主机是借助工作台小车在射芯机和取芯机之间的往复运动来完成的。

13.2.2　工作原理

该系统采用由电气元件和气压元件组成的电磁-气动混合控制系统，在生产过程自动化中应用相当广泛，实现自动、半自动和手动三种工作方式。射芯机（主机）的气压系统工作原理如图 13-2 所示。

射芯机在原始状态时，加砂闸门 18 和环形薄膜快速射砂阀 16 关闭，射砂筒 19 内装满芯砂。按照射芯机的动作程序，其气压系统的工作过程分为 5 个步骤。

（1）工作台上升和芯盒夹紧

空芯盒随同工作台被小车送到顶升缸 9 的上方并压合行程开关 1SQ，使电磁铁 2YA 通电，电磁换向阀 6 换向。经电磁换向阀 6 出来的气流分为三路：第一路经快速排气阀 15 进入闸门密封圈 17 的下腔，用以提高密封圈的密封性能；第二路经快速排气阀 8 进入顶升缸 9，升起工作台，使芯盒压紧在射砂头 12 的下面；当顶升缸中的活塞上升到顶点后，管路中气压升高，达到 0.5MPa 时，单向顺序阀 7 开启，使第三路气流进入夹紧缸 11 和 22，将芯盒水平夹紧。

（2）射砂和排气

当夹紧缸 11、22 内的气压大于 0.5 MPa 后，压力继电器 10 压合，电磁铁 3YA 得电，使电磁换向阀 23 换向，排气阀 21 关闭，同时使环形薄膜快速射砂阀 16 的上腔排气。此时，储气包 13 中的压缩空气将顶起快速射砂阀 16 的薄膜，使储气包的压缩空气快速进入射砂筒进行射砂。射砂时间的长短由时间继电器控制。射砂结束后，3YA 失电，电磁换向阀 23 复位，使快速射砂阀 16 关闭，排气阀 21 打开，排除射砂筒内的余气。

（3）工作台下降

射砂筒排气后，2YA 失电，电磁换向阀 6 复位，使顶升缸靠重力下降；夹紧缸 11 和 22 同时退回原位，并使闸门密封圈 17 下腔排气。当顶升缸下降到最低位置后，射好砂芯的芯盒由工作台小车带动与工作台一起被送到取芯机处完成硬化与起模工序。

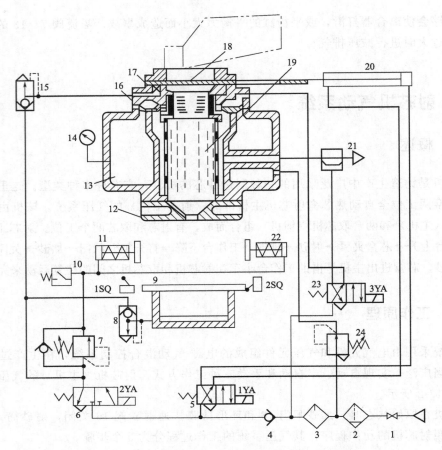

图 13-2　2ZZ8625 型射芯机（射芯工位）气压系统工作原理图

1—总阀；2—分水滤气器；3—油雾器；4—单向阀；5,6,23—电磁换向阀；7—单向顺序阀；
8,15—快速排气阀；9—顶升缸；10—压力继电器；11,22—夹紧缸；12—射砂头；13—储气包；
14—压力表；16—快速射砂阀；17—闸门密封圈；18—加砂闸门；19—射砂筒；
20—闸门气缸；21—排气阀；24—调压阀；1SQ,2SQ—行程开关

（4）打开加砂闸门和加砂

当工作台下降到终点压合行程开关 2SQ 时，1YA 得电，电磁换向阀 5 换向，闸门气缸 20 左行使加砂闸门打开，砂斗向射砂筒内加砂，加砂的时间长短由时间继电器控制。

（5）关闭加砂闸门并停止加砂

到达预定时间后，电磁铁 1YA 失电，电磁换向阀 5 复位，闸门气缸 20 右行，使加砂闸门关闭，加砂停止。

至此，射芯机完成一个工作循环，其动作程序及循环时间参见表 13-1。

13.2.3　气动系统的特点

通过以上分析可知，该射芯机气压系统是由快速排气回路、顺序控制回路、电磁换向回路和调压回路等基本回路组成。由于采用电磁-气动控制，此系统具有自动化程度高、动作互锁、安全保护完善和系统简单等优点。

表 13-1　2ZZ8625 型热芯盒射芯机动作程序表

序号	动作名称	发令元件	电磁铁			动作时间/s													
			1YA	2YA	3YA	1	2	3	4	5	6	7	8	9	10	11	12	13	14
1	工作台上升	1SQ	−	+	−	√	√												
2	芯盒夹紧	单向顺序阀	−	+	−			√											
3	射砂	压力继电器	−	+	+				√										
4	排气	时间继电器	−	+	−					√									
5	工作台下降	时间继电器	−	−	−						√	√							
6	加砂	2SQ	+	−	−								√	√	√	√	√		
7	停止加砂	时间继电器	−	−	−													√	√

注："＋"表示通电，"−"表示断电。

参考文献

［1］ 钟平.液压与气压传动 ［M］.哈尔滨：哈尔滨工业大学出版社， 2008.

［2］ 张平格.液压传动与控制 ［M］.北京：冶金工业出版社， 2004.

［3］ 陈奎生，陈新元，等.液压与气压传动 ［M］.北京：机械工业出版社， 2021.

［4］ 张伟杰，张洪斌.液压与气压传动 ［M］.徐州：中国矿业大学出版社， 2022.

［5］ 董林福，赵艳春.液压与气压传动 ［M］.北京：化学工业出版社， 2006.

［6］ 解同信，金英姬.液压与气压传动技术入门 ［M］.北京：化学工业出版社， 2007.

［7］ 张利平.液压工程简明手册 ［M］.北京：化学工业出版社， 2011.